U0230341

海底科学与技术丛书

海洋工程地质学

MARINE ENGINEERING GEOLOGY

李安龙　林　霖　赵淑娟/编著

科学出版社

北　京

内 容 简 介

本书详细介绍海洋工程地质学的基本原理、调查方法与勘察内容,共分 7 章,包括海底地形地貌、地质构造、土的工程性质、灾害地质因素等海洋工程地质条件及其对海底工程建设影响的分析、评价和灾害防治对策,以及海洋工程地质调查方法与勘察程序等。

本书适合海洋地质专业海洋工程地质方向的本科生和研究生阅读,可作为高等院校海洋地质、海洋测绘、海岸工程与港口航道专业的教材或从事海洋工程地质研究的科技人员的参考书,还可供海洋油气工程设计和科研人员参阅。

图书在版编目(CIP)数据

海洋工程地质学 / 李安龙,林霖,赵淑娟编著 . —北京:科学出版社,2020.5

(海底科学与技术丛书)

ISBN 978-7-03-062320-1

Ⅰ. ①海… Ⅱ. ①李… ②林… ③赵… Ⅲ. ①海洋工程地质–研究 Ⅳ. ①P75

中国版本图书馆 CIP 数据核字(2019)第 205766 号

责任编辑:周 杰 / 责任校对:樊雅琼
责任印制:肖 兴 / 封面设计:无极书装

科 学 出 版 社 出版

北京东黄城根北街 16 号
邮政编码:100717

http://www.sciencep.com

北京市金木堂数码科技有限公司印刷
科学出版社发行 各地新华书店经销

*

2020 年 5 月第 一 版 开本:787×1092 1/16
2024 年 1 月第二次印刷 印张:16
字数:380 000

定价:198.00 元
(如有印装质量问题,我社负责调换)

前　言

　　海洋储藏着丰富的油气资源、生物资源、空间资源和可再生能源资源等，是人类生存和经济发展的重要战略空间。进入 21 世纪以来，海洋成为国家经济发展和对外开放的重要窗口，海洋开发活动在保护国家安全、维护国家主权和获取经济利益方面的作用日益突出。人类在开发和利用海洋资源的过程中不可避免地同海岸和海底打交道。近岸和近海的地质条件与海洋动力条件决定了人类在开发和利用海洋资源的过程中将遇到各种各样的海洋工程灾害问题，诸如海底砂土液化、滑坡、海底地基的不均匀性沉降，基底冲刷和掏空等。海洋工程灾害已成为阻碍海洋开发活动的重要因素，引起沿海国家政府和国际科学界的极大关注。如何维持海洋资源的可持续开发与预防海洋工程灾害成为海洋科学研究的重要任务。海洋工程灾害大部分是发生在海水与海底界面之上的自然地质过程，这些地质过程的变化速度因工程活动得到加速或延缓，从而影响着海洋工程基础的稳定性，亟须得到分析和评价。海洋工程地质学正是评价和预测海底稳定性，为海洋工程设计和施工提供准确信息的一门科学。

　　中国大陆拥有 1.8 万 km 的海岸线和约 300 万 km² 的海洋国土，作为一个能源消耗大国，尚未开发利用的海洋资源对中国发展意义重大。20 世纪 80 年代以来，随着中国海洋资源开发活动的迅速发展，海洋工程设施与日俱增，海洋地质灾害造成的损失也快速增长。按照国家海洋局发布的海洋灾害统计公告，2017 年我国各类海洋灾害共造成直接经济损失 63.98 亿元。我国海洋灾害以风暴潮灾害、海浪灾害为主，而风暴潮灾害、海浪灾害是诱发海底地质灾害的主要原因。进行海洋工程地质的调查和研究，预防和减少海洋地质灾害已成为当务之急。

　　海洋工程地质学从本质上讲是海洋地质学的一门分支，是运用海洋地质学的基本原理与工程地质的评价方法，分析和解决海洋工程建设适宜性问题的一门科学。它通过海洋工程地质调查研究海底地形地貌、地质构造和地基土体的工程性质，建设过程中可能遇到的地质灾害和勘察过程中用到的调查方法等内容，因此解决上述问题成为本书编著过程中的主线。

　　全书共分 7 章，其中第 1 章、第 2 章、第 6 章和第 7 章由李安龙编写，第 3 章由赵淑娟和李安龙编写，第 4 章、第 5 章由李安龙和林霖编写。全书由李安龙负责统稿和定稿。

本书在编审过程中，曾广泛征求并吸收了有关高校同行的意见，注重体现高校教材特色，以本学科的基本理论、基本概念、基本技能为主，结合教学与生产实践，理论联系实际，精选内容、深浅适度。本书在编写中参考和引用了一些大学、研究所和生产单位的一些教材和成果，在此一并衷心致谢！

感谢我的导师沈渭铨教授和杨作升教授把我带进了海洋工程地质领域的大门！感谢李广雪、陆念祖、曹立华、冯秀丽、杨荣民等多位老师和其他同事带着我在海洋工程地质领域得到进一步的发展！

本书在完成过程中李三忠教授帮助审稿并提出了宝贵的修改意见，本书的出版得到了海底科学与探测技术教育部重点实验室的全额资助，在此表示衷心的感谢！

鉴于笔者水平有限，加之编写时间仓促，不当之处，诚望读者批评指正。

李安龙

2019 年 10 月

目　　录

第1章   绪   论

建立在海洋工程基础上的海洋油气与其他资源开发活动日益增多，与之伴随的海洋地质灾害事件日趋频繁，对海底工程地质条件的研究迫在眉睫。海底之上是海洋科学的研究范畴，海底之下是地质学的研究领域。海洋工程地质学正是研究海底工程地质条件的一门科学，它与地质学、工程地质学、海洋学之间有着密切的关系。

1.1   工程地质学与地质学

地质学是研究地球本质的科学。任何事物的本质都是运动的，静止只是相对的。运动包括物体本身内部的运动和物体外部的各种相互作用。地球的运动也是如此，地球作为一天体，处在宇宙的运行中，自身也在不停地运动。作为球体，本身就是旋转的结果。我们生活在地球上，可以借助于多种手段去感知和认识地表和地下的物体。正是因为这种不断的观察和认识，形成了关于认识地球的知识。在长期的知识积累中，我们把对地球的认识归纳为以下几个部分，即地球的物质组成、地球的结构与构造、地球内部的运动、地球外部的运动、地球的形成与演化、地球上的资源与环境，这些内容构成了研究地球本质的科学，称之为地质学。系统地研究地质学则需要了解矿物的形成、岩浆作用（包括火山作用）、变质作用、地震作用、构造运动、地质演化历史、风化作用、剥蚀作用、搬运作用、沉积作用、固结成岩作用、地球上的资源与环境之间的相互关系的基本原理。整个地质运动的过程则可称之为地质作用，如果按照发生在地球表面和内部来分，则可分为内力地质作用与外力地质作用，它们都是在自然状态下发生的，又称之为自然地质作用。

人类活动，如开山取石、修路筑坝、建房搭桥、蓄水采矿等，都会改变地表的外貌或地壳局部所承受的压力。从长远来看，人类对地表地貌或者改造地壳局部应力场的活动与自然地质作用的最终效果是一样的，只是缩短或者延长了地质作用的过程，我们把这种人类改造地表地貌或者应力场分布的过程称之为工程地质过程，其所产生的地质作用称之为工程地质作用。可见，工程地质作用是地质作用的一部分。在进行工程活动时，我们应该遵循自然地质作用发生、发展的规律，把需要修建的工程活动放眼到整个地质作用的变化中去考虑，尽量利用自然地质条件加以改造。当自然地质条件不能满足工程需要时再改造不利的地质条件，使之向良性转化。

因此，工程地质学可理解为研究人类工程活动产生的地质过程并使之向良性转化的一门科学，属应用地质学的范畴。

1.2　工程地质学与海洋地质学

早先对地球的认识仅局限于陆地，早期的人类开展了很多的海洋活动，如近岸的捕鱼、航海等，但古代的人们认为大海是一个充满黑暗和恐怖的所在，人们对之心存敬畏，不会考虑海底会发生什么。直到 19 世纪 70 年代，英国"挑战者"号调查船进行了环球科学考察，随着调查的不断深入，人们对海底地形、物质组成、海底蕴藏的丰富资源的了解形成了对海洋地质的初步认识，这次考察也被誉为"近代海洋学的奠基性调查"。这些内容与 20 世纪初魏格纳发现的大陆漂移、赫斯和迪茨提出的海底扩张，以及对地球圈层构造的认识，逐渐形成了海洋地质学的基本观点。海洋地质学是研究海水覆盖下的地球本质的科学。要认识海底，则需要了解海岸与海底地形地貌、海洋沉积物的来源与分布、海底地质构造、洋底岩石与海底矿产资源、大洋地质历史，这构成了现代海洋地质学的研究内容。

海洋地质作用也分为内力地质作用与外力地质作用，海底扩张、洋脊裂开及板块裂解，这些是改变海底的内力地质作用。在海底表面每天都可能发生很多鲜为人知的变化。我们能够用眼睛或者借助于仪器观察到的波浪、潮汐、潮流和海底浊流，它们汹涌澎湃、威力巨大，造成了海底的强烈侵蚀、地形地貌的快速改变、沉积物搬运和沉积等，这是发生在海底的外力地质过程。而人类在开采海底矿产资源、敷管架缆、修建港口和跨海桥、防护海岸等活动中可能人为地改变、加速或者延缓海底表层沉积物的侵蚀、搬运和沉积等海洋外力地质作用。

由此可见，海洋工程地质可理解为海洋地质学的基本原理在海洋工程开发上的应用，是一个利用海洋地质条件并使之向良性转化的过程。它除了对海底沉积物性质的研究外，研究更多的是海底的地质环境对人类工程活动的影响与制约作用。因此海洋工程地质学的研究内容既包含了海洋地质学的基本原理，又包含了工程地质学、物理海洋学的基本知识，是一门复杂的综合性学科。它与地质学、海洋地质学的关系如图 1-1 所示。

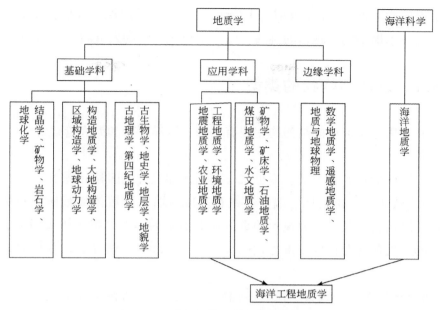

图 1-1　地质学与其分支学科之间的关系

1.3　海洋资源与开发

随着科学家对地球探索活动的增加及自然资源调查活动的增加，人们对海洋的认识日渐加深。陆地资源的大量开采导致资源不断减少，因此，人们把寻找新的、商业性的、人类生存急需的能源与矿产资源的勘探活动转向占地球表面超过 70% 的海洋。正在勘查和已经开发的海洋资源有以下几种：油气资源、生物资源、可再生资源、矿产资源、空间资源和海水资源。其中，最重要的是油气资源。

全球海洋油气储藏丰富。海洋石油储量约占全球石油资源总量的 34%，探明率 30% 左右，尚处于勘探早期阶段。据资料①统计，截至 2018 年年底，全球石油最终可采资源量为 4138 亿 t，其中，海洋石油资源量约 1350 亿 t，已探明储量仅占约 28%。全球天然气最终可采资源量为 436 万亿 m^3，其中，海洋天然气资源量约 140 万亿 m^3，已探明储量仅占约 29%。

海洋油气资源的开发需要大量的附属设施，包括海洋石油钻井平台、人工岛、单点系泊、海底贮油罐（库）及海底输油管等；还有与采油平台通讯和供电有关的海洋工程如海底电缆、光缆及与油气输送有关的船舶建造基地、港口、海上机场；与海洋新能源开发和深海沉积矿产的开采有关的海底基础设施的施工，都需要借助

---

① 《BP 世界能源统计年鉴》中文版 . 2019.

于海洋工程地质调查技术得以解决。随着油气资源开采向深海发展，将会对海洋工程地质调查技术提出越来越多的挑战，海洋工程地质学的发展将大有可为。

1.3.1　近海结构物的类型

开发和利用近海资源的结构物主要有码头、海洋平台和海底管线等。

（1）码头

码头的结构形式有重力式、板桩式、高桩式和混合式四种（图1-2）。

1）重力式码头。由胸墙、墙身、抛石基床、墙后回填体或减压抛石棱体等构成。它是靠结构自重及其上面填料的重量加上地基的强度来阻止码头滑动、倾覆和基础变形的。根据墙身构件，重力式码头又分为方块式、沉箱式、扶壁式和整体浇筑式等。

2）板桩式码头。由板桩、拉杆、锚碇结构、导梁和胸墙等组成。板桩打入土中构成连续墙，由板桩入土部分所受的被动土压力和锚碇结构的拉力共同保证结构的整体稳定性。

3）高桩式码头。包括基桩和桩台两部分。基桩在地基表面以上的长度较长，它既是码头的基础，又是主要受力构件。按材料分，有木桩、钢桩、钢筋混凝土桩。中国普遍采用预应力钢筋混凝土桩。桩台构成码头顶面，所承受的荷载和外力通过基桩传给地基。桩台的形式有梁板式、无梁板式、框架式和承台式等。

4）混合式码头。根据特定的情况因地制宜采用的结构形式，如梁板式高桩结构与板桩结合、锚碇的L形板墙等。

（2）海洋平台

最早的固定式平台是20世纪40年代在水深10～20m的墨西哥湾和里海使用的木架支撑的平台；到20世纪60年代钢架结构的导管架平台投入使用，适用水深已达100m；70年代中期重力式平台出现；70年代末钢塔式平台在超过300m水深处建造起来；80年代后期和90年代以后新型的自升式平台、新一代的半潜式平台、柔性结构物和各种类型的人工岛相继出现，工作水深由200～300m发展到1000m。随着工作水深的增加，深水区海洋平台正朝着张力腿式平台、拉索塔式平台和自带动力定位系统的半潜式平台发展（图1-3）。

（3）海底管线

海底管线种类很多，包括海底通信电缆、光缆、电力电缆、供水和排污管道、输气输油管道及输送其他物质的管状设施。

管道输送是石油工业企业中应用最多的一种运输方式。海上油田油气的集输多数采用海底管线，其中包括通往转运油库（陆上罐区）或炼油厂的运输管线，连接

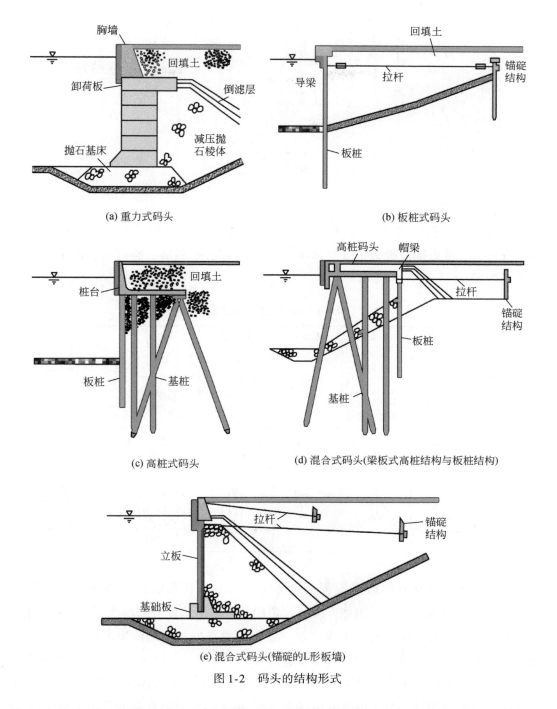

(a) 重力式码头

(b) 板桩式码头

(c) 高桩式码头

(d) 混合式码头(梁板式高桩结构与板桩结构)

(e) 混合式码头(锚碇的L形板墙)

图1-2　码头的结构形式

海上储油设施（油罐、储油净桶或储油船）的输油管线，以及连接海上石油装卸码头（岛式码头、单点系泊、多点系泊）的油轮装油、卸油管线，它是海上油田生产系统中的一个重要组成部分。通过管线把整个海上油田每个井位之间的集输、储运系统联系起来，并进一步与海上储油、炼油设施连接起来。

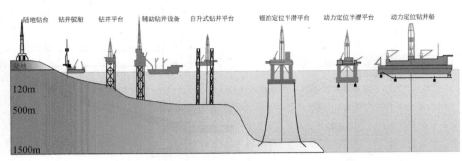

图1-3　现代海洋平台的类型

（4）海底锚

在海上石油勘探和开发过程中使用的海底锚有以下几种类型：倒钩锚、埋入锚、桩式锚、重力锚及吸力锚等（表1-1）。此外还有扩展锚、螺旋锚、灌浆锚和抽吸的锚桩等。

表1-1　各种类型的海底锚

类型	倒钩锚	埋入锚	无锚座	埋入锚	重力锚	桩式锚
锚爪与锚杆的角度	砂30° 泥50°	砂36° 泥50°	与锚爪刚性连接	46°	40°	30°	有固定角度的三个三角形锚并列
锚杆	用铰链与锚爪连接	用铰链与有侧向稳定装置的锚座连接	与锚爪刚性连接	与长链连接的锚座连接	与锚座用铰链连接	三个一组 有固定角度的三个三角形锚并列
锚爪	大表面积中空底盘	中空的三角形锚爪	单一的爪形锚爪	长而狭窄的锋利锚爪	小而笨重，彼此隔开的锚爪	三个三棱形锚爪
形状						

资料来源：叶邦全，2012。

作为海洋开发基础的海洋工程，包括所有的海面和海底的军事和民用工程设施，其范围是相当广泛的。例如，港口、造船厂、海湾水库、跨海大桥、围海造田、海上机场、海上游乐城等海湾工程建设，还有风力发电站、潮汐发电站、波浪能发电站及海水温差发电站的海洋动力工程；海洋人工鱼礁（图1-4）、海洋石油钻井平台、人工岛、单点系泊、海底储油罐（库）、海洋平台、海底输油管等海洋资源开发工程；与通信和供电有关的海底电缆和光缆敷设；与交通有关的跨海大桥、海底隧道及与污水排海有关的排污管道等海洋交通工程；与旅游工程有关的海底仓库、海底大世界、迷宫及海中瞭望塔、海上观光塔等海洋观光工程。

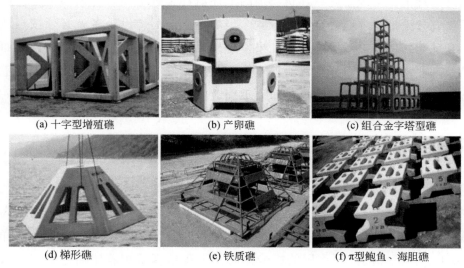

(a) 十字型增殖礁 (b) 产卵礁 (c) 组合金字塔型礁

(d) 梯形礁 (e) 铁质礁 (f) π型鲍鱼、海胆礁

图 1-4　各种人工鱼礁

1.3.2　海洋开发中场址的工程地质条件

由于海洋工程的种类繁多，加之工程地质条件随地而异、千变万化，这就使得海洋工程地质涉及的问题既广泛又复杂。

海洋资源的发现到开采过程中选择一个良好的适合安装海洋工程构筑物的场地是必要的。在复杂的海洋环境中，波浪、洋流、水深地形及海底土层岩性等地质因素对海洋工程建筑物的设计和建造将产生很大的影响，这些与工程有关的海水和海底的地质因素综合称为海洋工程地质条件。对于海洋工程来说，海底构筑物的破坏往往是发生波浪作用下的疲劳破坏、基底冲刷和诸如海底滑坡、地震等地质灾害现象引起的。与陆地相比，海洋工程地质条件所包含的因素可能更为复杂，调查范围也要大得多。海洋工程地质学不仅要研究组成海洋构筑物地基的地层岩土性质（包括其物理力学性质等），而且还要研究构筑物周围的海底地形地貌、海底地质构造及海底可能存在的地质灾害因素的影响。

因此，海洋工程地质条件应包括以下内容：①工程场区的水动力条件和气象条件（流速、流向、潮位变化、海冰和风）；②地质条件（海岸区和海底地形、地貌条件，地质构造，地震活动性）；③海底岩土类型及其工程力学性质；④海底灾害地质现象。

由于海洋工程从安装到运行一直处于非常动荡的环境中，这就要求工程建设场地必须满足强度稳定性、变形稳定性和环境安全性三个方面的要求。因此，在海洋构筑场址选择上，必须事先将建筑场地的上述海洋工程地质条件勘察清楚，进行研究分析，充分论证，才能确定场址位置。当场址确定后，设计者就必须按当地的地质条件和地质环境来设计了。这时如果发现地质问题就只能进行整治处理，而水下地基的处理非常困难。海洋工程一旦安装就位，维修受海况和船型影响大，工作十分不方便，而且费用昂贵。可见，海洋工程地质条件的调查工作非常重要。

1.3.3　海洋开发的工程地质问题

绝大多数海洋建筑物的基础都坐落在海底或插入海底沉积物中，而海底沉积物多为淤泥或淤泥质沉积物具有高灵敏度、高孔隙比、高触变性、高含水量、高压缩性、低强度和易于液化等特点，且多数是未固结的，工程性质很差，加上海洋动力（风、波浪、洋流和潮汐）作用的影响使海洋工程地基承担着比陆地类似建筑物要大得多的荷载（图 1-5），海底沉积物性质和海洋环境要素的获取都要通过海洋工程地质勘察来解决，没有高质量的海洋工程地质调查，不可能有合理的规划、设计和施工，也就不能保证海洋建筑物经济合理、安全可靠和正常运用。威胁影响海洋工程建筑的经济合理、安全可靠及正常运用的地质问题，最直接的就是在海洋工程开发地区可能出现的工程地质问题（作用），即已有的自然地质条件在工程建筑物的影响下所产生的一些新的变化和发展。它是工程在建筑或运用期间发生的地质作用或问题，所以在工程建筑物修建和运用之前，便应给予预测、论证，并提出防治措施。这些工程地质问题是多种多样的，但总括起来不外乎 4 个方面。

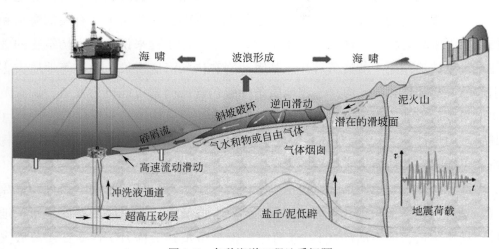

图 1-5　各种海洋工程地质问题

（1）海底构筑物周围的冲刷变化

坐落在松散土体中的海洋构筑物将阻碍海水中波浪、潮流等水动力因素的传播，引起波浪改变传播方向，潮流沿构筑物产生绕流，从而引起构筑物边缘的水流流速增加，引起周围海底泥沙搬运，导致构筑物基底掏空失稳。

（2）海底地基稳定性

因沉积环境差异，海底地层分布一般是不均匀的，在局部区域有可能产生较大变化。因此，在进行海底地层勘察时必须查清楚海洋基础持力层的空间分布，对因建筑物加载引起的地基沉降量进行计算，设计不同的基础类型和埋深，否则就可能出现地基的不均匀沉降等问题。

（3）海底斜坡稳定性

在波浪或者地震等周期荷载下，海底土的工程性质有可能发生软化、强度降低，从而引起海底滑坡或者失稳，导致海洋平台倾斜（图1-6）、海底管道和电缆折断等。大陆坡折地带有可能因海底坡度过大而引起海底土体在重力的作用下发生海底斜坡失稳。因此，在进行海洋工程地质勘察时，应注意调查海底坡度、海洋土体的不排水抗剪强度以及波浪，特别是极端气候条件下海底土层所遭受到的底部压力、动荷载在土体中产生的孔隙水压力等。

图1-6　海洋地基失稳导致的平台倾斜

（4）海底灾害地质过程

海底管道电缆等线状构筑物可能经过活动的沙波沙脊区，沙波的移动将导致管道的悬空或者深埋，造成局部应力集中而断裂；在海底石油天然气开采区，浅层高压气通常十分丰富，在未探明的情况下进行钻探作业有可能造成"井喷"，烧毁设备甚至威胁工作人员的生命；海底工程区可能因海平面的升降而出现古河道，或者因构造运动形成泥底辟，或因沉积速率差异而出现断层，这些海底灾害过程在海洋工程地质勘察时都应查明。

此外，海洋工程基础在海水的作用下将面临腐蚀性等问题。

1.4　海洋工程地质学的特点

1.4.1　研究目的、对象和研究内容

由前面的分析可知，海洋工程地质学的研究目的在于查明建设地区或建筑场地的地质条件，分析、预测和评价可能存在或发生的海洋工程地质问题，提出防治灾害地质过程的措施，为保证整个工程合理规划、顺利施工和正常使用提供可靠的地质科学依据。

旨在于通过勘察与研究，分析海洋工程场区的水动力要素、地层结构、地质构造及海洋沉积物的工程特性来确定海底地层的稳定性和各土层承载能力，决定工程设计类型和施工方案，以保证海洋构筑物的稳定与安全。

因此，海洋工程地质学的研究内容包括以下几个方面。

第一，浅海区海底大部分为松散沉积物所覆盖，海底松散沉积物的工程特性及在动荷载下的性能成为海洋工程地质研究的主要内容，它包括：①海底地层的空间分布与海洋地基土各向异性、地基破坏的形式与特点、强度与稳定性；②洋流、波浪、潮汐周期作用所引起的沉积物变形，以及对沉积物进行现场测试（静力、动力触探试验，孔压测试及十字板试验）和室内土工试验所得的各种数据；③海洋工程地基变形的计算研究。

第二，人类活动海域的灾害地质调查也是海洋工程地质学的重要研究领域。包括海底灾害地质要素的区域分布特征和规律，预测其在自然条件下和工程建设活动中的变化，以及可能发生的地质作用，如工程场区的地震性、断层活动性、海底斜坡的不稳定性、海洋沉积物来源及搬运和沉积过程。

第三，各种海洋工程地质调查新技术的应用研究，如海洋工程地质勘察与测试方法及测试技术（包括原位测试和室内土工试验）的研究；底质取样方法的研究；现场原位测试技术的研究；海底遥感遥测技术研究；海洋钻探技术研究及各种地球物理探测方法等，也是海洋工程地质研究的重要内容。

在海洋开发实践中逐渐发展起来的海洋工程地质学是为了解决海洋水动力、海底地质条件与人类工程活动之间矛盾的一门实用性很强的学科。海洋工程地质就是

介于海洋地质学、土工学、地球物理学和海洋学之间的一门边缘交叉学科，是一门介绍与海洋开发和海洋工程（包括近岸工程与离岸工程）活动有关的地质问题的科学，是描述海底地形地貌、地质构造、海洋土层工程地质性质、海底地质灾害类型及区域分布，介绍海洋工程地质调查方法和调查程序的一门科学，它运用海洋学、土力学、海岸和近岸结构工程学、海洋地质学等知识解决海底工程建筑场地的安全稳定性问题。

1.4.2 与陆地工程地质的差异

海洋和陆地工程地质的工作内容和方法有许多相似之处，但由于存在海水介质和海洋的动力作用，海洋工程地质勘察不可能像在陆地上那样方便地进行，陆地常用的工程勘察方法在海上受到极大的限制。为准确评价海底工程地质条件，工作人员不仅需要掌握土力学和海洋地质学的基本原理，还要对海洋地球物理勘探方法及海洋动力学知识有较深的了解，其差别主要表现在以下几个方面。

1）某些海洋土呈现出与陆地土不同的特性，如海洋土中广泛分布的生物沉积，生物成因的钙质、硅质沉积物其工程性质在陆地上并不常见。

2）海洋地基上的荷载具有高强度和周期性的特点。例如，波浪、海冰传递到离岸构筑物上的荷载。

3）海上勘测项目多，调查范围大。由于海洋水动力条件和海底泥沙运动的影响，海洋勘测过程中需广泛采用新技术和新方法。

4）海上勘探和建筑费用普遍很高，海洋调查精度高，海洋工程即使技术上可行，但海上施工困难，设计修改费用极其昂贵。

5）研究范围广泛，所涉及的知识面宽，具多学科交叉的特点。海洋工程地质学不仅涉及工程岩土学、土力学、岩体力学、工程地质学、基础工程学、弹性力学及结构力学，还涉及流体力学、物理海洋学、海洋动力地貌学、海洋沉积学和地球物理勘探方法等。

6）海洋工程地质勘探普遍采用新技术和新方法。早期对海底地貌的了解来源于测杆和测绳，第二次世界大战后随着声波探测技术由军用向民用的转变，旁侧声呐、浅地层剖面、多波束、地震仪、磁力仪和重力仪广泛用于海洋工程地质学的调查。调查手段的日新月异推动了海洋工程地质理论和方法的创新。

1.4.3 海洋工程地质学的研究意义

海洋沉积物工程性质的研究是当今海洋沉积学或海洋地质学上一项重大的理论

课题。通过对海洋沉积物工程性质的研究和综合分析，对了解侵蚀、搬运、沉积、滑动和成岩等作用过程都是必要的，有助于了解海洋沉积物的来源、固结过程和沉积历史，有助于对各海域的海洋沉积物进行对比研究，便于划分沉积环境，便于掌握海洋沉积物在空间分布、变异上的规律。

在广阔的海洋底，绝大部分被软弱的海洋沉积物所覆盖，在海洋环境中，强劲多变的海风、威力惊人的海浪、定时涨落的潮汐等使海洋沉积物的性质不断变化。建立在未固结软弱海洋沉积物上的建筑物比在陆上更易发生工程事故。

海洋沉积物的物理力学性质指标，一方面作为海洋工程设计的主要依据，另一方面作为建筑物施工过程为防止出现各种事故采取防范措施的指导。倘若对建筑区的海洋工程地质条件估计不足，或对海洋工程建筑和出现的问题认识不足，未及时采取工程措施而危及建筑物的安全会在经济上造成极大的损失。

由此可见，进行海洋工程地质研究不仅具有重大的理论意义，而且具有极为深远的工程应用价值。

1.5 海洋工程地质学的发展历程

人们已经得到共识，人类的生活和生产是科学技术发展的驱动力。海洋工程地质学作为一门应用学科，它的形成和发展显著地依赖于海洋工程建设的需求和发展。

第二次世界大战以后，随着海洋探测技术由军用向民用的转变和各国对海洋的日益重视，海洋工程建设发展迅速，海洋工程地质学在这个阶段迅速成长起来，成为地球科学的一个新型边缘学科。19世纪发生的海底电缆折断和格陵兰海底滑坡带来的灾难促使地质学家向海洋工程地质领域进军。1968年，墨西哥地区 Camille 台风期间海底沉积物滑移毁坏了两座钢质平台，第三座平台顺坡滑移 1m。据不完全统计，1975~1984年的10年间，仅海上移动式钻井平台就发生过179次事故，经济损失达10亿美元。美国从20世纪60年代开始实施了密西西比河三角洲计划调查海底不稳定性问题，至70年代取得了令人满意的成果，对促进开发墨西哥湾的油气资源起了重要作用。伴随着60年代以来海洋石油和天然气等矿产的勘探与开发，海洋灾害及工程地质学应运而发展起来，并作为一门新的边缘学科，登上了现代海洋地质科学的殿堂，以其理论和实践的密切结合，获得了广泛的应用，近30年来取得了巨大的发展。现有100多个国家或地区开展了海洋工程地质调查和研究，其中美国、英国、日本等国开展的调查研究较早，如美国从20世纪50年代起就系统地开展了海洋工程地质调查研究，主要在墨西哥湾、加利福尼亚岸外、阿拉斯加湾和美国大西洋外大陆架地区进行了区域调查研究。有关海洋工程地质方面的研究报告、研究论文和专著不断涌现。1925 年太沙基的世界第一本《土力学》问世以后，太沙基等把土力学和基础知识不断移植和应用于海洋工程，逐渐积累了一些经验。1967 年美国学者 Richards 主编了《海洋工程地质学论文集》。现在世界上已经出版的这方面专著很多，其中比较重要的有：澳大利亚的 Poulous 在 1988 年编写出版的 *Marine Geotechnics*，美国英德比岑 1981 年主编的《深海沉积物——物理及工程性质》（梁元博等译）；英国 Dean 在 2010 年出版的 *Offshore Geotechnical Engineering Principles and Practice*，澳大利亚 Randolph 和 Gourvenec 在 2011 年出版的 *Offshore Geotechnical Engineering*。这 4 本著作比较系统地阐述了海洋资源开发、海洋空间利用和海洋能利用过程中遇到的各种海洋工程地质问题。迄今为止，发表的大量文献对全球的海洋工程调查设备、调查手段、海洋工程地质条件、海底灾害地质现象进行比较深入的研究。

20 世纪 80 年代以来，国外在海洋工程地质方面取得了迅速的发展，主要表现为：物探和浅海钻探调查手段的完善和改进；海洋物探和地质、土工的结合；海底不稳定因素的研究；浅层气的研究；海底滑坡的研究；黏土矿物含量与土工性质的研究；固结与沉积速率的研究等。基于多学科的海洋灾害地质及工程地质调查，欧美国家各有侧重。例如，欧洲见长于土工，北美则擅长于物探，社会分工较细，组织结构灵活。

20 世纪 90 年代以来随着深水油气田的开发，管线和电缆、光缆路由勘测中原位测试需求增加，浮式建筑物（浮式采油储油和卸油建筑）数量和海底生产设施的增加、固定式平台数量相对减少，抽吸（负压）基础支持管架设计和筒形基础广泛使用（图 1-3），海上油田建设速度加快，工程周转时间减少，都更多地强调通过原位测试来快速取得设计中所需要的岩土工程测试数据，这就导致了新的钻探、取样、取心设备加上新的原位测试配套系统的出现，以及试验室设备、原位测试探头（传感器）的更新。目前深水岩土工程勘探技术已有很大的发展，采用高强度的钻探绳来代替原来很重的钢丝绳和钻杆使得可以较为容易地取回海底 1000m 以上深度处的各种土样和岩心，未来的土质调查可能需要在 1500~3000m 水深范围内进行，这要求进一步地改进现有的钻探、取样和原位测试系统并导致新型土质调查设备的出现，系缆海底平台（TSP）的出现就是一个例子。Wisonxp 和 Wipxp 两种新型的原位测试系统的出现，使在水深 1500m 的地方进行原位测试成为可能，使用于小船操作的轻型 CPT 系统海上勘测者（SEASCOUT）的出现为浅水中管线调查原位测试工作提供了很大的方便，小型的压电传感器的投入使用，使在非常密实的砂中测试较高的圆锥阻力成为可能，而圆锥压力仪、渗透性传感器、T 型尺的出现，将使提供可靠的不排水抗剪强度、土的渗透性、抗剪模量、相对密度、原位水平应力成为可能。

　　我国拥有 300 万 km^2 的海洋国土和约 1.8 万 km 长的海岸线，但我国的海洋工程地质调查起步较晚，历史较短，20 世纪 60 年代才开始起步。20 世纪 80 年代，沿海油气资源的勘探活动迅速发展，港口建设蓬勃发展，同时海洋地质灾害事件也时有发生，如渤海钻井平台的滑移、东海钻探桩腿的下沉、珠江中盆地珠七井隔水管的沉落、莺歌海钻井的倾斜、北部湾浅层高压气的外泄，以及琼东南钻井船的走锚翻沉等，都造成了严重的经济损失，引起国内海洋工程地质界的高度重视。自 80 年代初青岛海洋大学河口海岸带研究所、广州海洋地质调查局等单位在渤海、南海等海域开展了广泛的海底不稳定性调查，《埕岛油田勘探开发海洋环境》《广州国际海洋工程地质讨论会文选》《南海北部地质灾害及海底工程地质条件评价》《海洋工程地质专论》等专著相继出版。渤海海域、珠江口盆地海底工程地质条件的研究，使我们在赶上先进水平方面迈出了很大的一步。近年来，随着 IT、海上风电产业的兴起，海底调查区域不断扩大，调查技术不断更新，使海洋工程地质学研究迅速腾飞。

第2章 地形地貌及对海底工程建设的影响

对于生活在陆地上的人类来说，陆地上的高山、平原、河流等早已被人们所熟知。然而，对于被海水淹没的海底地貌，却知之甚晚。海洋地质学告诉我们，海底地貌和陆地地貌一样丰富多彩。海底可分为大陆边缘地貌、大洋盆地地貌和大洋中脊地貌三大单元，其表面形态同样是内力、外力共同作用的结果。形成陆地地貌的外力类型繁多，如流水、风和冰雪等。海底地貌与陆地不同，其变化要复杂得多。

2.1 基本概念

对于海底地形地貌的描述，必须清楚以下几个概念。

2.1.1 地形

地形是指地球表面既成形态的某些外部特征，如高低起伏、坡度大小和空间分布等。陆地地形是指地球表面位于平均高潮线以上的部分，而海洋地形则是位于平均海平面以下的部分。因此，地球上最大的地形有两种，即陆地地形和海洋地形。高原、山地、平原、丘陵、裂谷系和盆地等是陆地的基本地形。大陆架、大陆坡、大陆隆和深海平原则是海洋地形的基本类型。

2.1.2 地貌

地貌是在内力、外力的长期地质作用下，在地壳表面形成的各种不同成因、不同类型、不同规模的起伏形态，如河流地貌、黄土地貌、水下三角洲地貌及海沟等。地貌与地形是不同的概念，很少有人说河流地形等，就是因为地形是对地球表面形态的某些外部特征的客观描述，它不涉及这些形态的地质结构及这些形态的成因和发展，而地貌是经过一定的地质作用形成的，是一个动态变化的过程。地貌研究地形的成因、过程和演化。两者既有区别，容易相混，但之间又有因果关系，所以地形地貌通常分不开。与地形相对应，地球上的地貌单元也分为两个基本类型：

陆地与海洋。陆地地貌包括高山、高原、平原、丘陵和盆地等单元，地球陆地面积大约 1.495 亿 km^2，占全球总面积的 29%；海洋地貌如大洋盆地、洋脊和岛弧等，面积约 3.62 亿 km^2，约占全球总面积的 71%（图 2-1）。

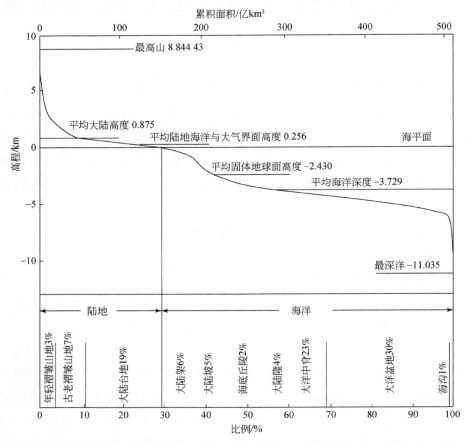

图 2-1　地球高程面积分配曲线（根据王乃梁等译的《海岸与海底地貌学》修改）

海洋地貌基本单元从大洋中脊起向外依次分布有大洋盆地、海沟、岛弧、边缘海盆地直至大陆坡、大陆架，存在于海底的山岭称为海岭，而海底长条形的洼地，则称为海沟，一般深度大于 6000m，是地球表面最低洼的地区。图 2-1 显示了海陆地形起伏曲线，显然，大陆和海洋的地形起伏呈两个明显的台阶。第一级台阶分布在 -6000 ～ -3000m，按面积计，平均深度为 3729m，大部分是大洋底；第二级台阶分布在 -200 ～ 1000m，平均高程为 875m，大部分是陆地，其中一部分是大陆架。大部分重要资源分别位于这两个台阶上，它是人类工程活动的主要场所，因此，我们对海底地貌的成因与分类必须有清楚的了解。

2.1.3 地貌形态特征

地貌形态主要是由形状和坡度不同的地形面、地形线（地形面相交）和地形点等形态基本要素构成的具有一定几何形态特征的地表高低起伏。小者如扇形地、阶地、斜坡、垅岗、岭脊、洞和坑等，称为地貌基本形态；大者如山岳、盆地、平原和沙滩，称地貌组合形态。凡高于周围的形态称正形态，反之称负形态，正、负形态是相对的。有的地貌形态易于识别，有的因自然和人为破坏而比较模糊。在野外和航空影像、卫星影像上识别和分析是研究地貌的主要定性方法，既要研究不同地貌形态的成因，也要注意相似地貌形态的成因区别。

2.1.4 地貌形态测量指标

地貌形态测量是用数值表示地貌特征的一种定量方法。主要地貌形态测量指标为高度、坡度和地面破坏程度。

2.1.4.1 高度

高度分海拔高度和相对高度。海拔高度是指当地高度到国家高程基准面之间的垂直距离，又称绝对高度。海拔的起点称为海拔零点或水准零点，是某一滨海地点的平均海水面。它是根据当地测潮站的多年记录，把海水面的位置加以平均而得出的。从 1956 年起，我国的海拔以青岛港所设立的验潮站长期观测和记录黄海水面的高低变化，取其平均海平面的高程为零，作为大地水准面的位置，并作为我国计算高程的基准面，全国各地的高程都是以它为基准测算出来的。海拔高度是山岳和平原一类大地貌分类的主要依据。相对高度是两种地貌形态之间的高差，如阶地面与河床平水位间的高差、溶洞底部与河床的高差，等等。相对高度应是在野外测量获得的。相对高度一般可以提供不同地貌形态形成的先后顺序（如河流高阶地形成早于低阶地）及其所受到的新构造运动影响等重要资料。

在海洋中，与高度相对应的名称是"水深"，水深分为绝对水深和瞬时水深。由于受潮汐的影响，在海洋中同一地点的水深时刻都在发生变化，瞬时水面与海底之间的距离称之为瞬时水深（图 2-2，c）。高潮位时，同一地点的水深值较大，而低潮时水深值较小。

为了进行水深比较，规定某一基准面作为水深的起算面。如果测量瞬时水面高于这一基准面（图 2-2，b），此时潮位值为负，如果测量瞬时水面低于这一基准面

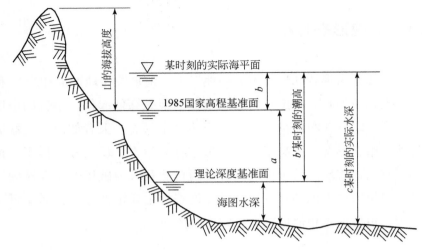

图 2-2 海洋中水深测量示意图

（图 2-2，b），此时潮位值为正，用实测水深值减去测量时的潮位值得到基于某一基准面的水深值就是绝对水深（图 2-2，a），绝对水深计算公式为：$a = c - b$。所以进行水深测量时比陆地测绘多了一道程序，即在工区内设立临时验潮站。我们把一个区域内绝对水深相同的点连成一条线，即为等深线。因此，要正确理解水深值，还必须清楚以下几个概念。

（1）平均海面

平均海面，一般指的是多年的（最好是 20 年以上）每小时潮位观测记录的平均值。平均海面根据所采用的观测资料的长短，可分为日平均海面、月平均海面和年平均海面。平均海面不仅取作为陆地高程测量的基准面，它也是确定海图深度基准面的基准。

（2）高程基准

高程基准通常是一个国家或地区的一个或多个验潮站的常年潮汐数据计算出来的多年平均海面来定义的。我国的高程基准是以青岛验潮站多年验潮结果给出的平均海面确立的。中华人民共和国成立初期，选择了地质结构较为稳定的青岛大港验潮站为基本验潮站，并以该验潮站 1950～1956 年 7 年的观测资料获得平均海平面，作为我国高程的统一起算基准，即为"1956 年黄海高程系"。随着观测资料的累积和观测精度的提高，国家测绘局决定以青岛大港验潮站 1952～1979 年的潮汐观测资料为计算依据，重新确定了新的国家高程基准，称为"1985 国家高程基准"，成为我国目前采用的高程基准。中华人民共和国水准原点在"1985 国家高程基准"中的高程是 72.260m，在"1956 年黄海高程系"水准原点的高程是 72.289m，二者相差0.029m，即 1985 国家高程基准 = 1956 年黄海高程系 −0.029m。

（3）深度基准

与高程基准比较，深度基准要复杂得多，没有统一的定义。深度基准是表示海洋深度的起算面，在平均海面以下，它与平均海面的距离叫基准深度。为了测制海图和使用海图，必须找到一个固定的水面作为深度的起算零面，将不同时刻的测深结果换算到以固定面为基准的统一系统中，这就是深度基准面。深度基准面的确定原则是，既要保证航行安全，又要顾及航运的使用率，所以深度基准面必须在平均海面以下，最低潮位而以上。

（4）理论深度基准面

理论深度基准面是指根据多年潮位资料计算得到的理论上可能的最低水位面，通常取在当地多年平均海面下深度为 L 的位置。我国《海道测量规范》（GB 12327—1998）中规定以理论最低潮面作为理论深度基准面。

（5）海图基准面

海图基准面即海图所载水深的起算面，一般也是潮汐表的潮高起算面，通常也称潮高基准面。

（6）潮位零点

潮位零点，又称潮汐基准面，它是测量潮位的起算面。潮汐基准面一般与海图（深度）基准面相同，但是目前有些港口的海图基准面与潮汐基准面不一致。

2.1.4.2　坡度

坡度是指地貌形态某一部分地形面的倾斜度，如夷平面、阶地面和斜坡的坡度等，一般也应在野外测量，对研究坡地重力灾害有实用价值。在海底地形的描述中，海底坡度一般也使用"坡降比"的概念，即水深差值与水平距离的比值，用‰表示。

2.1.4.3　地面破坏程度

地面破坏程度常用地面切割密度（水道长度/单位面积）、地面切割深度（分水岭与邻近平原的高差）和地面破坏程度数据等来表示。常用单位面积水文网长度、地面破坏百分比描述，使用强烈、中等和微弱三级分类。这个概念对海底同样适用。

地貌形态特征和形态测量特征相结合，可以全面表现一种地貌形态的立体特征。在地貌形态观察研究中，要求对地貌形态定性特征与形态测量研究并重（尤其是高度、坡度）。专门的形态测量图在土地利用、工程和交通中有应用价值。

2.2　地形地貌的形成和发展

2.2.1　地质作用力

地壳表面有高低起伏。它的形态是多种多样的。例如，陆地上有终年积雪的高山，也有平坦的大平原，地面上这些高山与平原都具有不同的形成和发展过程，它们的形成和发展都有一定的规律性，内力和外力的对立统一就是地貌形成发育的基本规律。

内力来源于地球的内部，主要是指地壳运动、岩浆活动、火山作用和地震等。例如，地壳升降运动使地壳拗陷和隆起，引起海侵海退；水平运动往往使陆地上升褶皱成为山地，山间相对凹陷形成盆地；火山作用形成各种火山地形。总的来说，内力作用的总趋势是加强地表的高低起伏，形成地壳表面的基本形态。

外力来源于太阳能，主要包括风化作用、流水、地下水、冰川、风力、海洋和湖沼等的剥蚀作用及堆积作用。所有外力作用的过程就是把地壳表面坚硬的岩石层破坏、分解，并运到另一个较低洼的地方堆积起来。外力的各种地质作用对地壳的改造总趋势是削高填低，使地壳的高低起伏降低。

一般来说，内力塑造了大的地貌的基本轮廓，在地貌形成中内力起主导作用。然而，在一定的条件下，外力也可以造成大的地貌，如冲积平原。又如地壳运动造成了高山的同时，又加强了流水的侵蚀作用，当地壳运动逐渐变弱，地壳相对稳定时，流水侵蚀仍然不断进行，此时地壳运动对地貌形成的主导作用逐步减弱，地表的变化以剥蚀作用为主，高山逐渐进入转变为准平原阶段。

因此，地貌发展是内力和外力相互作用、长期演化的结果。随着地质作用力性质和强度不断变化，同一地区内不同发展阶段，或在同一时期内不同地区，它们内力、外力的强度和比例关系不断变化，表现出来的地貌形态和发育方向便各不相同，于是形成的地表形态多种多样。

此外，人类活动也在不断地改变着地貌形态，如整田平地、修筑梯田、开挖河渠、修建水库、开采矿石、围海造陆等。

综上所述，全球地貌的形成与演化是地球圈层中内力、外力地质作用共同作用的结果。其中，内力地质作用形成了地壳表面的基本起伏，对地貌的形成和发展起决定性作用；外力地质作用改造地貌基本形态，削高补低。

2.2.2 地形地貌分布规律

虽然地壳表面的形态千变万化、多种多样，不过也有其分布规律。地貌是内力与外力相互作用的统一体，而内力的各种地壳变动形式及外力作用过程都有一定的规律，因此，地貌在一定程度上也具有规律性。

地貌的大地构造分带性，各种地貌的分布规律，从内力分析，大致受大地构造控制。根据地壳运动的活动性，槽台学说认为地壳上最基本的大地构造单元可分为地台区和地槽区两个基本单元，各种构造单元都有其特有的构造运动的发展过程，因而也就形成相应的地貌类型和地貌特征。

1）地槽区地貌特点。地槽区一般具有狭长的轮廓，经历过强烈的褶皱和断裂变动（图2-3），因而地貌的最大特点是长条状的、高耸的褶皱块山脉和山系，高差极度悬殊的高山、深谷和盆地。高山强烈地进行冰川和重力作用，河谷下切。

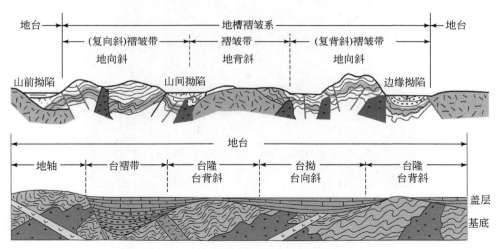

图 2-3　地槽与地台结构示意图（黄邦强等，1984）

2）地台区地貌特点。地台区一般具有浑圆形或有棱角的轮廓，地壳运动比较稳定。地貌上特点是具有广阔平缓的地面，形成大的高原、盆地、平原和准平原，地表起伏不显著。但也有山地，主要是穹窿状山、断块山。在长期缓慢沉降的地区亦可以形成沉积层深厚的冲积平原（图2-3）。

地台和地槽之间的过渡区，具有中间型的构造性质，这一构造区即是一般所指的边缘拗陷，在地貌上讲就是山前凹地。具有浑圆形的低山，一排排地分布在地槽区和地台区之间，常形成复合的冲积扇平原。

板块构造学说认为，全球岩石圈是由七大板块构造，板块处于不断运动之中，板块内部比较稳定，而板块交界处比较活跃。由于板块的运动形成了地表不同的地貌形态。板块张裂地带形成裂谷和海洋，如东非大裂谷、大西洋；板块碰撞或聚合地带形成山脉，两陆块相撞，则形成巨大的山脉，如喜马拉雅山脉是亚欧板块和印度板块碰撞产生（图2-4）；陆块与洋块碰撞则形成海沟、岛弧，如太平洋西部的深海沟壑——岛弧链就是太平洋板块与亚欧板块碰撞产生的。

地壳的相对稳定和活动只是地壳发展过程中不同阶段的表现形式，在不同的地质历史中它们也是会变化的，地表形态也随着变化，陆地地貌和海洋地貌可能相互转化。

图2-4 亚洲东部地形地貌

2.2.3 地貌形成、发展的规律和影响因素

从前面的分析中可知，影响地貌形成和发展的因素主要取决于以下三个方面。

1）取决于内、外力作用之间的量的对比。如地壳上升，地面高低起伏加大，流水的侵蚀作用随之加强，上升愈高侵蚀力愈强。相反，在地壳下降的地区，促进了流水的沉积作用，这就是内力的变化影响到外力的变化。又如地壳上的高原和山岭，经过长期的侵蚀作用，地壳表面物质的大规模转移必然会破坏地壳及地壳与地幔之间的平衡，促进新的地壳运动发生，这就是外力的变化促使内力的变化，因此，内力和外力是相互联系、不可分割的矛盾的两个方面，然而，对于相互矛盾的内力和外力，它们的性质和强度往往是不平衡的，其中总有一方是主要的，起主导作用，另一方是次要的，地貌形成的特点主要取决于占主导地位的地质营力特点。

2）取决于地貌水准面和海平面的变化。在陆地上侵蚀的动力主要来自于重力和水流，而抵抗侵蚀的力来自于土颗粒与下覆土体或岩体之间的摩擦力。当抵抗侵蚀的力等于或者大于侵蚀动力时便开始产生堆积，侵蚀与堆积达到平衡的平面称之为侵蚀基准面。侵蚀基准面的变化会引起河流下切深度的改变，从而引起新的地貌变化。海平面的变化会引起浪基面的变化，从而引起海洋水动力的侵蚀和堆积作用发生改变。

3）受地壳运动、地质构造、火山活动、岩性、海平面升降及生物活动等因素的影响，地壳水平运动往往形成巨大的褶皱山脉和断裂构造，所以又称为造山运动。地壳的垂直运动常常表现为大规模的隆起或拗陷，造成地势高低起伏和海陆变迁，所以又称为造陆运动。地壳运动所形成的地质构造对地貌发育也有很明显的影响，不同地质构造往往形成不同的地表形态。例如，褶皱构造会形成背斜山、向斜谷或向斜山、背斜谷等；断裂构造会形成断块山、断陷盆地及断裂谷等；岩浆喷发形成火山，熔岩流形成各种熔岩流地貌。局部地貌的发育在很大程度上受断层、节理控制，如断层节理发育的地方往往形成沟谷；抗风化能力强的岩石往往形成山头和高地；温暖湿润的地带风化活动剧烈，形成平原和沼泽。在海底，抗侵蚀能力强的海底往往形成蚀余台地等微地貌，而易于冲刷的海底则形成冲沟和洼地，如黄河水下三角洲的微地貌特征就主要受岩性控制。热带海洋是珊瑚礁地貌发育场所，很多海台、海岭上有大型生物礁平台。

2.3 海底地形与地貌的分类

2.3.1 海底地形特征

根据海底地形的基本特征又可将海底划归为三大基本类型：大陆边缘、大洋盆地和大洋中脊系统。大陆边缘包括海岸、大陆架、大陆坡、大陆基或者大陆隆（图2-5）。大洋盆地包含深海盆地、海底高地和海岭等。大洋中脊包含中央裂谷和转换断层。

大陆边缘有两种类型（图2-6）。

一类是大西洋型大陆边缘，地形比较简单，具有宽阔、平坦的大陆架，外接坡折明显的大陆坡和平缓的陆隆。整个大陆边缘构造活动不强烈，没有火山和地震带，如北大西洋西部北美沿海的大陆坡、大西洋东部欧洲及巴伦支海、非洲西海岸

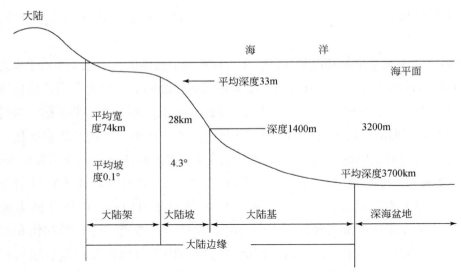

图 2-5　大陆边缘组成示意图（刘以宣，1982）

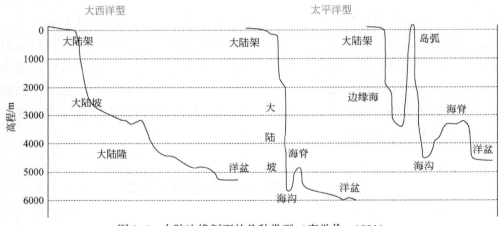

图 2-6　大陆边缘剖面的几种类型（李学伦，1991）

等，是一个较为稳定的区域。

另一类称为太平洋型大陆边缘，它又分为西太平洋岛弧海沟亚型和东太平洋安第斯亚型。前者是边缘环绕火山岛弧，岛弧边坡陡峭，外侧边坡直落至深邃的海沟底部，岛弧和海沟地形高低悬殊，有频繁的火山和地震活动，构造运动也十分强烈。后者大陆架不发育，沿岸山脉直接与海沟相连。

2.3.2　海底地貌特征

根据板块构造学说的观点，现代地貌是板块构造长期演化的结果，是板块构造演化历史最近一幕在地形上的反映。全球板块构造揭示了地貌成因及分布规律，这就是板块构造地貌分类的依据。

海底地貌类型的分类原则:根据"以构造地貌为基础,内、外力相结合,形态成因相结合,分类和分级相结合"的原则,按地貌体的大地构造位置、形态特征及规模大小,从内力到外力的成因因素,根据地貌体的主从关系,依次逐级划分为四级。海底地貌分类系统见表 2-1。

表 2-1 海底地貌分类系统

一级地貌	二级地貌	三级地貌		四级地貌
大陆地貌	海岸地貌	堆积型地貌（平原海岸）	海积阶地、堆积平原、海滩、水下堆积阶地、水下堆积岸坡	现代河道 古河道 沼泽 沙嘴 沙垄 沙堤 沙坝 潮沟
		侵蚀-堆积型地貌	潮流沙脊群 水下侵蚀-堆积岸坡	
		侵蚀型地貌（基岩海岸）	海蚀台地或海蚀阶地 水下侵蚀岸坡	海蚀崖 海蚀洞 海蚀柱 海蚀平台
		生物地貌（生物海岸）	红树林滩、珊瑚礁滩、贝壳堤或贝壳滩	岸礁（裙礁） 堡礁（堤礁） 环礁
		人工地貌		海堤、港池、盐田、航道、水库、码头
大陆边缘地貌	陆架和岛架地貌	堆积型地貌	现代堆积平原 残留堆积平原 水下三角洲 大型水下浅滩 堆积台地	陆架谷 断裂谷 海底扇 沼泽 埋藏古河道 埋藏古湖沼洼地
		侵蚀-堆积型地貌	侵蚀-堆积平原 潮流沙脊群 潮流沙席 水下阶地 陆架或岛架斜坡	水下沙丘 水下沙波 水下沙垄 小型水下浅滩 现代潮流沙脊 古潮流沙脊 潮流冲刷槽 珊瑚礁 岩礁 沙岛（沙洲） 陆架外缘堤 海釜
		侵蚀型地貌	侵蚀平原 大型侵蚀浅洼地	
		构造型地貌	构造台地 构造洼地	

一级地貌	二级地貌	三级地貌		四级地貌
大陆边缘地貌	陆坡和岛坡地貌	堆积型地貌	堆积型陆坡 岛坡斜坡 大型海底扇	崩塌谷 断裂谷 海底滑坡
		构造–堆积型地貌	深水阶地 陆坡盆地	浊积扇 地垒型平台 （或地垒山）
		构造–侵蚀型地貌	海底峡谷	地堑式洼地 （或地堑谷）
		构造型地貌	断褶型陆坡 岛坡陡坡 陆坡或岛坡海台 陆坡或岛坡海山群 陆坡或岛坡海丘群 陆坡或岛坡海槽	陡坎 陡崖 海山 海丘 珊瑚礁
大洋地貌	深海盆地貌	堆积型地貌	深海平原 深海扇	珊瑚礁 水下浅滩 浊积扇 海渊 小型隆脊 平顶山 断裂槽谷 山间谷地 山间洼地 断裂槽谷 陡崖 海山 海丘 海台 深海滩 小型洼地
		构造型地貌	海沟 中央裂谷 深海洼地	
		构造–火山型地貌	洋中脊 深海海岭 深海海山群 深海海丘群 断裂槽谷山脊带	

注：分类体系来自《海洋调查规范》（GB/T 12763.10—2007 第 10 部分）。

  一级、二级地貌单元为大地构造地貌单元，一级地貌单元包括大陆地貌、大陆边缘地貌和大洋地貌；二级地貌单元根据大地构造性质、形态特征和水深变化等进行划分，自陆向海依次划分为海岸地貌、陆架和岛架地貌、陆坡和岛坡地貌及深海盆地貌四种。

  三级地貌单元在二级地貌单元基础上进一步按形态特征、主导成因和地质时代等因素划分，由基本地貌形态成因类型组成。

四级地貌单元按独立的形态划分，以形态特征为主体，是地貌分类中最低一级地貌单位，可同时在不同的高级地貌单元中出现，一般成因要素单一，规模较小。

各级地貌的特征如下。

2.3.2.1 海岸带地形地貌特征

海岸带是具有一定宽度的陆地与海洋相互作用的地带，上界为现代潮波作用所能达到的上限，下界为波浪作用的下限，即波基面（即波蚀临界深度）。现代海岸带由陆地向海洋可划分为滨海陆地（潮上带）、海滩（潮间带）和水下岸坡（潮下带）三部分（图2-7）。其中，潮间带是高低潮海面之间的地带。水下岸坡为低潮线以下，至波浪有效作用于海底的下限，其下界约相当于1/2波长的水深处。

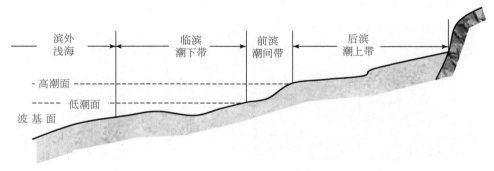

图2-7 海岸带地貌划分

海岸带受波浪、潮汐、海流及河流等方式运动的水体和生物、风力作用，形成各种海积、海蚀和生物及风成地貌，其形成过程和形态结构受地形、地质构造、海面升降、河流、气候和生物等影响。依次分类如下。

（1）海积阶地

海积阶地是指由海蚀作用形成的海蚀平台（包括其后方的海蚀崖）或由海积作用形成的海滩，以及因海平面的相对升降而被抬升或下沉后的海蚀平台和海滩。这些呈阶梯状的海蚀阶地和海积阶地，统称为海积阶地。

（2）海积平原

由于海浪搬运淤积等因素，砾石、沙及泥等海积物扩展延伸形成的广大地形称为海积平原。海积平原是近代的海成平原，一般海拔在10m以下，都处于滨海地区，属于堆积平原范畴。

（3）海滩

海滩是位于平均高线与平均低潮线之间的潮间带（图2-7），地面平缓向海倾斜，由泥沙及砾石组成。根据主要组成物质，可分为泥滩、沙滩和砾滩三种。热带、亚热带还发育红树林海滩和珊瑚礁海滩。在贝壳生物较多的海岸可形成贝壳滩。

1）泥滩。分布于潮流作用的滨岸平原、海湾、河口湾沿岸或大河河口两侧，受河流及沿岸细粒物质大量补给和潮流作用为主的海洋动力控制，淤积作用显著，沉积物主要为细颗粒的粉砂和黏土淤泥。泥滩坡度平缓［图2-8（a）］，宽度很大，一般为数公里至十几公里，沉积物粒径自海向陆由粗变细。

2）沙滩。分布于以波浪作用为主的沿岸，由海岸物质横向运动堆积而成，一般分布在海湾处，外形一般比较平直，坡度比泥滩大，沉积物分选好，主要由松散细粒物质（各类砂）组成［图2-8（b）］。

3）砾滩。主要分布于以波浪作用为主的基岩海岸，尤以海山群海岸的岬角最为明显，侵蚀作用强烈，在海岸不断后退过程中形成。砾滩狭窄，坡度陡，砾石大小不等，分选差［图2-8（c）］，砾石成分与近岸基岩相同。

(a) 泥滩　　　　　　　　　　　　　(b) 沙滩

(c) 砾滩　　　　　　　　　　　　　(d) 红树林海滩

(e) 珊瑚礁海滩　　　　　　　　　　(f) 贝壳滩

图2-8　各种海滩类型

4）红树林海滩。主要分布于热带、亚热带背风浪而向海伸展的低平的泥滩上，是红树林植被起主导滞留沉积作用的一种生物海岸［图2-8（d）］。

5）珊瑚礁海滩。在热带海岸由造礁珊瑚建造起主导作用的一种生物地貌类型。依托海岸发育的珊瑚礁即岸礁（裙礁）［图2-8（e）］，而在大陆边缘和大洋中发育的珊瑚礁有堡礁、环礁、台礁和溺礁等几种类型。珊瑚礁上往往有波浪与风作用形成的由珊瑚礁碎屑堆积成的沙洲或灰沙岛，由环岛沙坝及内圈的洼地组成。

6）贝壳滩。是指海岸带淤泥质海岸平原上由软体动物贝壳（以牡蛎、蛤等为主）的碎屑［图2-8（f）］和细沙、粉砂组成的海滩。

（4）水下堆积阶地

水下堆积阶地分布在水下岸坡的坡脚，由中立带以下向海移动的泥沙堆积而成。在粗颗粒物质组成的陡坡海岸水下堆积阶地比较发育。

（5）水下岸坡

水下岸坡是指海岸带的水下斜坡部分，系低潮线至波基面间向海自然延伸的斜坡。下界水深一般为20～40m。常为海湾、河口三角洲和沿岸台地所间断而呈不连续分布，斜坡上可发育海蚀阶地和海积阶地。按堆积、侵蚀作用强弱，分堆积岸坡、侵蚀-堆积岸坡和侵蚀岸坡。

1）水下堆积岸坡。通常分布于大河河口附近，与大河悬移质泥沙大量入海和随沿岸流扩散、堆积相关。岸坡坡度较小（0°03′～0°04′），宽10～40km，沉积物较细，多为泥质粉砂和黏土。

2）水下侵蚀-堆积岸坡。属水下堆积岸坡与侵蚀岸坡之间的过渡型岸坡。沉积物除部分由大河补给外，主要来自近岸中小河流和沿岸侵蚀物质。

3）水下侵蚀岸坡。为海洋动力较强的高能侵蚀作用形成的水下岸坡。分布于波浪强、入海陆源碎屑少的基岩海岸、黄土海岸、废河口三角洲海岸等下面，坡脚与波浪作用下限相符。岸坡陡（>3°）、窄，主要为砂、砾质组成。

（6）海蚀平台或海蚀阶地

海蚀崖长期受携带泥沙的激浪磨蚀，不断后退，并在其前方形成一个向海微斜的近似平坦的基岩台地。其上有时覆有砂、砾等海积物，或残留有较坚硬岩石形成的海蚀柱或海蚀残丘等，低潮时部分出露海面，高潮没于海面之下。后期由于陆地上升或海平面下降，海蚀平台被抬升后即形成海蚀阶地。

2.3.2.2　大陆架和岛架地貌特征

大陆架是大陆边缘的浅水部分，为大陆水下的延伸部分，属于大陆型地壳。从纵向地形剖面来看，其分布范围从低潮线开始，向深海方向微微倾斜到地形明显变陡转折的地带。这种转折点连线又称坡折线。因而大陆架的实际范围是从低潮线开

始到坡折线之间的地带（图2-9），又称为大陆棚或大陆浅滩。坡折线水深一般在
200～300m，大陆架地形一般较平坦，平均坡度多在0°02′～0°10′。大陆架按照深度
通常分为内陆架和外陆架，但各海区深度不同(50～200m)，其地貌发育与附近陆地
密切相关，受构造运动及海平面升降变化所控制，是以外力作用为主形成的地貌。
内陆架为现代动力作用形成的各种堆积和侵蚀地貌，外陆架主要为晚更新世末期和
全新世早期形成的残留地貌（地貌体的地质时代：早全新世以来形成的地貌体，称
为"现代地貌"，早全新世以前形成的地貌体，称为"古地貌"或"残留地貌"）。

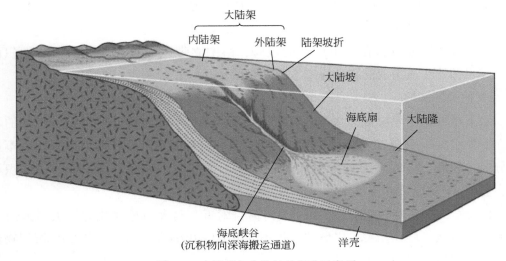

图2-9　大陆架与大陆坡的划分示意图

　　岛架地貌是岛弧边缘的浅水平台，从地形剖面上看，岛架地貌是从低潮线开始向
深海方向缓缓倾斜到岛架外缘坡度变陡转折的地带（坡折线）。岛架外缘转折点较大
陆架明显，宽度窄，一般在20～100km，平均坡度比陆架大2～3倍，为0°05′～0°20′。
岛架地貌上一般冲蚀切割强烈，地形也比大陆架复杂。地貌类型以堆积型和构造型
为主。

　　大陆架和岛架地貌特征依次如下。

（1）现代堆积平原

　　分布在内陆架，河流和海洋水动力作用携带的大量沉积物堆积于此，形成广阔
平坦的平原地貌。表层的现代沉积物变化较复杂，除岸边沉积物较粗外，绝大部分
为粉砂黏土质沉积物。根据堆积的地理位置可分为河口湾堆积平原、海湾堆积平原
和浅海堆积平原三类。

　　1）河口湾堆积平原。主要分布在喇叭形河口湾附近，是现代河流和潮流动力作用
形成的平原，其沉积结构较为复杂，发育有泥质浅滩、潮流冲刷槽和沙脊（坝）等。

　　2）海湾堆积平原。分布在两个岬角之间的湾头处，由湾头高地径流、波浪、

潮流冲刷的泥沙携带到此大量堆积而形成的海积平原。海底平坦向外海倾斜,有时在湾口发育沙坝。

3)浅海堆积平原。一般分布在水深 50m 范围内的海域,是以海洋水动力为主形成的海积平原。

(2)残留堆积平原

分布于陆架区,是晚更新世低海平面时期由河流和海洋等水动力作用冲蚀和堆积形成的平原地貌。其特点有两个:一是沉积物粒径比内侧现代堆积平原粗,以砂质沉积物为主体,形成规模宏伟的"砂带",虽然经过了冰后期海平面上升后的现代水动力改造,但仍以过去的地貌形态为主;二是沉积物年龄的测定及古生物组合特征分析,为更新世时期形成的沉积物。

(3)水下三角洲

水下三角洲是在河流入海处地势较为平坦、海洋动力作用较弱的河流入海地带,由河流携带大量的泥沙堆积而形成的未露出水面的大型扇形堆积体。根据出露情况和形成时代可分为现代水下三角洲和古水下三角洲。

1)现代水下三角洲。包括现代河成三角洲和潮成三角洲两种。河成三角洲是主要类型,分布于河流入海处,而且逐年向海推进,在海底地貌动态上为扇形的堆积体,可分为三角洲平原和三角洲前缘。潮成三角洲仅分布在潮流作用强烈的地方,是以涨潮流和落潮流为动力搬运堆积而成的扇形堆积体。

2)古水下三角洲。一般在水深数十米至陆架外缘发育,底质属残留沉积,是在晚更新世海平面下降时或冰后期海平面上升导致古河口进退,由于河流作用形成的不同时期的扇形堆积体。有时几个三角洲扇形体相互叠置,并经过后期海洋水动力改造,常为厚、薄不等的现代沉积层掩埋,其形态不及现代水下三角洲典型。

(4)大型水下浅滩

大型水下浅滩是指高出周围海底数米或数十米的椭圆形或长条形中间高周边低的堆积体。组成物质较邻近地貌体的粗,一般为砂质沉积物,滩面上有沙波、小型沙丘和小型沟槽等。

(5)侵蚀-堆积平原

早期形成的堆积平原经冰后期海侵或现代海流、潮流、波浪作用长期改造形成侵蚀-堆积平原,底质为砂泥质沉积。其上常发育古三角洲、古湖沼洼地、古河谷、水下阶地、古沙堤、陆架谷和现代冲刷槽、沙波等。

(6)台地

台地由平坦的台面和坡度较大的斜坡组成,其形成和发展与现代堆积作用和基底断块构造相关,分堆积台地和构造台地。

1)堆积台地。通常分布在内陆架堆积作用强烈的现代沿岸地区,由大河及近源中、小河流入海泥沙堆积而成。沉积物以粉砂、黏土为主，顶部可形成活动的风暴沙丘和强潮流形成的脊、槽相间的次级线状地貌。

2）构造台地。与断裂构造密切相关，分布于长期构造隆升或阶状断裂发育区，台地四周为多组构造围限，由平缓台面和四周陡峻的斜坡组成，台地常覆现代沉积盖层，台面上多见裸露的基岩残丘。

（7）潮流沙脊群、潮流沙席

在水深 30～50m 以浅的内陆架潮流作用较强（往复流速大于 0.5～1m/s）的海区，沙脊和槽沟为呈条带状相间分布的群体，称为潮流沙脊群，其沙脊线状延伸好（图2-10），长度一般在 10～50km，宽一般在 2～5km，高在 5～20m。当潮流流速降至 0.5m/s 以下，往复流转为旋转流时，则形成平缓的潮流沙席。

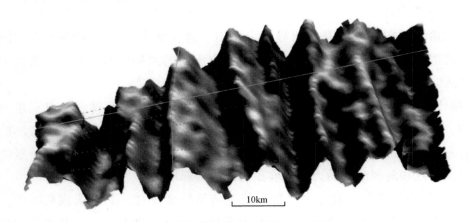

10km

图 2-10　东海陆架典型沙脊群（李磊等，2013）

（8）水下阶地

水下阶地是大陆架上呈阶梯状分布的水下平台，平台较宽阔，宽度不一，它的前后缘陡坎转折极明显，阶地上的沉积物表层多为现代海洋沉积物，而底层多为陆地河流冲积物（砂砾层），或是滨海相对较粗粒的碎屑沉积物，有时候还分布有珊瑚礁或冰川堆积物，表明水下阶地从前是沿岸浅海或滨海大陆的一部分，后来由于陆地下沉或海面上升才为海水淹没。

（9）陆架或岛架斜坡

陆架斜坡是陆架区坡度较陡的区域，其坡度比邻近陆架的平均坡度大 2～3 倍，主要分布在滨岸附近或陆架外缘海域。

岛架斜坡是岛架中地形坡度较大的地段，一般比邻近的岛架平原平均坡度大 2～5 倍，往往受海底谷切割，岛架斜坡主要分布在滨岸海区和岛架外缘海区，前者称滨岸水下斜坡，后者称为岛架外缘。

（10）侵蚀平原

侵蚀平原是由海流、潮流和波浪长期强烈冲蚀而成的陆架平原。平原上发育密集的侵蚀浅洼地和谷形明显的古河道（沉溺谷）沉溺的沿岸古沙堤或海成阶地。

（11）大型侵蚀浅洼地

大型侵蚀浅洼地是陆架区长期受潮流或海流侵蚀冲刷形成的宽浅的负地形，表层沉积物多为全新世早期及之前形成的残留沉积。

（12）构造洼地

构造洼地受持续下降的断陷盆地控制，洼地周缘轮廓清，边缘坡度陡，底面平坦，偶有孤丘分布，第四系沉积最厚达数百米。

2.3.2.3　大陆坡和岛坡地貌特征

大陆坡位于大陆架与深海盆地的过渡带，即陆架外缘坡折线与陆坡坡脚线之间的陡坡地带（图 2-9）。它是地球上最大的斜坡，宽度通常为 15~80km，个别达百公里以上，坡度一般为 2°~6°，平均坡度为 4°，个别达 20°以上。太平洋沿岸大陆坡的平均坡度是 5°20′，大西洋是 2°05′，印度洋是 2°55′。大陆坡约占海底总面积的 7.7%，约 2800 万 km^2。

大陆坡属于过渡型地壳，大陆坡地貌主要受构造作用、火山活动及水下重力作用控制，形成各种堆积型、侵蚀型和构造-火山型地貌。岛坡是岛弧中地形陡峭的海域，分布在岛弧两侧岛架与深海盆地或巨型海槽、巨型海沟之间，即岛架外缘地形由缓变陡的坡折线和岛坡下部地形由陡变缓的坡脚线之间的地带。岛坡属过渡型地壳，地形起伏变化大，是岛弧中地形变化最复杂的海域，宽度比大陆坡窄，但其平均坡度比大陆坡大，约为大陆坡平均坡度的两倍。地貌类型以构造型地貌为主，此外还发育堆积型、侵蚀型等外力地貌。各种地貌特征分述如下。

（1）大陆坡或岛坡斜坡

大陆坡或岛坡斜坡分堆积型陆坡或岛坡斜坡，以及断褶型陆坡或岛坡斜坡两类，分布于大陆坡或岛坡的上部和中下部。

1）堆积型陆坡或岛坡斜坡。一般分布在大陆坡或岛坡上部，为大陆坡或岛坡上坡面起伏较小的单斜坡，坡面宽而连续性好，地形相对平缓的区域。地形坡度一般在 3°~8°。因大量沉积物覆盖了崎岖不平的基底，致使该区地形起伏变化小，坡度也较为平缓。

2）断褶型陆坡或岛坡陡坡。一般分布在大陆坡或岛坡的中下部，也有的分布于大陆坡的上部，是大陆坡或岛坡中地形较陡、以断层作用为主的单斜坡，地形坡度在 8°以上，地形变化复杂，常见顺坡延伸的海底峡谷。

（2）大型海底扇

大型海底扇是大陆坡或岛坡上的扇形堆积体，其形成与海底谷密切相关，往往分布在海底谷的出口处。这是由于海底谷上物质不断被冲刷，并携带到出口处大量堆积而形成的扇形堆积体。

（3）深水阶地

深水阶地是大陆坡上的台状地貌，多分布在水深2000m以下浅的海域，是大陆坡或岛坡上阶梯状断层形成的，一般均呈阶梯状平行陆架外缘坡折线走向分布，可呈现为多级阶梯状，阶梯面相对平坦，坡度小于2°。

（4）陆坡盆地

在较为宽阔、平缓的大陆坡上发育的四周高、中部低的负地形称为陆坡盆地，长、宽数百公里，一般盆底较为平坦，边坡地形较陡，相对高差数十米到数百米，盆地中残存众多孤山、孤丘。

（5）陆坡或岛坡海台

陆坡或岛坡海台是指有一定的平坦面，周边为斜坡的大型地貌体，台面与台坡水深变化较大，台面水深一般为数百米，台坡水深变化大，有的直落深海平原，最大高差可达4000m。海台基盘多为裂离的陆壳残块，上覆不同厚度的沉积层，部分呈浅滩、暗礁、沙洲或出露海面的岛屿，热带海洋中常见珊瑚礁。日本海和南海的海台非常发育，如大和海台（台面水深280～330m，下同）、朝鲜海台（700～1000m）、南沙海台（1000～2000m）、西沙海台（800～1000m）。这些海台是边缘海盆拉张时沉没于海底的陆块。

（6）陆坡或岛坡海山群

陆坡或岛坡海山群是大陆坡或岛坡上由众多海山海丘（以高差大于500m的海山为主体）组成的地形起伏变化复杂的区域称为陆坡或岛坡海山群，主要受构造作用控制，往往是基性或超基性岩浆沿着张性断裂喷溢而成，其分布具有明显的规律性，可分为链状海山或线状海山。

（7）陆坡或岛坡海丘群

大陆坡或岛坡上由波状起伏的诸多海丘组成的区域称为陆坡或岛坡海丘群，一般多为相对高差为50～200m的低海丘，相对高差为200～500m的高海丘较少，有的呈片状分布，有的呈线状或链状分布。

（8）海底峡谷

海底峡谷是大陆坡上大型的长条状负地形，一般长数十公里至数百公里（图2-9）。海底峡谷与断裂构造密切相关，一般是沿着断裂构造，并经滑塌作用触发高密度的浊流冲刷发育而成，是一种构造侵蚀型地貌。其轴线有的呈直线形（短谷），有的呈蛇曲状（长谷），谷壁高而陡，支谷汊道甚多，形似陆上的峡谷。海底峡谷的上部横剖面多为 V 字形，宽度窄，坡度陡，高差大；海底峡谷的下部横剖面多为 U 字形，宽度大，坡度缓，高差小。海底峡谷是浅水沉积物质向深海运输的重要通道。全世界的大陆坡几乎都有海底峡谷分布，但在倾角小于 1° 的平缓陆坡及有大陆边缘地、海台或堡礁与陆架隔开的大陆坡上，海底峡谷比较罕见。

（9）陆坡或岛坡海槽

陆坡或岛坡海槽是长条状的、比海沟相对宽、浅的舟状洼地，可分为封闭型和半封闭型两种。形态特征为两侧槽壁陡峻，并有雁状张性断裂发育，槽底较平坦，横剖面为 U 字形。槽底上覆较厚的新生代沉积。根据其地质构造的差异，可分为构造裂谷型海槽（西沙海槽、中沙海槽）、弧前盆地型海槽（北吕宋海槽、西吕宋海槽）、消亡海沟型海槽（南沙海槽）。

2.3.2.4 深海盆地地貌

深海盆地为边缘海中最低洼的部分。一般水深大，地形较为平坦，除洋中脊、海山、海丘、中央裂谷、洼地、海沟等起伏较大的地形外，大部分为平坦的深海平原（图 2-11）。

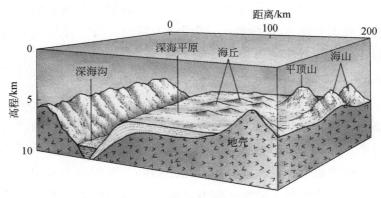

图 2-11 深海盆地地貌示意图

（1）深海平原

深海平原是深海盆地地貌中地形最平坦部分，也是海盆的主体，平均坡度为 0°05′~0°15′。新生代沉积厚数百米至数千米，表层为粉砂质黏土、生物软泥和薄层浊流沉积，平原上有许多海山、海丘和浅洼地（图 2-11）。

（2）深海扇（浊积扇）

深海扇分布于陆坡、岛坡的海底峡谷出口末端（图 2-9），面积数百平方公里至数千平方公里，坡度平缓，有时发育大型沙波。表层为粉砂质黏土，粗屑物质以放射虫碎屑和陆缘沙为主，可夹有浅海生物和植物碎屑。

（3）深海海岭

深海海岭为大洋盆地中呈狭长绵延的海底山脉，由一系列呈串珠状或众多密集的海山、海丘组成，其延伸长度一般为数千公里，宽 100～200km，一般高出两侧洋盆 1000～3000m，有的可达近万米。海岭往往有一隆起的基座，在基座上发育火山，高出水面的成为岛屿。

（4）深海海山群

深海海山群是海盆中大型海山（相对高差大于 500m）和高海丘（相对高差为 200～500m）大量分布并以海山为主体的区域（图 2-11）。主要受板块构造作用控制，往往是基性或超基性岩浆沿断裂喷溢而成。海山分布具有明显的规律性，可分为链状海山或线状海山。

（5）深海海丘群

深海海丘群由海底波状起伏的诸多海丘组成，一般多为相对高差为 50～200m 的低海丘，相对高差为 200～500m 的高海丘相对少些，有的呈片状分布（图 2-11），也有的呈线状或链状分布，其成因与深海海山群相同。

（6）深海洼地

深海洼地是深海平原上宽浅的低洼部分，形态各异，有的呈椭圆形，有的呈长条形，一般低于周围海底 200～300m，其周围为海山、海丘环绕的山间盆地或弧后扩张的构造裂谷形成的低洼地。

（7）海沟

海沟是位于岛弧一侧或两侧的狭窄深沟，长约 100km，宽 40～70km，一般水深为 5000～8000m，最深可达 11 034m。海沟的横剖面为 V 字形，两侧沟不对称，陆侧坡壁较陡（图 2-11），坡度一般大于 10°，洋侧坡壁较缓，坡度一般为 3°～8°。海沟底部的现代沉积物很薄，最大厚度不超过 1000m，沉积物主要为深海软泥、陆源浊流沉积等，呈楔形体展布于海沟一端或两端。海沟地貌由一系列深洼地、海山和海丘组成。

（8）大洋中脊

大洋中脊为地球上最长的海底山系，是热地幔物质上涌的地方，即海底扩张中心和新地壳产生的地带。大洋中脊地形比较复杂，由一系列和大洋中脊平行的纵向岭脊和谷地相间排列组成，这些岭脊和谷地被一系列横向转换断层切断成为不连续的段落，在谷地和横向转换断层交汇处形成一些很深的横向凹槽（图 2-12）。大洋中脊水深 2150～4000m，约高于两侧洋盆 1500m，宽度不一，最宽可达 1500km。大洋中脊脊顶崎岖，两翼平缓，少数山峰出露海面形成岛屿。

（9）中央裂谷

中央裂谷为沿洋中脊轴部延伸的巨大的断裂谷，为长条形的负地形（图 2-12），

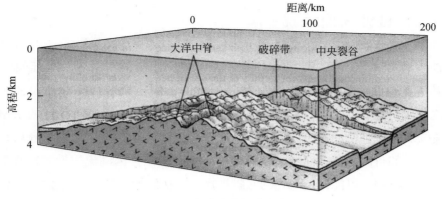

图 2-12　大洋中脊地貌示意图

一般较邻近洋中脊低 500~1500m，边坡地形稍陡，裂谷底不平坦，有海山、浅源地震和高热流分布。

（10）断裂槽谷山脊带

断裂槽谷山脊带是由转换断层形成的一系列平行的、呈线状相间排列的槽谷和山脊组成，与大洋中脊呈切割关系（图 2-12）。一般长数百至数千公里，宽数十公里至数百公里，槽脊相对高差为数百米至数千米。

2.4　地形地貌对海洋工程建设的影响

大陆架与大陆坡是油气开采的主要场所，也是海底管道和光缆通过的重要区域，在大陆架和大陆坡区广泛分布着由各种内力、外力形成的单一地貌形态，如海底活动沙波、潮流沙脊、侵蚀沟槽、海底塌陷、浅埋基岩及其露头、海底凸凹地等地貌特征制约着海底工程的建设。

2.4.1　潮流沙脊与潮沟地貌

潮流沙脊与潮沟地貌一般发育于古河口三角洲和无潮点附近的陆架区，在我国近海陆架上均有分布。潮流沙脊呈指状延伸，潮沟与潮流沙脊相间出现，潮沟海底侵蚀强烈，表现为大小不等的侵蚀沟槽。潮流沙脊与潮沟所形成的强烈对照性地形、沙脊的移动及其伴随而来的海底侵蚀和淤积，对于油气管道和海底构筑物的稳定性都有相当大的威胁。沙脊的高低起伏已经给海洋工程带来了很多障碍，而沙脊处泥沙的群体运动和沙脊的迁移将会给海底线状工程带来更大的威胁。

2.4.2 侵蚀沟槽地貌

侵蚀沟槽可分为线状冲刷槽和片状侵蚀沟壑。冲刷槽在沿岸及大陆架区分布较广泛，其深度一般为10~30m，特别是岛屿之间的潮汐通道槽规模更大，如东海舟山群岛之间的冲刷槽，其深度可超过50m（图2-13）。冲刷槽是不稳定的水槽，周期性的潮流强弱变化，使冲刷槽的形态和深度发生变化，并在横向上也有迁移。冲刷槽的坡度较大，如舟山群岛之间的金山冲刷槽坡度可达7°。因潮流把槽底物质带走，坡面沉积物产生滑塌，可能使建筑物的底脚被掏空，从而导致管道、电缆折断或变形。

图2-13 东海舟山群岛之间的冲刷槽

2.4.3 海底沙波地貌

海底沙波是由于海底的沙堆积体在波浪的作用下形成的有韵律的地貌形态，常见的水下沙质底形有潮流沙脊和波流沙波两大类型，前者是顺主水流方向前进的沉积沙体，后者是垂直主水流方向前进的砂质形态，在海南省东方市岸外海底上，这两种沙质沉积底形均十分发育。东方市西岸外水下潮流沙脊是整个琼西南沙脊群的一部分，在感恩角岸外发育最好，至东方市西岸外已趋缓和，但仍有10余米的高差，沙脊均南北向分布。我们2003年的调查发现，海南省的第一条输气管道DF1-1海底管道通过了三条明显活动的沙脊（图2-14），引起各方高度重视。

海底沙波的存在使海底坎坷不平，同时，沙波和大波痕都是迁移型海底微地貌，它们的存在指示海底泥沙运动较强，海底稳定性差，沙波活动伴随着海底强烈的冲刷、淤积及泥沙群体运动，如果这里敷设海底电缆或输油管道（图2-14），则可能发生移位或折断。如果这里建设钻井平台，则桩脚可能发生移动，导致井口移位而引起钻井工程中断，乃至钻孔报废。如果这里有海底工程构筑，可能会被沙体埋没，产生挤压破裂，甚至毁坏。可见，海底沙波给海底石油工程特别是油气管线的建设造成困扰。在国外，每隔几年就要测定沙波移动的方向和速率。

此外，沙波或其他海床形态可能揭示海底沉积物的现代搬运作用和海底构造周围的高能冲刷作用。

图 2-14　DF1-1 输气管线通过海底沙波沙脊区台风前后的对比

2.4.4　浅埋基岩及其露头地貌

这种地貌常发育在基岩海岸。不规则浅埋基岩主要表现为基岩面的起伏，它的反射特征以中至低频强振幅，同相轴中至低连续性为主，反射形态主要表现为随机的高低起伏。图像上基岩面的凸起表现为圆锥状，内部的反射模糊杂乱，无层次，绕射波发育。由于基岩面起伏过大，其与周围的岩性不均一，不利于持力层的选择，也不利于构筑物基础的选型。因此，对于插桩、输油管线敷设等海上工程，都应重视不规则基岩的存在，以避免产生不良的后果。不规则基岩面起伏变化大，埋深十几米至上百米，局部发育礁石（图 2-15）。尽管浅埋的基岩对于某些海岸工程来说有坚固的基础，但对于近岸管线的敷设与防护、石油平台的拖航与坐底、锚地与航道等皆存在重大的灾害性隐患，须避开或清除。

2.4.5　崩塌和塌陷地貌

崩塌地貌分布在大陆坡的陡坎或陡坡处，在东海和南海大陆坡均有分布。崩塌地貌是在土体的自身重力作用下或经波浪等外力诱发，土体不断崩塌或剥落、滑动

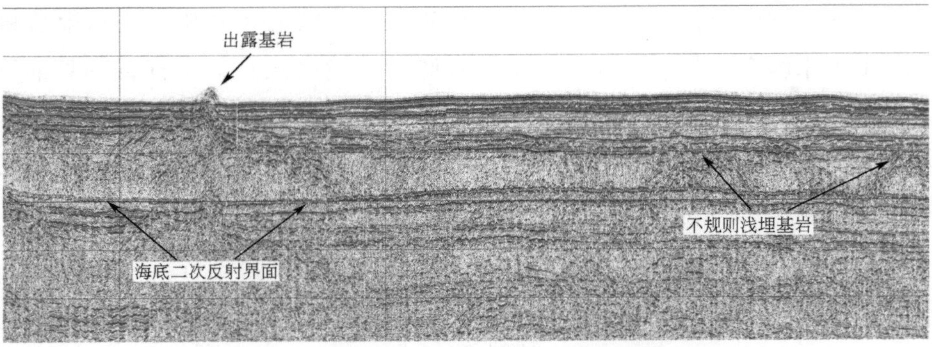

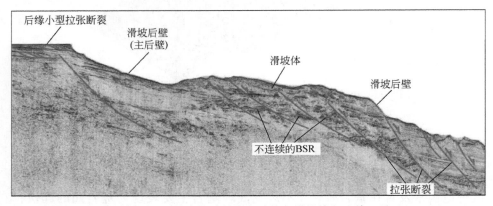

图 2-15　浅层剖面显示的出露基岩和不规则浅埋基岩

或滚动到坡度较缓的地带堆积下来，上部往往形成高差 10～20m 的陡坎或陡崖（图 2-16），下部为坡积体，坡度较平缓。这种土体松散，结构较为复杂，抗压抗剪强度低，不宜在此构筑海洋工程设施。

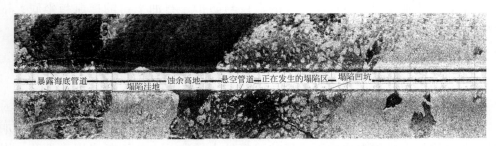

图 2-16　浅层剖面显示的南海陡坡海底陡坎与滑塌堆积地貌（马云，2014）

塌陷地貌分布在河流输沙量大而颗粒细的河口三角洲前缘。由于三角洲结构复杂，大量细颗粒泥沙堆积，致使三角洲前缘区不同部位土体的物理和土工特性的不均一性，造成局部地段压实下沉而形成圆形或次圆形、直径 500～1000m 的洼地（图 2-17）。在我国以黄河三角洲最为典型，其土体承载力低，这种地貌也是一种典型的潜在地质灾害。

图 2-17　黄河水下三角洲前缘斜坡上的塌陷凹坑与洼地

2.4.6 海底沟坎地貌

海底沟坎地貌发育于大陆架和近岸海区。沟坎是海底表层沉积物遭受侵蚀冲刷或人工挖掘而成，主要分布在岛屿之间狭窄区域，潮流或水流较急的区域，是海底电缆、插桩及水下管线敷设等海洋工程应当避让或必需处理的制约性地质条件。这种地貌表现为海底反射波的波形发生明显扭曲，反射界面突然断开或下陷，两侧对称，与周围地形差异较大（图 2-18），在声呐图像上则为内部反射杂乱，灰度较淡。

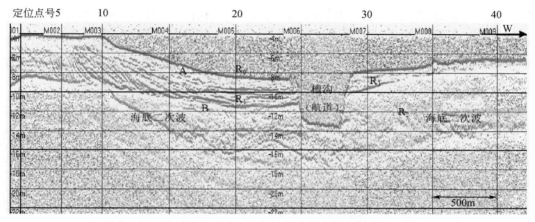

图 2-18　北部湾浅地层典型剖面上的沟坎地貌（马胜中，2011）

沟坎的发育受控于地形，槽沟高度和坡度变化较大，陡峭的槽沟常伴生陡坎，可能产生滑坡，岛屿附近也易发育水下槽沟，水下槽沟且多与不规则基岩相伴生，沿岸岛屿多，水动力作用强，易发育水下槽沟。若要在岛屿边构筑海上工程，应对槽沟进行详细调查。

海底沟及坎坷不平的海底，可能给海底油气管线的敷设带来一定的障碍，但是对于管线和石油平台的安全不会产生很大威胁。

第 3 章 地质构造及对海洋工程建设的影响

地壳自形成以来一直处于不断运动、发展和变化中，地壳运动不仅改变了地表的形态，也改变了岩石和岩层的原始状态，形成岩层的倾斜变动、褶皱和断裂等现象，这些现象破坏了岩层或岩体的完整性，降低了它的稳定性；而发生在新近纪至第四纪的新构造运动（火山活动、断裂活动、地震）及伴生的地质构造（例如同生断层和底辟构造）对区域海底稳定性起着至关重要的作用，对海洋工程的设计、安装、施工和运行造成非常大的威胁，这已引起海洋地质工作者足够的重视。

我们把地壳活动在岩层和岩体中遗留下来的各种构造形迹，称为地质构造。地质构造的规模有大有小。除岩层褶曲和断层外，大的如构造带，可以纵横数千公里，小的则如岩石的节理等。尽管规模大小不同，它们都是地壳运动所造成的永久变形，因而它们在形成、发展和空间分布上，都具有密切的内在联系。

在漫长的地质历史过程中，地壳经历了长期、多次的复杂构造运动，极大地影响到地壳的区域稳定性。特别是新近纪以来发生的新构造运动及形成的新构造，与工程地质和地质灾害关系极为密切，对海洋工程建设的影响巨大。因此，关注新构造活动的研究，认识活动的特点与规律，预测其未来的变化，以减少新构造活动引发的地质灾害给人类带来的危害是海洋工程地质调查的重要内容。

3.1 常见的地质构造

3.1.1 水平构造

海底绝大多数为第四系松散的沉积物所覆盖，这些沉积物有可能是在低海面时候的陆地环境下形成的，也有可能是在海平面上升时的海相环境下形成。未经构造变动的沉积岩层，其形成时的原始产状是水平的，先沉积的老地层在下，后沉积的新地层在上，称为水平构造。但是地壳在发展过程中，经历了长期复杂的运动过程，岩层的原始产状都发生了不同程度的变化。这里所说的水平构造，只是相对而言，就其分布来说，也只是局限于受地壳运动影响轻微的地区。第四纪以来，地壳处于一个相对稳定的时期，因而第四纪以来的海底地层大都为水平构造（图3-1）。

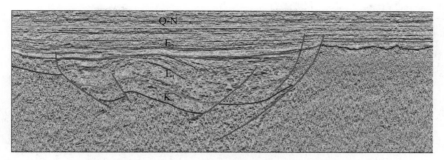

图3-1　东海陆架盆地长江凹陷新近纪至第四纪以来的地层结构呈水平构造

（杨传胜，2017）

3.1.2　单斜构造

原来水平的岩层，在受到构造运动的影响后，产状发生变化。其中最简单的一种形式就是岩层向同一个方向倾斜，形成单斜构造。单斜构造往往是褶曲的一翼、断层的一盘或者是局部地层不均匀地上升或下降所引起。此外，大陆架坡折带或者大陆坡上的地层，由于新近纪以来的新构造运动，拉张断陷，两断块之间因运动速度的差异，也形成单斜地层。例如，东海陆架盆地是一个晚白垩世开始发育的新生代裂陷盆地，虽然盆地在断陷和拗陷阶段内部差异活动强烈且活动中心不断东移，但从中新世晚期的新构造阶段起，该陆架盆地内差异升降运动显著减弱，而且它与其西北侧浙闽隆起之间的差异活动基本消失，它们一起转为整体稍向南东方向倾斜下沉。其上面堆积的上新统和第四系西薄东厚，地层底界深度西部300～600m，东部800～1200m（图3-1），形成广泛分布的单斜地层；或者原始地层产生了海底滑坡，在趋于稳定后形成单斜地层，地层界面实为滑动层面（图3-2）。

3.1.3　褶皱构造

组成地壳的岩层，受构造应力的强烈作用形成一系列呈波状弯曲而未丧失其连续性的构造，称为褶皱构造。褶皱构造是岩层产生的塑性变形，是地壳表层广泛发育的基本构造之一。绝大多数褶皱是在水平挤压作用下形成的［图3-3（a）］；有的褶皱是在垂直作用力下形成的［图3-3（b）］；还有一些褶皱是在力偶的作用下形成的，且多发育在夹于两个坚硬岩层间的较弱岩层中或断层带附近［图3-3（c）］。第

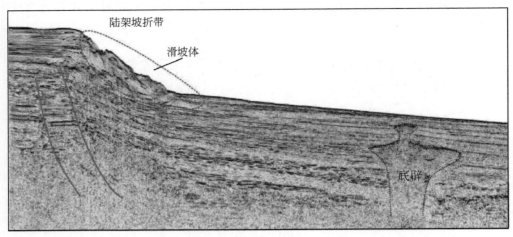

图 3-2　南海北部陆坡因地形因素出现的单斜地层结构（马云，2014）

四系盖层下的岩层是新近纪、古近纪及以前的地质时代中形成的，在漫长的地质历史中，经过多次构造变动，形成隐伏于地下的褶皱或者断层（图 3-1 中的 E_1）。而在第四系中，由于沉积物含水量高而强度低，在构造变动的情况下更容易发生塑性流动形成底辟构造。隐伏于第四系下的基岩在海洋工程的施工过程中通常是按良好地基处理，而对工程稳定性有影响的是基岩中的断层，至于其褶皱类型和形态是不作考虑的，因此本章将不讨论覆盖层下褶皱的类型与形态。对于地层中的褶皱变形，主要考虑第四系中的一种特殊的褶皱构造类型——底辟构造。

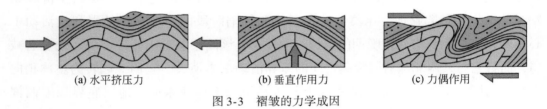

(a) 水平挤压力　　　　　(b) 垂直作用力　　　　　(c) 力偶作用

图 3-3　褶皱的力学成因

底辟构造是发生在新生代沉积物中的一种褶皱构造，是指塑性岩层在外力作用下发生流动上拱所产生的构造，又称"挤入构造"，这类构造在我国中、新生代沉积盆地中广泛发育。目前海底泥底辟构造广泛分布于大陆架、大陆坡及内陆海的深水区，如中国南海、墨西哥湾、黑海和里海具有厚逾万米的新生代沉积物，沉降速率、板块汇聚速率都很高，许多沉积层受到泥底辟构造和断层的影响而变形。不仅被动大陆边缘，如挪威海、尼日利亚近海和墨西哥湾都发现了与海底泥底辟构造有关的天然气水合物，而且在地中海、巴巴多斯、日本南海海槽等活动大陆边缘增生楔状体中也广泛发育与泥底辟构造有关的天然气水合物。

（1）底辟类型

依据塑性物源的深度，将底辟构造划分为深源型和浅源型两大类。深源型底辟构造主要是指地壳或地幔岩浆沿深大断裂侵入或喷发导致沉积盆地盖层褶皱或断裂所形成的构造。浅源型底辟构造是指沉积盆地的塑性盖层在外力作用下发生塑性流动上拱所形成的构造。根据组成底辟构造体成分的差异，可将底辟构造分为盐底辟、泥底辟和岩浆底辟三类。盐底辟或盐构造与油气关系密切，其研究一直受到高度重视，有关研究成果已成为构造地质学近年来的重大进展之一。泥底辟和岩浆底辟的研究近年来也受到广泛关注，尤其是随着大洋钻探计划的深入进行，在位于增生楔前缘的海底发现了越来越多的泥底辟，对其成因机制也提出了新的解释。

1）盐底辟。盐底辟是由于盐岩和石膏向上流动并挤入围岩，使上覆岩层发生拱曲隆起而形成的一种构造。因底辟核部由高塑性盐类组成，当其向上挤入流动时可产生复杂的柔流褶皱。核部的盐体常呈圆柱状，其内盐层变形复杂。盐核之上的上覆岩层往往形成穿隆或短轴背斜及伴生的放射状或环状断层（图3-4）。盐核周边与围岩常为陡倾的断层接触，围岩倾角也变陡。盐丘周围的岩层因盐丘上隆而相对下凹，形成周缘向斜。盐丘构造中的盐核常发育重要的盐类或硫黄矿床，盐上的穿隆及周缘围岩中常富集石油和天然气。

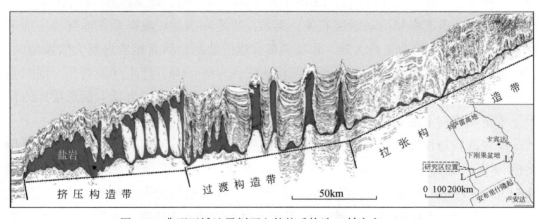

图3-4　典型区域地震剖面上的盐丘构造（付志方，2018）

2）基底火成岩底辟。包括花岗岩和玄武岩，花岗岩构成了基底，其上涌刺穿与区域构造运动幕有关，主要发育在断裂活动带和其他基底结构比较脆弱的位置，玄武岩则是新生代，尤其是第四纪以来基性或超基性岩浆热液喷发活动的产物。南海北部陆坡越往东南方向水深加深的地方，岩浆的侵入作用越明显和频繁。在地壳薄弱或断裂带的交汇处，岩浆活动剧烈，直接侵入海底之上形成火山（图3-5）。

3）泥底辟。泥底辟是地球上比较广泛发育和分布的一种地质构造，前人研究表明，泥底辟是快速沉积充填的厚层欠压实泥页岩，在密度倒转的重力作用体系下发生

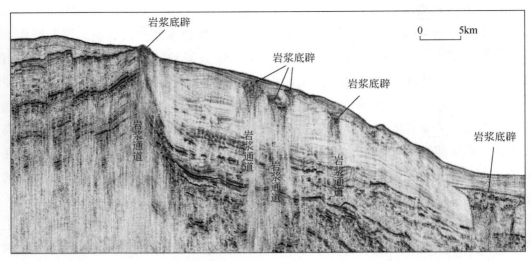

图 3-5 南海北部陆坡典型的岩浆底辟（马云等，2017）

塑性流动，向浅层上拱刺穿上覆地层薄弱带或断裂带而形成的一种特殊地质体。它的
形成多与高塑性、低密度的泥质物有关，源于陆坡浊流或早期陆架三角洲前缘细碎屑
的堆积，经常产生在构造作用相对活跃、断层裂隙发育、伴随强烈热流体活动的局部
位置。例如，莺歌海盆地 LD8-1，LD15-1 泥底辟（图 3-6）。而某些地区泥底辟的发育
则与很高的沉积速率和活动断层有关。例如，冲绳海槽的泥底辟是在冰期海平面下
降，东海大陆架大部分上升为陆，长江携带大量的陆源物质直接输送到大陆坡地区，
在海槽西侧陆坡附近快速沉积下来，沉积速率达 300m/Ma，产生异常高压，同时张
性断层极为发育，为流体的迁移提供了良好的通道，在异常压力及上覆地层压力作
用下大量流体向上运移，从而形成的泥底辟构造（图 3-7）。

　　泥底辟构造根据底辟发育的位置存在两种模式。第一种模式，泥底辟顶部直接
挤出海底，流体沿底辟体向上运移形成泥火山。位于地中海的 Geolendzhik、
Maidstone 和 Moscow 泥火山，以及位于黑海 Sorokin 海槽的泥火山均形成于接近海底
的泥底辟顶部，里海的 Buzdag 和 Elm 泥火山也是这种形成机制。被泥火山覆盖着的
海底泥底辟，直径可达 7km，高出海底 200m，并且伴随着泥流可以有多个火山口。
泥底辟上升到海底是由于密度的翻转（如里海）或由于沿断裂带的挤压所造成的。
第二种模式，泥底辟不直接挤出海底，在这种情况下，液化的泥浆沿断层和裂隙上
涌，上升到水与沉积物的界面之上形成泥火山堆积物。这种泥火山的形成可以与位
于水与沉积物界面以下一定深度、由于密度翻转所形成的底辟相联系，其规模小，
如在墨西哥湾和黑海发现的泥火山。然而在某些情况下并没有发现泥火山下的底辟
褶皱，泥火山通道直接挤入沉积层。在这种机制下流体的流动仍起到决定性作用。
流体伴随着泥浆或纯液体，由于压力梯度发生运移。近期研究表明，流体的渗流可

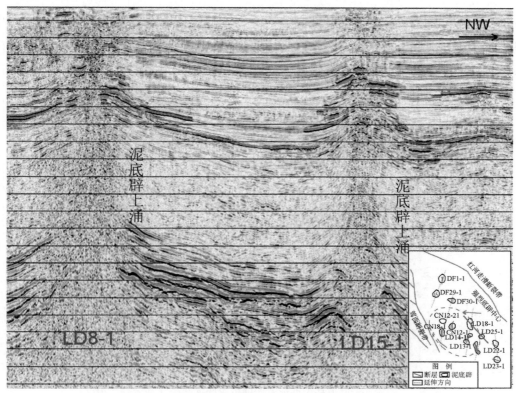

图 3-6 莺歌海盆地典型地震剖面上的泥底辟构造（张伟，2016）

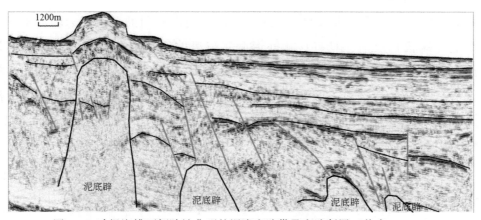

图 3-7 冲绳海槽西侧陆坡典型的泥岩底辟带及底辟断层（徐宁，2007）

以在海底泥火山形成之前就形成了。这种类型的泥火山具有高液体含量泥浆角砾岩、平顶的火山堆积物，以及高出周围海底只有数米的特性，或表现为沿海底裂隙泥浆流动的特点，如 Sorokin 海槽。东海陆坡上的泥火山可能大多属于这一种类型，也称为泥底辟。

陆坡斜坡等区域的挤压应力是垂直差异升降和浅层滑坡重力共同作用形成的（图3-8）。它驱动了黏滞力强、未固结、高含水的泥质上涌，造成海底泥底辟，或呈丘状拱起在海底以上25～30m，成为顶端直径达250～500m的泥火山，或隐伏在海底下，成为不稳定的地质因素。

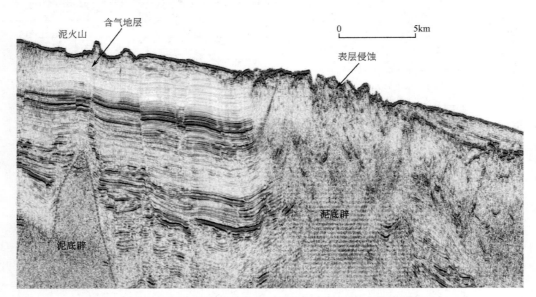

图3-8　南海北部陆坡典型的泥岩底辟带及底辟断层（马云等，2017）

（2）底辟的识别

一般利用浅层地震来进行勘查，底辟构造在地震相图谱上表现为弱振幅和不规则的杂乱（蠕状）反射，具有丘状外形，它与滑坡的区别在于平面分布上不呈带状，而多表现为孤立体。泥底辟带呈模糊反射，周边的振幅比内部振幅强，在模糊带内保留有原来的成层性。在与围岩接触地带，呈现成层与地震模糊的地震反射样式。泥底辟带内出现空白或杂乱反射（图3-9），这可能是由于泥岩的均质性和充气所造成同相轴下拉，一般认为是热流体，特别是天然气充注造成低速异常所致。

3.1.4　断裂构造

构成地壳的岩体受力作用发生变形，当变形达到一定程度后，岩体的连续性和完整性遭到破坏，产生各种大小不一的破裂，称为断裂构造。断裂构造是地壳上层常见的地质构造，包括断层和裂隙等。断裂构造的分布非常广泛，特别在一些断裂构造发育的地带，常成群分布，形成断裂带。有的断层延伸至板块边缘，如台湾-琉球岛弧俯冲带、马尼拉俯冲带和大洋中脊地带所见断层。此类断层通常被称为板

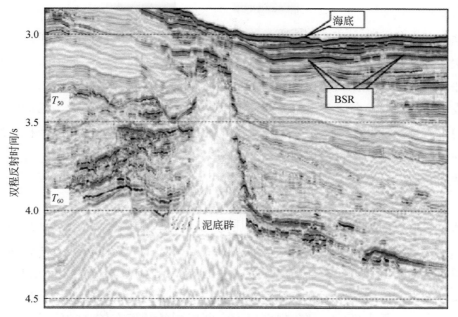

图 3-9 莺歌海盆地东方区的柱状泥底辟地球物理特征 （张伟，2016）
疑似泥底辟体内部出现空白反射，同相轴不连续特征，反射混乱，底辟微裂隙和断层发育

缘断层。有的断层延伸于板块内部，如著名的郯庐断裂、江山-绍兴断裂和粤闽滨海断裂等，这类断层被称为板内断层。在我国海域内分布的断层绝大部分属于板内断层，仅在南海东缘马尼拉海沟地带发育了板缘断层。这些位于板内或者板缘至今仍在活动的、在不久的将来仍可能再活动的断层称为活动断层。据统计，世界上90%以上的地震是断层活动而引起的。地球的构造运动可使地壳和上地幔中积聚构造应力，当构造应力增大并超过介质强度时，往往表现为活动断层的突然错动，释放应力，并以弹性波的形式在地壳表层传播而发生地震。活动断层对工程建筑物的影响范围较大，是区域性的，而且往往突然发生，造成严重灾害。

（1）活动断层的定义

什么样的断层方可称为活动断层？目前认识尚未统一，还没有一个被普遍认可的活动断层定义。同样，对海域活动断层的理解也是各式各样的，有人将最新活动时代限定在新生代，有人认为最新活动时代为新近纪或上新世以来，有人认为是第四纪以来，有人则主张自晚更新世以来或全新世。由于认识的不一致，在文献中常会出现多种活动断层术语，如新生代活动断层、古近纪活动断层、上新世活动断层、第四纪活动断层或晚第四纪活动断层、晚更新世活动断层和全新世活动断层等。根据中国新构造运动特点，并考虑到海洋工程的实际需要，以及我国当前对海域断层的调查研究程度，本书将海域活动断层定义为：在中国海域第四纪以来有过活动、将来仍有可能再活动的断层称为海域活动断层。反之，则视为不活动断层或

"死断层"。

这里需要特别说明的是，在进行海洋工程地震构造环境评价时，通常将断层最新一次活动年代只追溯到晚更新世初或100ka前。考虑到核电厂等工程场地断层活动性评价的实际需要，国家相关部门对活动断裂含义曾联合发文规定：自晚更新世以来或100ka以来没有活动迹象的断裂称为不活动断裂，反之则称为活动断裂。因此我们讲海域活动断层时，主要是指第四纪活动断层。但在进行海洋工程场地断层活动性评价时，本书把自晚更新世或100ka以来确有活动表现的断层，特称为晚更新世活动断层，少数甚至是全新世活动断层。

（2）活动断层的分类

从断层形成的力学性质看，断层本质上是一种剪切破裂。断层运动是用断层面上的位移矢量表示的，根据这个矢量的方向与地表面（水平面）的关系，断层可以分为倾向滑动断层和走向滑动断层（或平移断层）。前者又可分为正断层和逆断层，后者又可分为左旋走滑断层和右旋走滑断层。走向滑动断层最常见，其特点是断层面陡倾或直立，平直延伸，部分规模很大，断层中常蓄积有较高的能量，引发高震级强烈地震。倾向滑动型断层以逆断层更为常见，多数是受水平挤压形成，断层倾角较缓，错动时由于上盘为主动盘，故上盘地表变形开裂较严重，岩体较下盘破碎，对建筑物危害较大。倾向滑动型的正断层的上盘也为主动盘，故上盘岩体也较破碎。

和一般断层分类一样，活动断层也可分为正活动断层、逆活动断层、走滑（或平移）活动断层3类。

活动断层按其活动性质分为蠕变型活动断层和突发型活动断层。蠕变型活动断层只有长期缓慢的相对位移变形，不发生地震或只有少数微弱地震。例如，美国圣·安德烈斯断层南加利福尼亚段，几十年来平均位移速率达10mm/a，却没有较强的地震活动。突发型活动断层的错动位移是突然发生的，同时伴有较强烈的地震。其又分为两种情况，一种是断层错动引发地震的发震断层，另一种是因地震引起老断层错动或产生新的断层。例如，1976年唐山地震时，形成一条长8km的地表错断，以NE30°的方向穿过市区，最大水平断距达1.63m，垂直断距达0.7m，错开了楼房、道路等一切建筑。

在海底有一种特殊类型的活动断层，这类断层是地壳活动和沉积作用引起地层的错动。根据成因不同又可分为构造断层和生长断层，前者是由于构造活动造成的地层错动，后者是与沉积作用同时形成的断层构造，断层在发育过程中还在接受沉积，造成两盘沉积物厚度不同，断层下降盘地层厚度大于上升盘地层厚度，且断距随着深度的增大而增大。在同沉积正断层控制下，沿断裂走向在其下降盘常发育一系列逆牵引背斜（又称滚动背斜），逆牵引背斜的成因主要与尚未完全固结的下降盘地层在断裂发育过程中因自重应力产生滑动，或沉积压实，或塑性流动，或和铲形断层在深部顺层滑动有关。生长断层可能发育于挤压应力环境下，也有可能发育于拉张环境下。理想的生长断层演化模式如图3-10所示，其演化过程为：①三角洲前缘部位粉砂质沉积环境中出现薄弱带；②岩层薄弱带形成断裂；③三角洲前缘部位断层崖被填平；④断层再次活动，出现新的断层崖；⑤三角洲向前推进，断层崖又被砂质沉积物填平，可以看出砂层向相断层面方向加厚；⑥断层不断活动，沉积物不断充填，形成一套复杂的砂质层系。

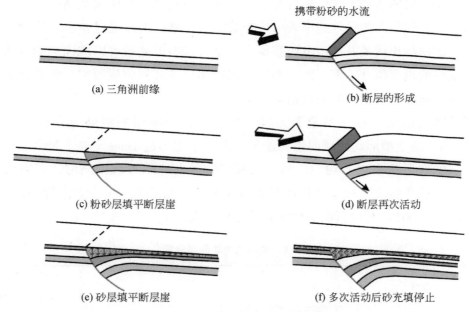

（a）三角洲前缘 　　　　　　　（b）断层的形成

（c）粉砂层填平断层崖 　　　　（d）断层再次活动

（e）砂层填平断层崖 　　　　　（f）多次活动后砂充填停止

图3-10　河口三角洲理想的生长断层演化模式

（3）活动断层的特征

活动断层的特征包括活动断层的类型和活动方式、活动断层的规模、活动断层的错动速率、活动断层的重复活动周期等。

按构造应力状态及两盘相对位移的性质，可将活动断层划分为平移断层、逆断层和正断层三种类型，其中平移断层最为常见。三类活动断层由于几何特征和运动特性不同，对工程场地的影响也各异。活动断层活动的基本方式是黏滑或蠕滑。黏滑错动是间断性突然发生的。在一定时间段内断层锁固段的两盘就如同黏在一起，不产生或仅有极其微弱的相互错动，一旦应力达到锁固段的强度极限，较大幅度的相对错动就在瞬间发生，锁固期间积累起来的弹性应变能也就突然释放出来从而引发较强地震。蠕滑断层是持续不断地缓慢滑动，逐渐释放能量。

活动断层绝大多数都是沿已有的老断层发生新的错动位移，这称为活动断层的继承性，尤其在区域性的深大断裂更为多见。新活动的部位通常只是沿老断裂的某个段落发生，或是某些段落活动强烈，另一些段落则不强烈。活动方式和方向相同也是继承性的一个显著特点。形成时代越新的断层，其继承性也越强，如晚更新世以来的构造运动引起断裂活动持续至今。

活动断层的长度和断距是表征活动断层规模的重要数据。通常用强震导致的地面破裂的长度和伴随地震产生的一次突然错断的最大位移值表示。一般地震震级越大，震源深度越浅，则地表错断就越长，断层位移量也越大。

断层的错动速率是反映活动断层活动强弱、断层所在地区应变速率大小的重要数据。活动断层的活动方式以黏滑为主，往往是间断性地产生突然错断，所以错动速率以一定时间段内的平均速率表示。断层活动速率一般是通过精密地形测量和研究第四纪沉积物年代及其错位量而获得。重复精密地形测量可以准确地测量活动断层不同地段的现今错动速率。而第四纪沉积物年代及其错位量研究，则只能确定活动断层在最新地质时期内的平均错动速率。

活动断层的错动速率有显著差异，突发型活动断层的错动速率较快，可达0.5~1m/s，蠕变型活动断层的错动速率大多在年均不足1mm至数十毫米。同一条活动断层的变形速率也不均匀，如发震断层临震前速率可成倍剧增，而震后又趋缓，这一断层变形速率的变化特征对地震预测有很大意义。《岩土工程勘察规范》（GB 50021—2001）对全新世活动断裂的分级见表3-1。

表3-1　全新世活动断裂分级

分级		活动性	平均活动速率 V/(mm/a)	历史地震及古地震震级 M
I	强烈全新世活动断裂	中或晚更新世以来有活动，全新世以来活动强烈	$V>1$	$M \geq 7$
II	中等全新世活动断裂	中或晚更新世以来有活动，全新世以来活动较强烈	$1 \geq V \geq 0.1$	$7>M \geq 6$
III	微弱全新世活动断裂	全新世以来有微弱活动	$V<0.1$	$M<6$

（4）海底活动断层的鉴别

活动断层的鉴别是对其进行工程地质评价的基础。由于活动断层是第四纪以来构造运动的反映，它在最新的沉积物中会显示出活动的形迹。在陆地上，我们可以借助于地貌学、地质学、地震学及现代测试技术等方法和手段，定性和定量地鉴别它。而海底活动断裂可通过地形、浅地层地球物理勘探和地震等技术来识别。

1）地形。"逢沟必断"是地质常识，活动构造对地形的控制早已为人们所熟知。例如，在南黄海西南部，从海底地形反映出的大沙、瑶沙、长沙、黄子沙等正地形，正是南黄海西南部盆地中的凸起部分；另外，苏北海岸线的主体走向为

NNW，这一走向与苏北沿岸大断裂的走向相一致。从苏北沿岸大断裂的海底地形可以看出，该处为一长条状的洼地，该洼地长 80km，相对深度大于 5m。这种洼地在其他近岸的水下岸坡上极难遇见。无疑，这是苏北沿岸大断裂近期活动的表现。在海底地貌研究中，往往把大陆坡上出现的断层崖和巨大地形落差作为活动断裂标志。

2）浅层地球物理勘探。断层在浅地层剖面上的识别依据主要有：① 反射波（组）突然错断；② 反射同相轴突然增多或减少；③ 突然出现的波形杂乱或空白条带；④ 断面波等。在此基础上，参考重力、磁力和地形资料（主要为重力资料）辅助断层的平面组合。我们利用高分辨率浅层地震资料可识别海底地层中的断层。断层识别的标志为连续性好的反射波组发生系统地错移，或两盘地层厚度不等，或一侧反射终止或减薄，两侧反射特征不一致（图 3-11）。例如，根据有限的浅层反射地震和浅地层剖面调查，南黄海西南部自海底向下的数十米地层内，有时可见断层存在。断层面角度大，近于直立状，存在于废黄河三角洲前缘至前三角洲过渡带。由于河口沉积物性质的差异导致差异压实作用发生，而使未固结的黏土向下弯曲，另外在重力作用下，沿着这些向下弯曲面产生一个向下滑动的分力。当这种下滑的作用力突破了岩层的抗剪强度时，便形成差异压实作用和由此伴生的同生小正断层（图 3-12）。断距一般在 10m 以内，也有个别可达十几米。

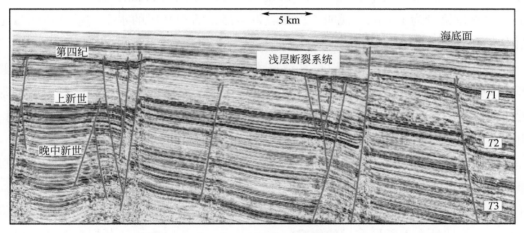

图 3-11　南海北部陆坡典型活动断裂地震反射特征（何健等，2018）

3）地震。地震是活动断层的重要标志，是有地震记录以来确定活动断层的直接依据。例如，南黄海南部盆地是扬州-铜陵地震带内地震活动最为活跃的地区。在历史记载比较完整的 1765 年以后，南黄海共发生 8 次 6 级以上的地震，而陆地上仅发生过一次。所以，详细地研究工程海区的地震资料，对判断研究区的活动断层有着十分重要的意义。

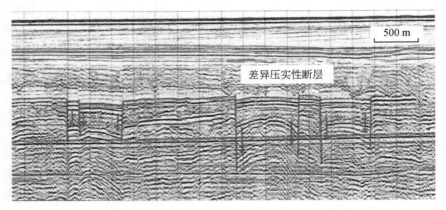

图3-12 南黄海西部滨浅海区差异性压实断层（孔祥淮等，2012）

（5）活动断层引起的地质灾害

海域活动断层能引发多种自然灾害，比较突出的有地震、海啸、错断、滑坡、塌陷、砂土液化和泥火山等。

1）错断效应。断层活动能使地面产生错断，如1668年山东郯城8.5级地震，使位于郯庐断层带上的"马齐山山崩四散，五庐固山劈一半。"从山东岭泉至江苏何庄郯城地震断层破裂长度至少120km，该断层最大水平位移7～9m，垂直位错量为2～3m。又如1999年台湾集集7.7级地震，地震断层长80km，最大水平位移3～9m，垂直位错量为1～4m，说明一次强震发生后，活动断层的水平和垂直错断量是相当大的，可引发严重灾害。

蠕变型的活动断层，当相对位移速率不大时，一般对工程建筑影响不大。当变形速率较大时，可能导致建筑地基不均匀沉陷，造成建筑物拉裂破坏。对于海岸附近的工业民用建筑及道路工程，若断层靠陆地一侧长期下沉，且变形速率较大时，由于海水位相对升高，有可能遭受波浪及风暴潮等的危害。

突发型的活动断层伴随地震的产生，错动距离通常较大，多在几十厘米至几百厘米，这种危害是无法避免的。因此，在工程建筑地区有突发型活动断层存在时，任何建筑原则上都应避免跨越活动断层以及与其有构造活动联系的分支断层，应将工程建筑物选址在无断层穿过的位置。

2）滑坡效应。由于海域活动断层是一种仍在活动的断层，所以在海域深水槽、陆坡边缘地带或其他海底坡度较大地段，因活动断层作用而可能诱发海底滑坡灾害。活动断层作用一方面表现在断层滑动直接改变海底地形地貌上，另一方面则表现在引发地震而导致海底滑坡。

3）塌陷效应。海底塌陷有时亦称海底断陷，这是在张裂型地堑发育区由两条海底活动断层控制发育而成的特殊地质灾害。在断堑内部发育一条生长断层，控制沉积物的发育。在风暴或海流作用下，断堑内会因发生崩塌和浊流作用而造成灾害。

4）砂土液化效应。土层的突然断裂释放能量在土体内部将产生巨大的振动和位移，导致土体饱和砂土中的孔隙水压力骤然上升及剪应力的产生，在短时间内，骤然上升的孔隙水压力来不及消散，这就使原来由砂粒通过其接触点所传递的压力（称有效压力）减小。当有效压力完全消失时，砂土层会完全丧失抗剪强度和承载能力，变成像液体一样，这就是通常所称的砂土液化现象。

对某一种砂土，在一定限制压力下振动时是否会发生液化，主要取决于振动引起的应力和应变大小，而这些应力或应变的大小与振动强度和振动持续时间有关。首先，振动强度以地面加速度来衡量，振动强度大，地面加速度就大，相同条件下的饱和砂土层就容易被液化。其次，振动持续时间长意味着作用在土层上的有效剪应力循环次数就多。持续时间越长，应力循环次数越多，内部孔隙水压力聚集的就高，砂土越可能液化，液化范围也越大，反之则不易液化。

3.2　地层之间的接触关系

在地质历史时期，呈层状沉积的碎屑沉积物常称为地层或岩层。根据地层或者岩层的增生方式，将沉积作用分为侧向加积和垂向加积两类。侧向加积是指沉积物在侧向上堆积、沉积地质体在横向上增生扩展的一种沉积方式。沉积物沿水流方向向前增生，沉积作用基本上不改变地形高差和地形结构，而是引起地形单元的横向迁移。沉积作用的等时面是倾斜的，倾向沉积物加积的方向，而岩性界面则是穿时的。一般情况下，侧向加积物的厚度就是水的深度。垂向加积是指沉积物在垂向上增生加积的沉积方式，主要发生在悬浮物质的沉积过程中，它是静水环境的标志，其岩性界面是等时界面。垂向加积作用不引起地形的横向迁移（图3-13）。沉积物的垂向加积与侧向加积作用使各地层之间出现明显的叠置关系，称之为地层之间的接触关系。

地层之间常见的接触关系包括整合接触和不整合接触。

在地壳上升的隆起区域发生剥蚀，在地壳下降的凹陷区域产生沉积。当沉积区处于相对稳定阶段时，沉积区连续不断地进行着堆积，这样，堆积物的沉积次序是衔接的，产状是彼此平行的，在形成的年代上也是顺次连续的，岩层之间的这种接触关系，称为整合接触［图3-14（a）］。

在沉积过程中，如果地壳发生上升运动，沉积区隆起，或者是海平面下降，沉积区出露海底，则沉积作用即为剥蚀作用所代替，发生沉积间断。其后若地壳又发生下降运动，或者是海平面上升，则在剥蚀的基础上又接受新的沉积。由于沉积过

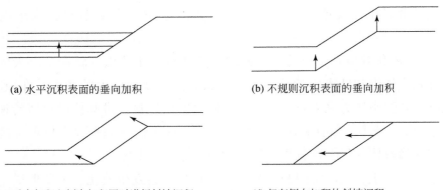

(a) 水平沉积表面的垂向加积   (b) 不规则沉积表面的垂向加积

(c) 垂向加积和侧向加积同时进行斜坡沉积   (d) 仅有侧向加积的斜坡沉积

图 3-13   沉积物的垂向加积与侧向加积作用

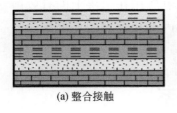 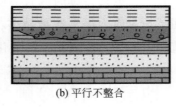 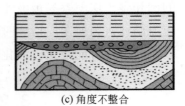

(a) 整合接触   (b) 平行不整合   (c) 角度不整合

图 3-14   沉积地层的接触关系

程发生间断，所以岩层在形成年代上是不连续的，中间缺失沉积间断期的岩层，岩层之间的这种接触关系，称为不整合接触［图 3-14（b）、（c）］。存在于接触面之间因沉积间断而产生的剥蚀面，称为不整合面。在不整合面上，有时可以发现砾石层或底砾岩等下部岩层遭受外力剥蚀的痕迹。在地震剖面上，角度不整合表现为两组或两组以上视速度有明显差异的反射波同时存在。这些波沿水平方向逐渐靠拢合并。不整合面以下的反射波相位依次被不整合面以上的反射波相位代替，以致形成不整合面下的地层尖灭。根据不整合层面特征，将其接触关系分为上超、下超、顶超、削截等（图 3-15）。

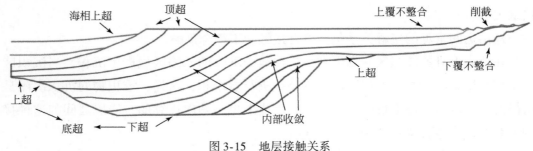

图 3-15   地层接触关系

上超为水平地层对原始倾斜面（如层序界面）的超覆尖灭，或者是原始倾斜地层对原始倾角更大的斜面，向其倾斜上方超覆尖灭。不整合面上的地层向陆地方向

56

的超覆便是上超。上超通常出现在海平面相对上升时期，垂向加积产生的。根据距离物源远近，上超又可以区分为近端上超和远端上超。靠近物源称近端上超，远离物源称远端上超。只有当盆地比较小且物源供应充分时，沉积物才可能越过盆地中心而到达彼岸，形成远端上超。

下超是层序的底部顺原始倾斜面向下倾方向终止的现象。下超表示一股携带沉积物的水流在一定方向上的前积作用，需要注意的是，下超经常不指示不整合现象。上超与下超是地层与层序下部边界的关系，当地层受后期构造运动影响而改变原始地层产状时，上超与下超往往不易区分，可统称为底超。

顶超是下伏原始倾斜层序的顶部与由无沉积作用的上界面形成的终止现象。它通常以很小的角度，逐步收敛于顶界面上。这种现象在地质上代表一种时间不长的、与沉积作用差不多同时发生的过路冲蚀现象。顶超与削截的区别在于它只出现在三角洲、扇三角洲沉积的顶积层发育地区。顶超与削蚀属地层与层序上界面的关系。原始的倾斜地层及原始斜坡沉积之上，均可出现此种接触关系，它既有垂向加积，又有侧向加积，是海平面相对静止的标志。

削截是由侵蚀作用和构造作用引起的反射同相轴纵向和横向终止现象，既可以是下伏倾斜地层的顶部与上覆水平地层间的反射终止，也可以是水平地层的顶部与上覆地层沉积初期侵蚀河床底面间的终止。侵蚀作用引起的削截又称削蚀，是指沉积层序顶界面上出现的纵向终止现象。构造削截是由断层、重力滑动、岩盐流动、火成岩侵入造成的地层横向终止现象。

3.3 地质构造对工程建设的影响

3.3.1 水平构造与单斜构造对工程建设的影响

1）水平地层。发生滑坡的可能性要小，在海底沉积地层中，由于过去海平面的多次升降导致形成海相与陆相这种软硬相间的岩层，在海洋工程选址、设计和施工过程中需考虑硬土层下卧软土层的不均匀沉降问题。

2）倾斜岩层。一般来说是不利的。由于海底土层大多为新近沉积的高含水量土体，工程性质极差，在受到较小的外力作用下就容易产生过大的塑性变形，甚至滑坡。

3.3.2 底辟构造对工程建设的影响

1）底辟构造影响海底地形地貌，破坏浅层沉积结构，诱发浅层断裂作用，在大陆边缘的构造演化中，引起局部剧烈的垂直差异升降和海底破损，同时，底辟构造亦隐伏了不稳定性，是特殊的活动地质因素之一。

2）在大陆架边缘的发展演化中，底辟作用引起近代断层活动，促进了边缘脊的形成，从而出现了高差错置和隆起、斜坡、陡坡、阶地、断崖等不同的地貌景观，并制约了沉积作用，影响并阻挡了冰后期沉积物向海搬运和陆架边缘三角洲的生长发育。

3）基底火成岩刺穿代表了内陆架的底辟类型，它们活动性强，其作用是破碎海底，从而威胁航道，影响锚泊，也不利于沿岸工程的利用。

4）泥质底辟的形成一般和天然气水合物有关，天然气水合物的存在将降低上部松散沉积物的工程力学性质，诱发海底滑坡、地表塌陷，井喷等灾害，导致上部构筑物倾斜、倒塌，威胁海洋工程的正常使用。

3.3.3 活动断层构造对工程建设的影响

1）海域活动断层对其附近设施的运行寿命造成的危险难以估计，对其附近土体的变形也难以预测。断层引起的地面错动及其伴生的地面变形，往往会损害跨断层修建或建于附近的建筑物，同时断层还会导致海底产生过大的差异沉降。

2）海底活动断层激发的海底强地面运动、海底变形、海啸、滑塌和浊流，可导致海洋石油平台、管道、电缆、防波堤、跨海桥、河口闸、码头、人工岛、油罐等遭受破坏，对海洋工程危害巨大。

因此，对海域活动断层可能引发的潜在地质灾害应给予足够重视，在海洋工程选址、设计时要考虑活动断层灾害的最大可能影响。在海洋平台、核电厂、输油气管道、海底光缆等工程场地，对隐伏的海底活动断层需进行必要的调查和评价。调查时尽可能查明海底活动断层位置、产状及性质，通过断层取样测年等综合分析研究，判定出断层最新一次活动年代。有时还要估算出活动断层平均滑动速率、地震复发间隔、震级上限和最大同震位错。当然，对海底活动断层的定量研究与长期地震潜势的概率估计目前尚处在探索研究阶段，更行之有效的海底活动断层调查评估和灾害防御尚需进一步深入研究。

3.3.4 不整合接触关系对工程建设的影响

不整合接触中的不整合面，是下伏古地貌的剥蚀面，它常有比较大的起伏，同时常有风化层或底砾层存在，层间结合差，地下水发育，当不整合面与斜坡倾向一致时，如开挖路基，经常会成为斜坡滑移的边界条件，对工程建筑不利。

不整合面是最易形成层间滑动的界面。在海底，一些埋藏在较浅部位的滑坡很可能沿不整合面发生，尤其在有外力诱发时，会导致滑坡灾害（图3-16）。

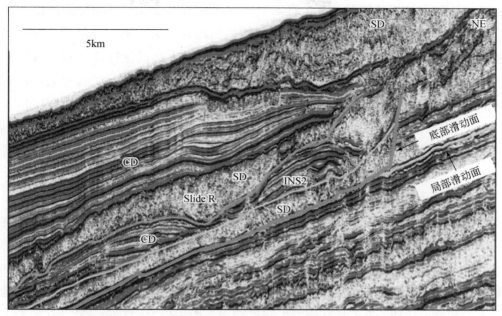

图3-16　挪威中部大陆边缘海底滑坡体滑移区地震反射特征（Solheim et al.，2005）
Slide R. 滑坡体；CD. 连续的平行反射层；SD. 滑坡沉积的杂乱反射层

3.4　新构造运动

　　新构造运动是地质历史发展过程中最近的一次强烈构造变动。目前对新构造运动发生的时限认识不一致，有人认为是从新近纪至更新世，也有人认为凡是形成现代地貌基本特征的构造运动均应称为新构造运动。大多数地学工作者认为新构造运动是从新近纪到现在所出现的地壳构造运动，其中有人类历史记载以来的构造运动称为现代构造运动。根据最新的研究进展，大约5000万年前，印度洋板块向北与欧亚板块碰撞，全球地壳活动表现十分强烈，特提斯海（古地中海）消失，青藏高原快速隆升成陆，形成喜马拉雅造山带。我们把这次地壳运动称之为喜马拉雅运动。至早新近纪末期的时候，喜马拉雅造山带全部回返，台湾地槽从新近纪末到第四纪初期结束了地槽的发育历史，天山、祁连山、秦岭等已趋于稳定的地区，在新近纪到第四纪初期又重新活动，垂直差异运动表现十分强烈。分布于中国东部及中部的古近纪红色盆地，在新近纪以后大部分都转变为上升的遭受剥蚀的山岳或丘陵。新近纪以来，中国东部还产生了一些新断陷及上叠拗陷盆地，如渭河地堑与黄河、淮河平原等。在这一时期中国东部发生了大规模的基性岩浆喷发。这种地壳运动表现形式与喜马拉雅运动有明显不同，因而将这一时期的构造运动从喜马拉雅构造旋回中单独划分出来，称之为新构造运动。新构造运动导致了地壳的水平移动和升降运动，造成大陆和海洋轮廓的改变，影响气候和生物群的变化，从而导致海陆的地貌形态、堆积物的性质和厚度发生变化。新构造运动与火山、地震、崩塌、滑坡和泥石流等也有密切联系。可见，新构造运动直接关系到人类的生存环境和各项工程建设，对人类的活动影响很大，研究新构造运动对人类活动环境、工程地质勘察、地质灾害调查与评价、矿产普查与勘探等有重要的实际意义。

3.4.1 新构造运动的特征

与老构造运动相比，新构造运动在时间上是短暂的，它具有以下特征。

1）新构造运动的继承性和新生性。新构造运动具有明显的继承性，它往往继承老构造而重新运动。尤其是继承中生代晚期和新生代早期的构造运动，即继承了燕山运动和喜马拉雅运动。新构造运动继承老构造而重新运动，在不同的地区，表现的强度和范围是不一样的，有的地区强烈的升降，形成高差达千米以上的高山，并伴随着现代火山和地震活动；有的地区则发生幅度较小、面积较大的升降运动，在地形上多为平原、高原和拱形山。新构造运动一方面具有继承老构造运动的特点，即继承性；另一方面新的构造对老的构造不断进行改造，形成新的构造，即新生性。新构造运动的继承性和新生性在我国的许多新构造单元中都可以找到，但就我国构造发育总的情况来看，我国东部表现出明显的新生性，而西部相对以继承性为其特征。

2）新构造运动具有地区差异性。其发展趋势、性质及强度等各地区不完全一样，这种差异性在我国表现尤其突出。中国大陆现代地形地貌主要形成于新构造运动时期，新近纪以来，中国西部地区强烈隆升，东部地区则相对下降，并且一直持续到现在。东、西部升降幅度差异极大，青藏高原整体抬升达4000m以上，东部地区以沉降为主，发生过多次大规模的海侵和海退。

3）新构造与人类活动关系密切。我国新构造运动形成的西高东低地势影响和决定着我国大陆的气候、植被、古人类、古文化以至现代经济、文化的发展等。新构造运动导致纵横交错的活动断裂带、频繁的地震、各类岩浆的侵入与火山爆发以及一些严重的地质灾害等的发生，还控制和影响了地热资源、地下水、液态矿产的分布与变迁，影响和制约着我国现代化的规划、建设与发展。研究与掌握其发生、发展及赋存的规律，才能让我们开发、利用这些资源并造福于人类。

4）新构造运动具有间歇性。表现为：①时间上有强弱间隔、宁静和活动之分。②地貌上形成了一系列的多旋回地貌，如多层夷平面、多级洪积台地、多级河流阶地、多层溶洞等。③沉积上有沉积间断、不整合或侵蚀面，而且还使沉积物呈现韵律性（或旋回性）特点。沉积物的韵律性，主要表现在粒度和成因类型的有规律更替两个方面。沉积物粒度从下往上由粗到细变化，粗粒沉积反映新构造上升引起地形的切割和起伏增大，细粒沉积则与继之而来的地壳相对宁静阶段地形的夷平阶段一致。我国许多盆地第四纪沉积物具有复式韵律沉积特点，反映了相邻山地的多次上升历史，是研究山地地貌发展重要的相关沉积物。④活动断层呈现活动—平静—再活动的规律。断层活动时常伴有地震，如我国郯-庐断裂的沂沭段，全新世以来有过 3 次剧烈活动时期，分别为 3.5ka B. P.、7.4ka B. P. 和 11ka B. P.，平均重复间隔约为 3000a。贺兰山东麓山前断裂，全新世以来曾发生过 4 次快速错动事件，分别发生于 211a B. P.、2630±90a B. P.、6330±806a B. P.、8420±170a B. P.，其平均重复间隔为 2706a。⑤地震活动呈周期性变化。地震活动的分期、分幕现象具有大致统一性，一般将 200a 左右地震活跃时段称为地震活跃期，而把 10~20a 的地震活跃时段称为地震活跃幕。以华北地区为例（30°N~42°N，107°E~124°E），根据地震史料，公元 800 年以来的 6 级以上地震活动清楚呈现出平静和活动相交替的特点，而且可大致分为 4 个活动期，在每一个活动期中，存在一个地震强度大、频度高的最活跃幕，其持续时间平均为 20a 左右。⑥火山活动的多期性。与地震活动一样，火山活动也具有明显的期次划分。如我国东部新生代火山活动自始新世以来，可划分为三期：第一期为古近纪的火山活动，第二期为新近纪，是中国东部火山活动的高潮期，第三期为第四纪火山活动，其强度和范围远不及前两期。

3.4.2　新构造运动的表现

新构造运动具有与古构造运动相同的一些表现形式，如地层（岩石及堆积物）的变形、变位、第四纪沉积物厚度变化、岩浆活动、地震活动、变质作用等。但由于新构造运动发生的时代较新，有些仍在进行之中，因此它们具有地形、地貌、地球物理、地球化学异常等方面的表现，可以进行直接观测、监测和研究。其主要表现有以下三方面。

（1）褶皱和断裂

由于新构造运动的水平挤压作用，新构造期产生的褶皱表现在两个方面：一是古构造期的褶皱进一步产生褶皱而形成叠加褶皱；另一方面是早更新世松散沉积和尚未完全固结的地层产生褶皱。新构造期形成的褶皱构造规模、数量和强烈程度均不及古近纪以前的古构造。一般只形成小褶曲或弯形背斜隆起，在现代地貌的形成只起较小的作用。

新构造运动产生的断裂包括节理和断层。新构造产生的节理（裂隙）主要分布在新近系或第四系中，地表也偶有出现，但规模较小。新构造运动中断裂构造比较普遍，尤其在一些褶皱带、断裂带和大的地貌单元的交接地带，如山岳和平原的交接处，上升和下降运动往往伴生着新的断裂，形成地面隆起和陷落，产生隆起、拗陷和断块构造。新构造运动产生的断层为脆性破裂，多为老断层的重新活动及产生在新近系——第四系中的新断层。我国新构造期断层，西部地区主要是大型走滑断层，而东部地区则以正断层为主。

我国海域广泛分布着活动断层。例如，渤海湾盆地广泛发育同沉积生长正断裂，这些断裂绝大多数是张性或剪张性，中国东部大型走滑断裂——郯庐断裂贯穿渤海海域，对渤海海域断裂的发育具有明显的控制作用，新近纪晚期—第四纪的新构造运动，在渤海海域浅层形成密密麻麻的正断层。在北黄海盆地，进入新近纪及第四纪后该区域发生区域性沉降。新构造发展相对简单，前期构造运动形成的断裂大都终止，局部区域断裂反转成为逆断裂，成为下正上逆的断裂形式。而南黄海新构造断裂活动是受新构造期应力作用影响导致地壳活动平衡的新构造变形和破裂。南黄海盆地及次级隆起构造、断裂构造非常发育，大致呈 NE 向或 NNE 向延伸和 NW 向叠瓦状排列，其上叠加了活动性较强的新生 NW 向和 EW 向活动断裂。在东海，新生代裂陷作用使中国东部大陆又一次受到破坏，形成大量的断陷盆地及由其组成的断陷带和大型裂陷盆地。

东海陆架盆地是由一系列 NEE 向、NE 向和 NNE 向断裂及其控制的断陷盆地（凹陷）组合而成。在新构造运动时期，NNE 向、NE 向和 NW 向断裂多有不同程度的活动。南海东北部的新构造运动主要表现为断裂活动、地震、海岸带构造升降及温泉等。该区断裂构造十分发育，以 NE 向、NEE 向的东亚系、NNE—NE 向的岛弧系、NEE—WE 向的南海系断裂为主，兼有 EW 向断裂。其中，NE—NEE 走向的滨海断裂带是该区最为重要的断裂构造。

（2）地貌标志

新构造运动主要特征之一就是具有地貌标志。断层崖、断块山、新近纪以来形成的断陷盆地等新构造地貌是新构造运动直接作用的结果。在活动的走滑断层带往往形成特有的地貌组合，如线性谷（或槽地）、断层陡坎、断陷塘、阻塞脊等。新构造运动的间接地貌标志，即主要与水系有关的地貌发育过程所表现的新构造运动。例如，反映新构造间歇性抬升运动的地貌有多级夷平面、多级河流（海、湖）阶地、多层溶洞等；同一地貌形态的变形变位，如洪积扇和阶地的变形变位、水系扭曲与错断、水系的同步转弯、汇流和分叉点的线状分布及洪积扇顶点的线状排列等。

（3）沉积物标志

新近纪以来沉积物的分布、成因类型、岩相及厚度都受到新构造运动的控制。因此，新近纪以来的沉积物中保存了很多新构造运动的痕迹。

1）沉积物分布的标志。新构造运动决定着现代地形的基本轮廓。第四纪堆积物大都分布于现在地形的低洼处，如海盆、湖盆、平原及山间盆地，而这些地区大部分都是新构造运动的下降地区，所以厚度较大的、面积较广的第四系分布区代表着新构造运动以沉降为主，而与第四纪堆积区相邻的物源剥蚀区，则是新构造运动的相对抬升区。

2）沉积物成因类型与岩相标志。沉积物的成因类型和岩相受自然地理环境控制，如强烈抬升的高原和山岳地区，地形切割强，坡度大，所以常形成重力堆积物、山岳冰川堆积物和洪积物等；而在沉降运动的平原和盆地区，则以湖沼沉积物和冲积物等最为发育。新构造运动的特点反映在沉积物的岩相结构上，如在平原区河流冲积层中，一个河床相与河漫滩相组合，是地壳一段稳定时期的产物，如果出现多个河床相与河漫滩相组合的叠加，则反映新构造运动的间歇性沉降；而巨厚的河床相（几十米至几百米）则代表了地壳的连续性下降。又如，在山前洪积物中，如果扇顶相和扇缘相的界线不断向平原方向移动，则代表山地上升或盆地相对不断下降。

3）沉积物厚度标志。沉积物的厚度取决于堆积区与物源区（剥蚀区）的相对高差和两者之间的距离，高差越大，距离越近，其沉积厚度也就越大。地形的高差是受新构造运动控制的，所以第四纪沉积物的堆积速度与厚度，一定程度上代表着新构造运动的速度与幅度。当堆积区与物源区之间由倾向堆积区的正断层分割，且该断层为活动断层时，沉积物的堆积速度最快，其厚度也最大，如我国东部的汾渭断陷盆地，新近纪以来的沉积物厚度超过2000m。

在利用沉积物厚度和夷平面高度研究新构造运动时，应注意以下两个方面：①利用松散沉积物厚度估算地壳下降幅度时要考虑沉积物压缩量和地壳均衡补偿；②利用夷平面高度估算地壳上升幅度时要考虑地壳剥蚀量和均衡补偿。此外，气候变化也可能影响到沉积厚度，从而使沉降幅度估算失误。

3.4.3 新构造运动类型

根据新构造运动的性质和它所产生的形态，可划分为下列几种类型。

（1）大规模拉张和断陷运动

由于地幔对流，洋脊处于拉张状态，新洋脊不断形成。大陆裂谷（如东非裂谷）发育大陆溢流玄武岩，它们代表新构造地壳的拉张活动。

当大洋底发生大规模拉张时，弧后盆地和陆地上也出现范围较小但具有强烈差异性运动的构造断陷运动，造成一盘上升，另一盘相对下降，并相互补偿。上升的断块抬高后形成山地，下降的断块陷落后形成平原或盆地。有的断块构造是在古老断裂带上重新复活。断层面一般呈高角度，甚至近于直立，多数是正断层或冲断层。

（2）大规模俯冲、碰撞活动

太平洋东西两侧均有海沟，大洋板块不断向大陆板块俯冲，大陆板块被挤压，形成新的造山带,如台湾、北美西部、南美安第斯山脉等新生代造山带。

新生代地中海–喜马拉雅带发生板块碰撞,印度板块与欧亚板块碰撞最引人注目,当今世界屋脊就是印度板块不断向欧亚板块推进背景下迅速抬升的。

（3）大规模走滑活动

大规模走滑活动是板块碰撞挤压的结果,如美国加利福尼亚圣安德烈斯断层新生代发生大规模右旋走滑活动,中国鲜水河断裂大规模左旋走滑。

（4）大面积的褶皱运动

由于板块的水平挤压运动,陆地上发生范围较大倾斜平缓的拱曲上升运动,通常上升区的核部上升幅度大,可达数百米。有时表现为简单的拱形构造,有时为平缓的波状褶曲构造。地形上往往形成高原。例如,自晚中新世起,由于冲绳海槽开始 NW—SE 向扩张而产生的侧向挤压作用,海槽西北边缘遭挤压拱曲隆升而渐成钓鱼岛隆褶带。

在发生拱形构造的相邻地区,常出现拗陷地区,地形上表现为平原或盆地,其范围较大,如银川断陷盆地、渭河地堑河谷平原等。下降地区中心部位的下降幅度也较大,如华北平原和江苏滨海平原,自新近纪以来一直处于下降状态,其堆积物厚度超过 1000m,证明其下降幅度在 1000m 左右。在拱形构造或拗陷构造的边缘交接地带,往往有断层存在,这些断层常是高角度的正断层或逆冲断层。

（5）地震与岩浆活动

地震活动是新构造活动的重要表现,它的发生、发展明显受主要构造体系的活动断裂带控制,地震大都分布在活动带上。世界大地震活动带主要有：①环太平洋地震带。全球地震的 80% 集中在这一带内,也是地球上现代火山集中的地区。主要沿太平洋边缘的岛弧和海沟分布。环太平洋地震带属中源、深源震,震源深度常大于 70km。②大洋中脊地震带。它与环太平洋地震带一样,震中密集,震源深度大。③地中海–南亚地震带。主要沿欧亚大陆南部边缘分布。这一地震带的活动仅次于环太平洋带。大陆内部的地震一般为浅源地震,而且主要集中在 20°N~50°N。我国处于两个活动的地震带之间,东有环太平洋地震带,西南有地中海–南亚地震带,是世界上地震较多的国家之一。

岩浆活动也是新构造运动的重要表现,板块俯冲作用能够造成岩石圈减薄,软流圈卸载上涌,使得岩浆大量活动。当岩浆沿断裂带喷出地表,便形成火山。现代火山喷发时,火山隆起而周围很大范围内发生沉降,沉降量随着外围的扩大而不断减少,有时还产生断层。我国近代火山活动主要集中在台湾、东北、华北和长江下游、海南、云南、新疆与西藏交界的一些地区。台湾是新生代火山活动十分频繁的地区,东北的火山主要有五大连池和长白山的白头山等,华北有大同火山群,云南有腾冲火山、南京附近和苏皖交界处也有一系列火山,这些都是新近纪和第四纪以来至近代的火山。

3.4.4 新构造运动与区域稳定性

新构造运动中地壳的间歇性活动包括构造应力场的变化、区域断裂现今活动性、区域地震活动与火山活动等。

区域稳定性是指工程建设地区，在内力、外力（以内力为主）的作用下，现今地壳及其表层的相对稳定程度，以及这种稳定程度与工程建筑之间的相互作用和相互影响，亦即由地球内力、外力作用形成的地质灾害对工程建设地区人类和工程建筑安全的影响。区域稳定性评价已成为国家重大工程规划选址和建设前期论证的重要决策依据之一。

区域稳定性分析包括构造稳定性分析、地面稳定性分析和场地稳定性分析三个层次，它是地壳稳定性评价的基础，主要涉及稳定性条件和因素的识别，重点是分析影响地壳稳定性的各种因素与标志，包括区域地质环境、地球结构、构造格架、新构造活动、地震活动及地应力场等，迄今已形成三个有代表性的理论，即"安全岛"理论、构造控制理论和区域稳定工程地质理论。

区域稳定性评价以构造稳定性评价研究为重点，以地面稳定性、岩土介质稳定性研究为辅。这是由于构造应力场的变化可引起地质、地球物理因素的变化，或者地质、地球物理条件的改变可以引起构造应力场的特征变化。因此，构造应力场尤其是现今构造应力场是区域稳定性评价的重要内容。它主要包括区域新构造运动形式、特点、强度及其变化趋势，区域地壳形变特征，新构造应力场特征、最大主应力与最小主应力及剪应力的分布状态，现今地应力测量，区域现今应力场反演、模拟计算，应力场演化趋势及其与活动断裂和地震活动关系模拟计算分析等。

区域断裂现今活动性是区域稳定性研究的另一主要内容。它主要包括区域活动断裂分布、产状、规模和类型、断裂分段性活动特征、断裂活动年代、活动强度与活动速率测试估算、活动周期、微震台网监测研究其活动性、主要活动断裂演化趋势及其对工程建设可能的危险性分析等。

区域地震活动与火山活动研究是区域稳定性研究的中心内容，特别是地震强烈活动地区，对区域稳定性具有决定性作用。它主要包括区域地震活动和火山活动基本特征、空间分布，历史地震活动分析，发震断裂构造或潜在震源区确定，地震强度、最大震级和活动周期，地震带的潜在演化趋势，潜在震源区划分及其对工程建设地区的危险性评价等。

可见新构造活动与区域稳定性评价密切相关。

第4章 | 海洋土的工程性质与分类

不管是近岸海底，还是深海大洋海底基本为松散的沉积物所覆盖，这些在工程上被称作"土"的沉积物可能是砾石、砂、黏土等来源于陆地的物质，或者在大洋中自生沉积的钙质或硅质软泥等。它们或形成于入海河口、浅海、大陆架或深海。不同环境下形成的土的工程性质指标存在很大差别，因此了解海洋土的来源、物质成分、结构与构造特征、评价指标、工程分类与特性，对海底工程的设计和施工都具有极其重要的实际意义。

4.1　海洋土的来源

在工程建设中，海洋土是指覆盖在海底表层的松散的、没有固结或者固结较差的海洋沉积物。已有的调查和研究结果表明，海洋沉积物是由陆源碎屑物质，或者在海洋环境下形成、分解的物质组成。陆源碎屑主要由河流、冰山和风携带的微粒组成，有机物质则大多数是来源于贝壳和海洋生物体的骨骼，而深海底某些颗粒是由生物化学作用所形成。图4-1比较详细总结了海洋沉积物的形成过程。

海洋土中的颗粒按其成因可分为以下三大类。

4.1.1　陆源碎屑颗粒

陆源碎屑颗粒主要是硅酸盐类矿物，由陆地岩石风化破碎经风、流水等动力作用搬运而来。例如，河流是海洋中沉积物的最大来源，它每年将大约200亿t的沉积物质贡献给海洋，其中大部分来自亚洲，其次是美洲。年输沙量在10亿t以上的大河有恒河和黄河，1亿t以上的有长江、伊洛瓦底江、湄公河、印度河和布拉马普特拉河、密西西比河、亚马孙河和科罗拉多河。风每年能够将10亿t的沉积物搬运到海洋中，其中主要来源于沙漠和高山。陆源碎屑主要分布在大陆边缘（图4-2）。

深海黏土，又称褐黏土，很细，泥质组分占80%以上，较致密。褐黏土是大洋沉积中分布最广的陆源矿物，主要分布在太平洋和大西洋，印度洋也有零星分布（图4-2）。在太平洋，褐色黏土覆盖了总面积的49.1%，其中北太平洋的范围又较南

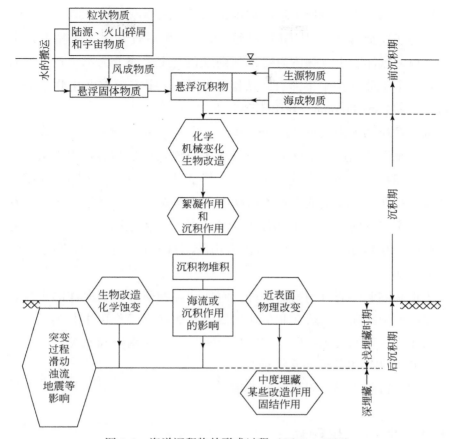

图 4-1　海洋沉积物的形成过程（Silvia，1974）

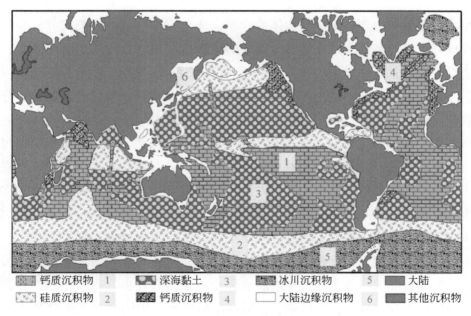

| 钙质沉积物 | 1 | 深海黏土 | 3 | 冰川沉积物 | 5 | 大陆 | |
| 硅质沉积物 | 2 | 钙质沉积物 | 4 | 大陆边缘沉积物 | 6 | 其他沉积物 | |

图 4-2　全球深海沉积物的分布

太平洋大得多。褐黏土一般处于水深4500m以下，有90%产于4800~6000m的深度范围内，因为浅于此深度会因钙质骨屑加入转变为钙质软泥。褐黏土是由陆源黏土、粉砂组成的远洋黏土，颜色为褐色到褐红色，主要成分为黏土矿物、石英和长石，并含有自生组分（钙十字沸石，铁锰氧化物）、宇宙颗粒及生物组分，其平均粒径 0.004mm<Mz<0.005mm，粒组不到总重的25%。

浊流沉积颗粒和火山灰也是陆缘碎屑，前者主要分布于大西洋和印度洋。浊流是海底泥沙和水混合而成的密度大于周围水体的阵发性强劲的重力潜流。它沿海底流动，并将沉积物从大陆边缘搬运到陆隆，甚至进入深海，在大陆架狭窄的大西洋和印度洋非常活跃，在宽阔陆架不太活跃。火山灰沉积主要见于太平洋，在北太平洋白色火山灰覆盖的海底，其平均厚度为 6.5cm，变化范围在 1~29cm。褐色火山灰出现于经度 180°以东，并经常和白色火山灰形成夹层，它们的厚度在 1~13cm，平均厚度为 3.9cm。

冰川土也是陆源碎屑沉积物的一种，而把陆源物质搬运到海洋的主要过程之一是融冰。在第四纪冰期，冰盖在北半球扩展并在海洋沉积作用中起到重要作用，使冰川沉积物成为主要的沉积物质，其来源为两个大陆（南极和北美）和一个次大陆（欧洲）。冰川沉积物主要分布在极地区域。

此外还有宇宙的尘埃、陨石等外来物。

4.1.2　生物沉积颗粒

生物沉积颗粒主要是海洋生物体的骨骼、牙齿等难溶解的残余部分。生物沉积颗粒在成分上可能是钙质或硅质的。钙质的碳酸盐沉积物分布的范围比较广，包括大陆边缘和大洋底，大洋钙质生物沉积根据固结程度不同可分为钙质软泥、白垩（固结）和石灰岩（硬），其中钙质软泥分布最广，钙质软泥根据生物种类可分为有孔虫软泥、钙质超微化石软泥及翼足虫软泥，它们约占洋底面积的47.7%。远洋硅质沉积是含生物碎屑50%以上，硅质生物遗骸大于30%的沉积物，根据固结程度不同可分为硅质软泥、硅藻土、放射虫土、瓷质岩和燧石。根据生物类型可将硅质软泥分为硅藻软泥和放射虫软泥，它们占洋底面积的14.2%。图4-2表示全球陆源碎屑及生物沉积物的分布情况。由图中可以看出，在30°N~30°S的环境条件特别有利于钙质沉积物的形成。高的碳酸钙浓度出现在高生产力的地区，如东太平洋、大西洋洋中脊轴部、百慕大和巴拿马附近水域。澳大利亚及印度洋附近水域，我国的南海地区。钙质软泥的组分主要来自表层水体中的浮游有孔虫、超微生物的残骸，这些生物的生产力控制着物源供给量，在低纬度的暖水区中钙质浮游生物的生产力比较高，故钙质沉积物也多。

硅质生物沉积物主要发现于高纬度和赤道太平洋地区，夏季高纬度地区白天光照持续时间长及快速的对流保证了养分的供给，使大量硅藻介壳快速堆积。在赤道太平洋区，由于深部富含硅磷的水体上涌，养分和二氧化硅的供应充足，硅藻和放射虫高效生长，使得硅质生物沉积能够在这个地带出现。图4-2表明现代大洋中硅质软泥主要有三个带，即太平洋赤道带、环北极的不连续带和环南极的连续带。此外各大洋东侧沿岸上升流区也有分布。表4-1总结了深海沉积物组成及各类沉积物的相对丰度。由表中可以看到：在大西洋钙质软泥的分布频率最高，太平洋最低，印度洋居中，硅质软泥则相反，印度洋最高，太平洋次之，大西洋最低。

表 4-1　深海沉积颗粒的组成及在各大洋的分布频率　　　　（单位：%）

沉积颗粒类型		分布频率			
		大西洋	太平洋	印度洋	总计
钙质软泥	有孔虫软泥	65.1	36.2	54.3	47.1
	翼足虫软泥	2.1	0.1		0.6
	小计	67.2	36.3	54.3	47.7
硅质软泥	硅藻软泥	6.7	10.1	19.9	11.6
	放射虫软泥		4.6	0.5	2.6
	小计	6.7	14.7	20.4	14.2
褐黏土		25.8	49.1	25.3	38.1
占大洋面积比例		23.0	53.4	23.6	100.0

资料来源：Berger，1976。

4.1.3　自生沉积颗粒

自生沉积颗粒主要是指海底火山喷发或海底热液活动在海水或沉积物孔隙中发生化学反应从而在海底原地形成的颗粒。例如，大洋锰结核就是沉降于海底的各种金属的氧化物，其以带极性的分子形式，在电子引力作用下，以其他物体的细小颗粒为核，不断聚集而成。

4.2　海洋土的物质组成

从海洋沉积物的起源可知，海洋土很大程度上来源于陆源碎屑物质，因此在物质成分上与陆源物质有很多相同的组分，包含有粗砂、细砂、粉砂、黏土及中间过渡物质，不同沉积环境差别很大。此外，大陆边缘的粗粒沉积物较多，深海平原沉积物中细粒成分、生物组分含量较高。

海洋沉积物矿物成分与物源密切相关，难以找到统一的规律。

由于形成年代和自然条件的不同，各种土的工程性质有很大差异。

土由固体颗粒以及颗粒间孔隙中的水和气体组成的，是一个多相、分散、多孔的系统。一般可把土看作三相体系，包括固体相、液体相和气体相。固体相又称土粒，由大小不等、形状不同、成分不一的矿物颗粒或岩屑所组成，构成土的主体。液体相即是孔隙中的水溶液，它部分或全部充填于粒间孔隙内。气体相指的是土中的空气及其他气体，它占据着未被水充填的那部分孔隙。三者相互联系，通过复杂的物理化学作用共同制约着土的工程地质性质。

在土的三相组成物质中，固体颗粒（以下简称土粒）是土的最主要的物质成分。土粒构成土的骨架主体，也是最稳定、变化最小的成分。三相之间相互作用中，土粒一般也居于主导。从本质而言，土的工程性质主要取决于组成土的土粒的大小和矿物类型，即土的粒度成分和矿物成分。所以，各种类型土的划分，首先是根据组成土的粒度成分。而土的结构特征，也是通过土粒大小、形状、排列方式及相互联结关系反映出来的。

4.2.1　土的粒度成分

土的粒度成分是决定土的工程性质的主要内在因素之一，因而也是土的类别划分的主要依据。

（1）粒组划分、组成与土的工程性质关系

土是由各种大小不同的颗粒组成的。颗粒大小以直径（单位为 mm）计，称为粒径（或粒度）。由于自然界中的土粒并非理想的球体，通常为椭球状、针片状和棱角状等不规则形状，因此粒径只是一个相对的、近似的概念，应理解为土粒的等效直径。界于一定粒径范围的土粒，称为粒组，而土中不同粒组颗粒的相对含量，称为土的粒度成分（或称颗粒级配），它以各粒组颗粒的重量占该土颗粒的总重量的百分数来表示。

土的粒径由大到小逐渐变化时，土的工程性质也相应地发生变化。因此，在工程上粒组的划分在于使同一粒组土粒的工程性质相近，而与相邻粒组土粒的性质有明显差别。目前土的粒组划分标准并不完全一致，一般采用的粒组划分及各粒组土粒的性质特征见表4-2。表中根据界限粒径：200mm、20mm、2mm、0.075mm 和 0.005mm 把土粒分为六大粒组，分别是漂石（块石）颗粒、卵石（碎石）颗粒、圆砾（角砾）颗粒、砂粒、粉粒及黏粒。

表 4-2 土粒粒组的划分

粒组名称		粒径/mm	一般特征
漂石或块石颗粒		>200	透水性很大,无黏性,无毛细作用
卵石或碎石颗粒		200~20	
圆砾或角砾颗粒	粗	20~10	透水性大,无黏性,毛细水上升高度不超过粒径大小
	中	10~5	
	细	5~2	
砂粒	粗	2~0.5	易透水,无黏性,无塑性,干燥时松散,毛细水上升高度不大(一般小于 1m)
	中	0.5~0.25	
	细	0.25~0.1	
	极细	0.1~0.075	
粉粒	粗	0.075~0.01	透水性较弱,湿时稍有黏性(毛细力联结),干燥时松散,饱和时易流动,无塑性和遇水膨胀性,毛细水上升高度大,湿土振动时有析水现象(液化)
	细	0.01~0.005	
黏粒		<0.005	几乎不进水,湿时有黏性、可塑性,遇水膨胀大,干时收缩显著,毛细水上升高度大,但速度缓慢

注:1. 漂石、卵石和圆砾颗粒呈一定的磨圆形状(圆形或亚圆形),块石、碎石和角砾颗粒带有棱角。

2. 粉粒的粒径上限也有采用 0.074mm、0.05mm 或 0.08mm 的,黏粒的粒径上限也有采用 0.002mm 的。

表 4-2 所述各粒组特征的规律是:颗粒越细小,与水的作用越强烈,所以毛细作用由无到到有,毛细上升高度逐渐增大;透水性由大到小,甚至不透水,逐渐由无黏性、无塑性到具有越大的黏性和塑性及吸水膨胀性等一系列特殊性质(结合水发育的结果);在力学性质上,强度逐渐变小,受外力作用时,越易变形。

各类土都是这几个粒组颗粒的组合。土的工程性质与土中哪一粒组含量占优势有关。例如,土中含大量砂粒时,则透水性大,黏性和塑性弱;相反,土中含多量黏粒时,则透水性小,有显著的黏性、塑性及膨胀性等。

(2)粒度成分对土工程性质影响的实质

上述随着土的组成颗粒越细小,与水之间作用越强烈,以致对土的物理力学性质越具有重要影响问题,其原因实质有以下两点。

1)组成土的颗粒大小不同,土的比表面积不同,则土粒与水(或气)作用的表面能大小不同。因此,不同大小颗粒与水(或气)相互作用的程度,以及含水的种类、性质和数量不同。

土的比表面积一般用单位体积所有土粒的总表面积表示。例如,一个边长为 1cm 的立方体颗粒,其体积为 $1cm^3$,总表面积只有 $6cm^2$,比表面积为 6/cm;若将 $1cm^3$ 立方体颗粒分割为边长 0.001mm 的许多立方体颗粒,则其总表面积可达 6 万 cm^2,比表面积可达 6 万/cm。可见,由于土粒大小不同而造成比表面积数值上的巨大变化，必然导致土的性质突变。

2）其根本原因还在于天然土中不同大小颗粒的组成矿物类型不同，直接影响土的工程特性。例如，粗大颗粒（卵石、砾石及砂粒等）主要由坚硬的、物理性质及化学性质比较稳定的原生矿物或岩石碎屑组成，故其组成土的强度参数内摩擦角值远大于细小颗粒的由次生矿物组成的土，其含水多少对粗颗粒土的工程性质影响不大。

（3）粒度分析及其成果表示

土的粒度成分是通过土的粒度分析（亦称颗粒分析）试验测定的。对于粒径大于0.075mm的粗粒土，可用筛分法测定。试验时将风干、分散的代表性土样通过一套孔径不同的标准筛（例如，20mm、2mm、0.5mm、0.25mm、0.1mm、0.075mm），称出留在各个筛子上的土的重量，即可求得各个粒组的相对含量。粒径小于0.075mm的粉粒和黏粒难以筛分，一般可以根据土粒在水中匀速下沉时的速度与粒径的理论关系，用比重计法或移液管法测得颗粒级配。

根据颗粒分析试验成果，可以绘制如图4-3所示的颗粒级配累积曲线。其横坐标表示粒径。因为土粒粒径相差常在百倍、千倍以上，所以宜采用对数坐标表示。纵坐标则表示小于某粒径的土的含量（或称累计百分含量）。由曲线的坡度可以大致判断土的均匀程度，如曲线较陡，则表示粒径大小相差不多，土粒较均匀；反之，曲线平缓，则表示粒径大小相差悬殊，土粒不均匀，即级配良好。

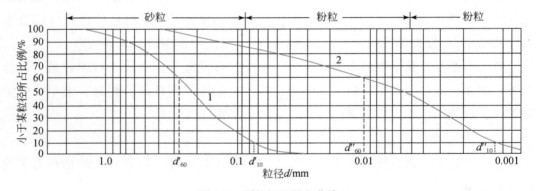

图4-3　颗粒级配累积曲线

小于某粒径的土粒重量累计百分数为10%时，相应的粒径称为有效粒径d_{10}，当小于某粒径的土粒重量累计百分数为60%时，该粒径称为限定粒径d_{60}。d_{60}与d_{10}之比反映颗粒级配的不均匀程度，称为不均匀系数C_u

$$C_u = \frac{d_{60}}{d_{10}} \tag{4-1}$$

式中，C_u越大，土粒越不均匀（颗粒级配累积曲线越平缓），作为填方工程的土料时，则比较容易获得较小的孔隙比（较大的密实度）。工程上把 $C_u<5$ 的土看作均匀的；$C_u>10$ 的土则是不均匀的，即级配良好的。

d_{10} 之所以被称为有效粒径，是因为它是土中有代表性的粒径，对分析评定土的某些工程性质有一定意义，如碎石土、砂土等粗粒土的透水性与由有效粒径土粒构成的均匀土的透水性大致相同，因而可由 d_{10} 估算土的渗透系数及预测机械潜蚀的可能性等。

除不均匀系数（C_u）外，还可用曲率系数（C_c）来说明累积曲线的弯曲情况，从而分析评述土粒度成分的组合特征

$$C_c = \frac{d_{30}^2}{d_{10}d_{60}}\tag{4-2}$$

式中，d_{10}，d_{60} 的意义同上，d_{30} 为相应累积含量为 30% 的粒径值。

C_c 值在 1~3 的土级配较好。C_c 值小于 1 或大于 3 的土，累积曲线都明显弯曲（凹面朝下或朝上）而呈阶梯状，粒度成分不连续，主要由大颗粒和小颗粒组成，缺少中间颗粒。

粒径级配累积曲线及指标的用途：①粒组含量用于土的分类定名。②不均匀系数 C_u 用于判定土的不均匀程度：$C_u \geq 5$，不均匀土；$C_u<5$，均匀土。③曲率系数 C_c 用于判定土的连续程度：$C_c = 1~3$，级配连续土；$C_c>3$ 或 $C_c<1$，级配不连续土。④不均匀系数 C_u 和曲率系数 C_c 用于判定土的级配优劣：如果 $C_u \geq 5$ 且 $C_c = 1~3$，级配良好的土；如果 $C_u<5$ 或 $C_c>3$ 或 $C_c<1$，级配不良的土。

4.2.2 土的矿物成分

在土的三相体系中，固体颗粒是由各种矿物颗粒或矿物集合体组成的。矿物的性质不同，组成土的性质也不相同。根据组成土的固体颗粒的矿物成分的性质及其对土的工程性质影响不同，将土的矿物成分分为原生矿物、次生矿物和有机质三大类。

1. 原生矿物

原生矿物是岩石经物理风化破碎但成分没有发生变化的矿物碎屑。常见的原生矿物有硅酸盐类矿物和氧化物类矿物两大类。前者包括长石、云母、角闪石、辉石、橄榄石与石榴石等，后者包括石英、赤铁矿、磁铁矿等。它们在土中往往形成单矿物颗粒，一个颗粒就是一种矿物，砂土即为单矿物颗粒，还可能以多矿物颗粒，即一个颗粒中包含多种矿物的形式存在，如巨粒土的漂石、卵石和粗粒土的砾石，往往为多矿物颗粒。原生矿物是组成卵石、砾石、砂粒和粉粒等粗粒土的主要

矿物成分，它们的特点是颗粒粗大，物理、化学性质一般比较稳定，对土的工程性质影响比较小。对土的工程性质影响的差异，主要在于其颗粒形状、坚硬程度和抗风化稳定性等因素。例如，对于分别由石英和云母类组成的土，这两种土的粒度成分和密实度相同，但由于这两种矿物的颗粒形状和坚硬程度不同（当然化学稳定性也不同），主要由石英颗粒组成的土的抗剪强度必然远大于主要由云母组成（或含云母较多）的土。

2. 次生矿物

次生矿物是原生矿物经过化学风化作用，进一步分解，形成一些颗粒更细小的新矿物。次生矿物又可分为两种类型：一种是原生矿物中部分可溶物质被水溶滤并携带到其他地方沉淀下来所形成的"可溶性次生矿物"；另一种是原生矿物中的可溶部分被溶滤后的残余物，它改变了原来矿物的成分和结构，形成了"不可溶性次生矿物"。

（1）不可溶性次生矿物

不可溶性次生矿物主要有：黏土矿物、次生二氧化硅和倍半氧化物。

A. 黏土矿物

黏土矿物是由原生硅酸盐类经水解作用而形成的次生硅酸盐矿物，具有层状或链状晶体结构，外形多呈片状，且含有不同数量的水。

次生矿物是组成黏粒的主要成分。这类矿物的最主要特点是呈高度分散状态，即胶态或准胶态。因此，决定了它们具有很高的表面能、亲水性及一系列特殊的性质。所以，土中有少量这类矿物，土的工程性质往往就会显著改变，如产生大的塑性、强度剧烈降低等。但是，不同次生矿物种类对土的工程性质影响也有差异。仅以黏土矿物的各类别而言，影响也明显不同，其原因本质上在于它们具有不同的化学成分和晶格结构。用 X 射线衍射法、电子显微镜法、差热分析法及电子探针法等对黏土矿物的研究，已查明黏土矿物的晶格结构主要由两种基本结构单元组成，即由硅氧四面体和铝氢氧八面体组成，它们各自联结排列成硅氧四面体层和铝氢氧八面体层的层状结构，如图 4-4 所示。而上述四面体层与八面体层之间的不同组合结果，即形成不同性质的黏土矿物类别。常见的黏土矿物有高岭石、伊利石和蒙脱石三大类。

1）高岭石类。高岭石的晶体是由相互平行的晶胞组成。每个晶胞由一个硅氧四面体和一个铝氧八面体构成，高岭石类的结晶格架的每个晶胞是分别由一个铝氢氧八面体层和一个硅氧四面体层组成，即为 1∶1 型（或称二层型）结构单位层，如图 4-5 所示。两个相邻晶胞之间以 O^{2-} 和 OH^- 不同的原子层相接，除范德华键外，具有很强的氢键连接作用，使各晶胞间紧密连接，所以晶胞间连接较牢固，构成不易活动的结晶格架，水分子不易进入晶胞之间，其亲水性弱，压缩性低，抗剪强度较大。

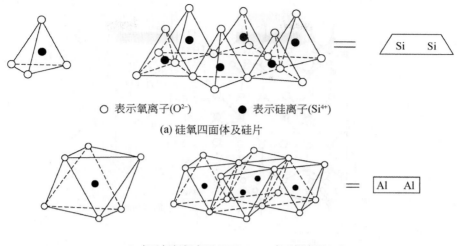

○ 表示氧离子(O²⁻)　　　● 表示硅离子(Si⁴⁺)

(a) 硅氧四面体及硅片

○ 表示氢氧根离子(OH⁻)　　● 表示铝离子(Al³⁺)

(b) 铝氢氧八面体及铝片

图 4-4　黏土矿物晶格的两种基本结构单元和结构层

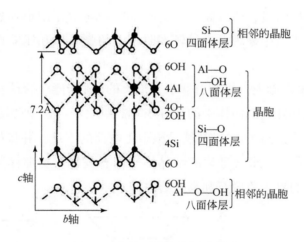

图 4-5　高岭石晶体格架示意图

2）蒙脱石类。蒙脱石的晶体也是由很多相互平行的晶胞构成的。每个晶胞都是由顶、底硅氧四面体层和中间的铝氧八面体层构成，为 2：1 型（或称三层型）结构单位层，如图 4-6 所示。则其相邻晶胞之间以相同的原子 O 相接，只有分子键连接，连接力极弱，有较强的活动性。因此，晶胞之间能吸收不定量的水分子。晶胞之间的距离随吸入水分子的量而发生变化，吸入的水分子量越大，则晶胞间距离越大，这就是蒙脱石吸水膨胀的性能，而失水时晶格收缩。蒙脱石的颗粒大小与细黏粒和胶粒相当，具有巨大的表面能，亲水性特别强烈，压缩性高而抗剪强度低。

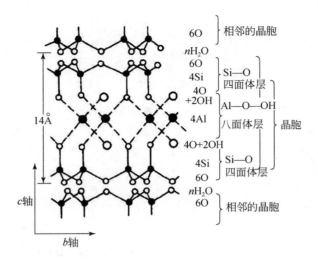

图 4-6　蒙脱石结晶格架示意图

　　蒙脱石类矿物的结晶格架与高岭石类不同，它的晶胞是由两个硅氧四面体层夹一个铝氢氧八面体层组成，所以蒙脱石类黏土矿物与水作用很强烈，在土粒外围形成很厚的水化膜，当土中蒙脱石含量较多时，土的膨胀性和压缩性等将都很大，强度则剧烈变小。

　　3）伊利石、水云母类。伊利石、水云母类的晶胞与蒙脱石同属于 2∶1 型结构单位层，不同的是其硅氧四面体中的部分 Si^{4+} 常被 Al^{3+}、Fe^{3+} 所置换，因而在相邻晶胞间将出现若干一价正离子 K^+ 以补偿晶胞中正电荷的不足，并将相邻晶胞连接起来（图 4-7）。所以伊利石、水云母类的结晶格架没有蒙脱石类那样活动，其亲水性及对土的工程性质影响界于蒙脱石和高岭石之间。

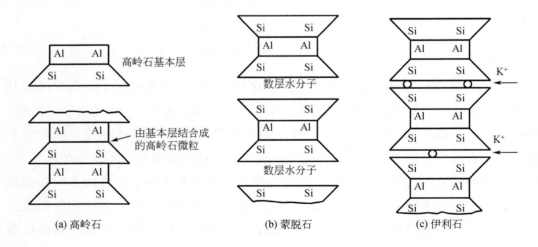

图 4-7　黏土矿物的晶胞结构示意图

B. 次生二氧化硅

次生二氧化硅是由硅酸盐、长石等风化后形成的次生矿物，其颗粒细小，在水中呈准胶体或胶体状态。

C. 倍半氧化物

倍半氧化物主要是由 Fe^{3+}、Al^{3+} 和 O^{2-}、OH^-、H_2O 等组成的次生矿物，如 Al_2O_3 和 Fe_2O_3 等。

土中次生 SiO_2 和倍半氧化物 Al_2O_3 及 Fe_2O_3 等矿物的胶体活动性、亲水性以及对土的工程性质影响，一般比黏土矿物要小。

（2）可溶性次生矿物

可溶性次生矿物又称水溶盐，按其在水中的溶解度又分为易溶盐、中溶盐和难溶盐三类。

1）易溶盐。主要有 $NaCl$，$CaCl_2$，$Na_2SO_4 \cdot 10H_2O$（芒硝），$Na_2CO_3 \cdot 10H_2O$（苏打）等。

2）中溶盐。主要为 $CaSO_4 \cdot 2H_2O$（石膏）和 $MgSO_4$。

3）难溶盐。主要为 $CaCO_3$ 和 $MgCO_3$ 等。

这些盐类常以夹层、透镜体、网脉、结核或呈分散的颗粒、薄膜及粒间胶结物存在于土层中。当土中含水少时，这些次生矿物结晶沉淀，在土中起胶结作用；含水多时则溶解，土的联结随之破坏。土中含有一定数量的水溶盐时，土的性质随矿物的结晶或溶解会发生很大变化。易溶盐和中溶盐是土中的不利成分，工程建筑对其含量有一定要求。

可溶盐类对土的工程性质影响的实质，在于含盐土浸水盐类溶解后，土的粒间联结被削弱，甚至消失，同时孔隙性增大，从而降低土体的强度和稳定性，增大其压缩性。其影响程度取决于以下三个方面：①盐类的成分和溶解度；②含量；③分布的均匀性和分布方式。均匀、分散分布者，盐分溶解对土的工程性质及结构工程的影响较小，且土的抗溶蚀能力较强，不均匀、集中分布（例如呈厚的透镜状）者，盐分溶解对土的工程性质及结构的影响则更剧烈。

此外，土中可能还含有易分解的矿物。常见的主要有黄铁矿（FeS_2）及其他硫化物和硫酸盐类。处于还原环境的土中常含有黄铁矿，呈大小不同的结核状或与土颗粒紧密结合的薄膜状或者作为充填物。

3. 有机质

土中通常含有一定数量的有机质，当其在黏性土中的含量达到或超过5%（在砂土中的含量达到或超过3%）时，就会对土的工程性质产生显著的影响。例如，在天然状态下这种黏性土的含水量显著增多，呈现高压缩性和低强度等。

　　有机质在土中一般作为混合物与组成土粒的其他成分稳固地结合一起，也有时以整层或透镜体形式存在，如古湖沼和海湾地带的泥炭层和腐殖层等。

　　有机质对土的工程性质的影响实质在于它比黏土矿物有更强的胶体特性和更高的亲水性。所以，有机质比黏土矿物对土性质的影响更剧烈。

　　有机质对土的工程性质的影响程度，主要取决于下列因素。

　　1）有机质含量越高，对土的性质影响越大。

　　2）有机质的分解程度越高，影响越剧烈。例如，完全分解或分解良好的腐殖质的影响最大。

　　3）土被水浸程度或饱和度不同，有机质对土有截然不同的影响。当含有机质的土体较干燥时，有机质可起到较强的粒间连接作用，而当土的含水量增大，则有机质将使土粒给合水膜剧烈增厚，削弱土的粒间连接，必然使土的强度显著降低。

　　4）与含有机质土层的厚度、分布均匀性及分布方式有关。

4. 土的矿物成分与粒组的关系

　　随着岩石风化程度的不断加深及风化产物搬运距离的增大，土颗粒逐渐变小变细，矿物成分也会随之改变。土的矿物成分与颗粒大小之间存在明显的内在联系。较粗大的颗粒都由原生矿物构成，而细小颗粒绝大多数为次生矿物。

　　土的矿物成分与粒组之间的对应关系大致如图4-8所示。

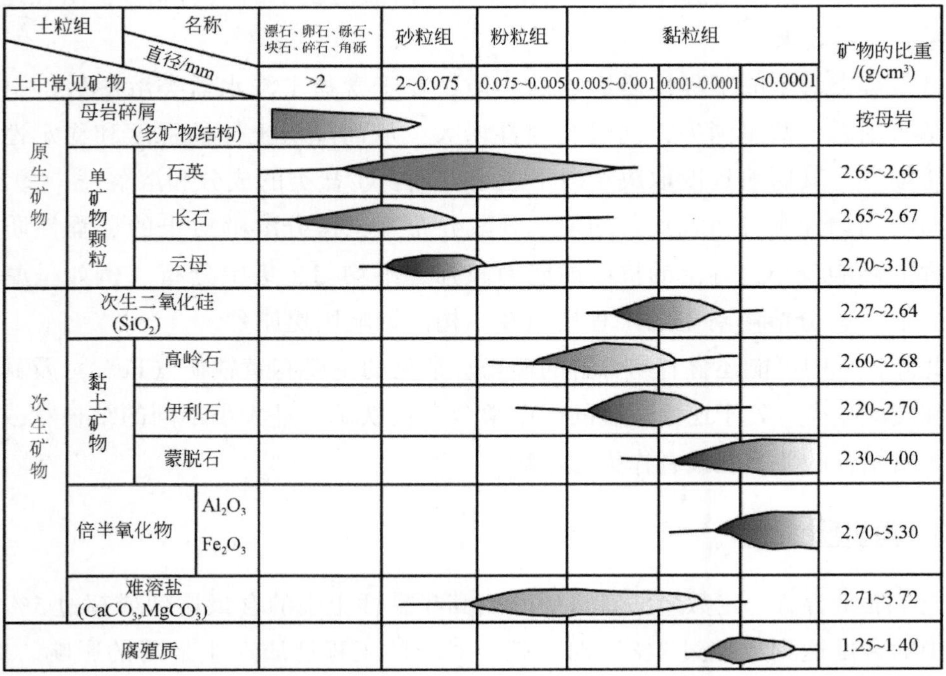

土粒组	名称	漂石、卵石、砾石、块石、碎石、角砾	砂粒组	粉粒组	黏粒组		矿物的比重 /(g/cm³)
	直径/mm	>2	2~0.075	0.075~0.005	0.005~0.001	0.001~0.0001	<0.0001
土中常见矿物							
原生矿物	母岩碎屑（多矿物结构）						按母岩
	单矿物颗粒 石英						2.65~2.66
	长石						2.65~2.67
	云母						2.70~3.10
次生矿物	次生二氧化硅（SiO₂）						2.27~2.64
	黏土矿物 高岭石						2.60~2.68
	伊利石						2.20~2.70
	蒙脱石						2.30~4.00
	倍半氧化物 Al₂O₃ Fe₂O₃						2.70~5.30
	难溶盐（CaCO₃,MgCO₃）						2.71~3.72
腐殖质							1.25~1.40

图4-8　土的矿物成分与粒组之间的对应关系

4.2.3 土中水和气体

4.2.3.1 土中水

在自然条件下，土中总是含水的。一般黏性土，特别是饱和软黏性土中水的体积常占据整个土体相当大的比例（一般为50%～60%，甚至高达80%）。土中细颗粒越多，即土的分散度越大，水对土性质的影响也越大。所以，对黏性土，更需重视研究土中水的含量及其类别与性质。

研究土中水，必须明确以下几个有关土中水的概念。

第一，水分子 H_2O 是强极性分子，其 O^{2-} 和 $2H^+$ 的分布各偏向一方，氢原子端显正电荷，氧原子端显负电荷，键角略小于105℃ [图4-9（a）]。水分子之间以氢键连接。

第二，土中水是水溶液。土中水常含有各种离子，这些离子由于静电引力作用吸附极性水分子，形成水化离子 [图4-9（b）]。离子的水化程度与离子价和离子半径有关（表4-3），当离子半径相同，离子价越高，水化越强（水化离子半径、水化度越大）；同价离子中，离子半径越小，水化越强。

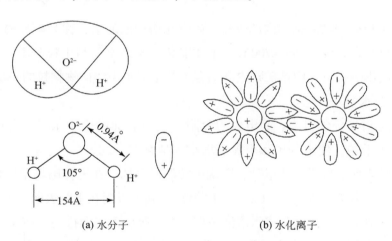

(a) 水分子   (b) 水化离子

图4-9　水分子和水化离子

表4-3　离子水化度与离子价及离子半径的关系

阳离子	离子半径/Å	水化离子半径/Å	水化度
Li^+	0.78	7.3	12.6
Na^+	0.98	5.6	8.4
K^+	1.33	3.8	4

续表

阳离子	离子半径/Å	水化离子半径/Å	水化度
Mg^{2+}	0.78	10.8	15.2
Ca^{2+}	1.06	9.6	10

第三，土中水溶液与土颗粒表面及气体有着复杂的相互作用，作用程度不同，则形成不同性质的土中水，从而对土的工程性质具有不同的影响。

按上述相互作用结果使土中水所呈现的性质差异及其对土的影响性质与程度，可将土中水分为结合水和非结合水两大类，根据其连接力大小可进一步划分（图4-10）。

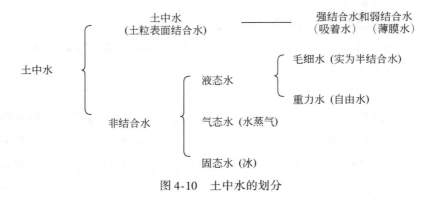

图 4-10   土中水的划分

存在于土粒矿物结晶格架内部或参与矿物晶格构成的水，称为矿物内部结合水和结晶水，它只有在高温（140～700℃）下才能化为气态水而与土粒分离。所以，从对土的工程性质影响来看，应把矿物内部结合水和结晶水当作矿物颗粒的一部分。

（1）结合水

结合水是指受分子引力、静电引力吸附于土粒表面的土中水。这种吸引力高达几千到几万个千帕，使水分子和土粒表面牢固地粘在一起。

由于土粒表面一般带有负电荷，围绕土粒形成电场，在土粒电场范围内的水分子和水溶液中的阳离子（如 Na^+、Ca^{2+}、Al^{3+} 等）一起被吸附在土粒表面。因为水分子是极性分子，它被土粒表面电荷或水溶液中离子电荷吸引而定向排列（图4-11）。

土粒周围水溶液中的阳离子和水分子，一方面受到土粒所形成电场的静电引力作用，另一方面又受到布朗运动（热运动）的扩散力作用。在最靠近土粒表面处，静电引力最强，水化离子和水分子被牢固地吸附在颗粒表面，形成固定层。在固定层外围，静电引力比较小，因此水化离子和水分子的活动性比在固定层中大些，形成扩散层。固定层和扩散层中所含的阳离子（亦称反离子）与土粒表面负电荷一起即构成双电层（图4-11）。

从上述双电层的概念可知，反离子层中的结合水分子和交换离子越靠近土粒表

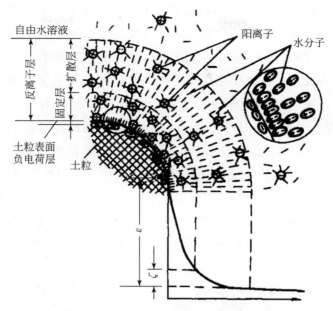

图 4-11　土粒表面双电层、结合水及其所受静电引力变化示意

面，则排列得越紧密和整齐，活动也越弱。因而，结合水又可以分为强结合水和弱结合水两种。强结合水是相当于反离子层的内层即固定层中的水，而弱结合水则相当于扩散层中的水。

1）强结合水（又称吸着水）。强结合水是指紧靠土粒表面的结合水。它厚度很小，一般只有几个水分子层。它的特征是没有溶解能力，不能传递静水压力，只有吸热变成蒸气时才能移动。这种水极其牢固地结合在土粒表面上，其性质接近于固体，密度为 $1.2 \sim 2.4 \mathrm{g/cm^3}$，冰点为 $-78℃$，具有极大的黏滞度、弹性和抗剪强度。如果将干燥的土移到天然湿度的空气中，则土的重量将增加，直到土中吸着的强结合水达到最大吸着度为止。土粒越细，土的比表面积越大，则最大吸着度就越大。砂土的最大吸着度约占土粒重量的 1%，而黏土最大吸着度可达 17%，黏土中只含有强结合水时，呈固体状态，磨碎后则呈粉末状态。

2）弱结合水（又称薄膜水）。弱结合水是紧靠强结合水的外围形成的结合水膜。但其厚度比强结合水大得多，且变化大，是整个结合水膜的主体。它仍然不能传递静水压力，没有溶解能力，冰点低于 0℃。但水膜较厚的弱结合水能向邻近较薄的水膜缓慢转移。当土中含有较多的弱结合水时，土则具有一定的可塑性。砂土比表面积较小，几乎不具可塑性，而黏性土的比表面积较大，其可塑性范围大。

弱结合水离土粒表面越远，其受到的静电引力越小，逐渐过渡到非结合水。

（2）非结合水

非结合水是土粒孔隙中超出土粒表面静电引力作用范围的一般液态水，主要受重力作用控制，能传递静水压力和能溶解盐分，在温度0℃左右冻结成冰。典型的代表是重力水，界于重力水和结合水之间的过渡类型水为毛细水。

1）毛细水。毛细水是土的细小孔隙中，因与土粒的分子引力和水与空气界面的表面张力共同构成的毛细力作用而与土粒结合，存在于地下水面以上的一种过渡类型水。其形成过程可用物理学中的毛细管现象来解释。水与土粒表面的浸湿力（分子引力）使接近土粒的水上升，而使孔隙中的水面形成弯液面，水与空气界面的内聚力（表面张力）则总是趋于缩小至最小面积，即使弯液面变为水平面。但当弯液面的中心部分升起时，水面与土粒间的浸湿力又立即将弯液面的边缘牵引上去。这样，浸湿力使毛细水上升，并保持弯液面，直至毛细水柱的重力与弯液面表面张力向上方的分力达到平衡时，才停止上升（图4-12）。这种由弯液面产生的向上拉力称为"毛细力"。由毛细力维持的水柱这部分水即为毛细水。

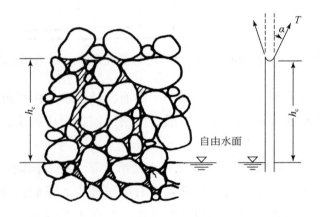

图4-12　毛细水示意图

毛细水主要存在于直径为0.002～0.5mm大小的毛细孔隙中。孔隙更细小者，土粒周围的结合水膜有可能充满孔隙而不再有毛细水。粗大的孔隙则毛细力极弱，难以形成毛细水，故毛细水主要在砂土、粉土和粉质黏性土中含量较大。

毛细水按其所处部位和与重力水所构成的地下水面的关系可分为毛细上升水和毛细悬挂水两种形式。前者是从地下水面因毛细作用上升而形成的毛细水，下部与地下水面相连，并随地下水面升降一起发生升降变化，往往呈较稳定的毛细水带。后者为毛细力作用使下渗水流部分保持在毛细孔隙中，或地下水面以上原有毛细水带因地下水面急剧下降而脱离地下水，从而仍保持在毛细孔隙中的水悬挂在包气带中。

毛细水对土的工程性质及建筑工程的影响在于：①在非饱和土中局部存在毛细水时，毛细水的弯液面和土粒接触处的表面引力反作用于土粒，使土粒之间由于这种毛细压力而挤紧，土因而具有微弱的内聚力，称为毛细内聚力或假内聚力。它实际上是使土粒间的有效应力提高而增加土的强度。但当土体浸水饱和或失水干燥时，土粒间的弯液面消失，这种由毛细压力造成的粒间有效应力即行消失，所以，为安全计及从最不利的可能条件考虑，工程设计上一般不计入，反而必须考虑毛细水上升使土层含水量增大，从而降低土的强度和增大土的压缩性等的不利影响；②毛细水上升接近建筑物基础底面时，毛细压力将作为基底附加压力的增值，而增加建筑物的沉降；③毛细水上升接近或浸没基础时，在寒冷地区将加剧冻胀作用；④毛细水浸润基础或管道时，水中盐分对混凝土和金属材料常具有腐蚀作用。

2）重力水（或称自由水）。重力水是存在于较粗大孔隙中，具有自由活动能力，可在重力作用下流动的水，为普通液态水。重力水流动时，产生动水压力，能冲刷带走土中的细小土粒，这种作用称为机械潜蚀作用。重力水还能溶滤土中的可溶盐，这种作用称为化学潜蚀作用。两种潜蚀作用都将使土的孔隙增大，增大压缩性，降低抗剪强度。同时，地下水面以下饱水的土重及工程结构的重量，因受重力水浮力作用，将相对减小。

3）气态水和固态水。气态水以水汽状态存在，从气压高的地方向气压低的地方移动。水汽可在土粒表面凝聚转化为其他各种类型的水。气态水的迁移和聚集使土中水和气体的分布状况发生变化，可使土的性质改变。

当温度降低至0℃以下时，土中的水，主要是重力水冻结成固态水（冰）。固态水在土中起着暂时的胶结作用，可提高土的力学强度，降低透水性。但温度升高解冻后，变为液态水，土的强度急剧降低，压缩性增大，土的工程性质显著恶化。特别是水冻结成冰时体积增大，解冻时土的结构变疏松，使土的性质趋于恶化。

4.2.3.2　土中气体

土中的气体主要为空气和水汽，但有时也可能含有较多的二氧化碳、甲烷及硫化氢等，这些气体大多因生物化学作用生成。

气体在土孔隙中有两种不同存在形式。一种是封闭气体，另一种是游离气体。游离气体通常存在于近地表的包气带中，与大气连通，随外界条件改变与大气有交换作用，处于动态平衡，其含量的多少取决于土孔隙的体积和水的充填程度。它一般对土的性质影响较小。封闭气体呈封闭状态存在于土孔隙中，通常是由于地下水面上升，而土的孔隙大小不一，错综复杂，使部分气体没能逸出被水包围，与大气隔绝，呈封闭状态存在于部分孔隙内。封闭气体对土的性质影响较大，如降低土的透水性和使土不易压实等。饱水黏性土中的封闭气体在压力长期作用下被压缩后，具有很大内压力，有时可能冲破土层从个别地方逸出，造成意外沉陷。

在淤泥和泥炭质土等有机土中，由于微生物的分解作用，土中聚积有某种有毒气体和可燃气体，如 CO_2、H_2S 和甲烷等。其中，尤以 CO_2 的吸附作用最强，并埋藏于较深的土层中，含量随深度增加而增加。土中这些气体的存在不仅使土体长期得不到压密，增大土的压缩性，而且当开挖地下工程揭露这类土层时，会严重危害人的生命安全（使人窒息或发生瓦斯爆炸）。

4.3 土的结构和构造

　　土的粒度成分、矿物成分及土中水溶液成分等，为土的物质成分，而土的结构、构造则是其物质成分的连接特点、空间分布和变化形式。在黏性土中，土粒间除有结合水膜形成的连接（亦称水胶连接）外，往往还有其他盐类结晶、凝胶薄膜等连接存在，黏性土的一系列性质与结合水的类型和厚度的关系，只有在土的其他天然结构连接微弱或被破坏时，才能充分地表现出来。土的工程性质及其变化，除取决于其物质成分外，在较大程度上还与诸如土的粒间连接性质和强度、层理特点、裂隙发育程度、方向及土质的其他均匀性特征等土体的天然结构和构造因素有关。土的结构是指土中各组分（主要是固相组分）在空间的存在形式，它反映土的形成条件和存在条件，是决定土的工程性质，特别是变形及强度的基本内在因素，结构分析可以说明某些常见而不易用土力学原理来解释的工程地质现象，对发展土力学理论有很好的前景，是近代土质学和海洋岩土工程学研究的核心内容之一。所以只有研究、查明土的结构和构造特征，了解土的工程性质在土体的不同方向和在一定地段或地区内的变化情况，才能全面地评定相应建筑地区土体的工程性质。

　　土是由碎屑矿物颗粒、黏土矿物颗粒、无定形胶凝物质、有机质及孔隙中的水、电解质和气体组成。这些物质有的是单独的固体颗粒（黏土畴或非黏土颗粒），有的是细小微粒形成的集合体，有的是液态胶凝物质，有的是溶解在溶液中的离子或悬浮物，通过对天然结构土的大量电镜观察，发现作为土结构的骨架主要是形态大小不同的集合体，在集合体之间存在各种形态大小不同的孔隙，孔隙中充填着液体、悬浮物和空气。当负荷超过某一界限时，土结构的破裂面并不是通过集合体本身，而是通过集合体与集合体之间的结合部。这就证明，集合体之间的连接力比构成集合体物质间的连接力弱得多。这两种连接力和由其所结合的物质结构是不属于同一层次范畴的。有人将这种集合体称之为基本单元体。由基本单元体相互作用，彼此连接成一个空间三相体系就是土的结构。代表这个"体系"的最小单位称为结构单元。构成这个结构体系的要素是基本单元、基本单元排列间的孔隙和基本单元间的结构连接。

　　土的结构、构造特征首先与其形成环境和形成历史有关，其结构性质还与其组成成分有密切关系。当然，土的组成成分也是自然历史与环境的产物。

4.3.1 土的结构

4.3.1.1 土的结构定义与类别

在岩土工程中，土的结构是指土颗粒本身的特点和颗粒间相互关系的综合特征，具体来说如下。

1）土颗粒本身的特点包括土颗粒大小、形状和磨圆度及表面性质（粗糙度）等。这些结构特征对粗粒土（如碎石、砾石类土、粗中砂土等）的物理力学性质如孔隙性与密实度、透水性、强度和压缩性等有重要影响。当组成颗粒小到一定程度时（如对黏性土），以上因素变化对土性质影响不大。

2）土颗粒之间的相互关系特点包括粒间排列及其连接性质。据此可把土的结构分为两大基本类型：单粒（散粒）结构和集合体（团聚）结构。这两大类不同结构特征的形成和变化取决于土的颗粒组成、矿物成分及所处环境条件。

4.3.1.2 单粒结构特征

单粒结构，也称散粒结构，是碎石（卵石）、砾石类土和砂土等无黏性土的基本结构形式。碎石（卵石）、砾石类土和砂土由于其颗粒粗大，比表面积小，所以粒间几乎无静电引力连接和水胶连接，只在潮湿时具有微弱的毛细力连接。故在沉积过程中，只能在重力作用下一个一个沉积下来，每个颗粒受到周围各颗粒的支撑，相互接触堆积，其间孔隙一般都小于组成土骨架的基本土粒。

单粒结构对土的工程性质影响主要在于其疏密程度。据此，单粒结构一般分为疏松的和紧密的两种（图4-13）。土粒堆积的疏密程度取决于沉积条件和后来的变化作用。

(a) 疏松单粒结构　　　　　　　　　　(b) 紧密单粒结构

图4-13　单粒结构的疏密状态（扫描电镜下的显微照片）

当堆积速率快，土粒浑圆度又较低时，如洪水泛滥堆积的砂层、砾石层，往往形成较疏松的单粒结构，可存在较大孔隙，孔隙率亦大，土粒位置不稳定，在较大压力，特别是动荷载作用下，土粒易移动而趋于紧密。

当土粒堆积过程缓慢，并且被反复推移，如海、湖岸边激浪的冲击推移作用，所沉积的砂层常呈紧密的单粒结构。砂粒浑圆光滑者排列将更紧密，孔隙小，孔隙率也小，土粒位置较稳定，因此具有坚固的土粒骨架，静荷载对它几乎没有压缩作用。

对于沉积时分选作用差，大小土粒混杂的不均匀砂及砂砾石层，其粗大土粒间的孔隙为微细砂及粉粒所充填，则土的孔隙变小，孔隙率也显著减小。例如，混入部分黏粒，且可能改变土的性质。如图 4-14 所示，当黏粒含量很少，仅砂粒接触处有少量黏粒，则只起接触连接作用，使砂土具有一定的内聚力［图 4-14（a）］；当黏粒含量较多，对砂粒起着被覆作用，砂粒等粗大土粒已不能相互接触，则土将具有黏性土的特征［图 4-14（b）］。

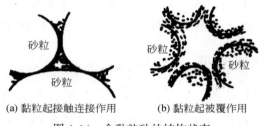

（a）黏粒起接触连接作用　　　　（b）黏粒起被覆作用

图 4-14　含黏粒砂的结构状态

总之，具有单粒结构的碎石土和砂土，虽然孔隙比较小，但孔隙率大，透水性强，土粒间一般没有内聚力，土粒相互依靠支撑，内摩擦力大，并且受压力时土体积变化较小。另外，由于这类土的透水性强，孔隙水很容易排出，在荷载作用下压实过程很快。即使原来比较疏松，当建筑物结构封顶时，地基沉降也告完成。所以，对于具有单粒结构的土体，一般情况（静荷载作用）下可以不必担心它的强度和变形问题。

4.3.1.3　集合体结构特征

集合体结构，也称团聚结构或絮凝结构。这类结构为黏性土所特有。

由于黏性土组成颗粒细小，表面能大，颗粒带电，沉积过程中粒间引力大于重力，并形成结合水膜连接，使之在水中不能以单个颗粒沉积下来，而是凝聚成较复杂的集合体沉积。这些黏粒集合体呈团状，常称为团聚体，是构成黏性土结构的基本单元。

对于集合体结构，根据其颗粒组成、连接特点及性状的差异性，可分为蜂窝状结构和絮状结构两种类型。

（1）蜂窝状结构

蜂窝状结构是由较粗黏粒和粉粒的单个颗粒之间以面–点、边–点或边–边受异性电引力和分子引力相连接组合而成的疏松多孔结构，亦称聚粒结构。如图4-15所示。

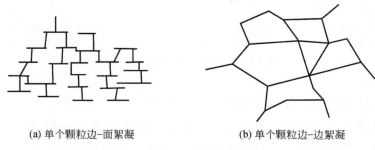

(a) 单个颗粒边–面絮凝   (b) 单个颗粒边–边絮凝

图4-15　蜂窝状结构（聚粒结构）

（2）絮状结构

絮状结构主要是由更小的黏粒连接形成的，是上述蜂窝状的若干聚粒之间，以面–边或边–边连接组合而成的更疏松、孔隙体积更大的结构，亦称聚粒絮凝结构或二级蜂窝状结构，如图4-16所示。

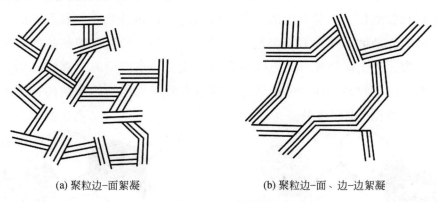

(a) 聚粒边–面絮凝   (b) 聚粒边–面、边–边絮凝

图4-16　絮状结构（聚粒絮凝结构）

形成集合体结构的粒间连接关系，可有如下几种情况：①由带不同电荷的颗粒间相互吸引而连接组合。特别是由于黏土颗粒形状不规则（呈片状、针状、鳞角状等），表面电荷分布不均，带有不同电荷颗粒的端点及棱角之间引力较强［图4-17（a）］；②由于同一种颗粒的面–边及面–点之间分布不同的电荷而形成连接［图4-17（b）］；③由带相同电荷颗粒借助粒间反离子层形成连接［图4-17（c）］。

集合体结构的孔隙中，主要为结合水和空气所充填，并对土体压实起阻碍作用。

具有集合体结构的土体，有如下特征：①孔隙度很大（可达50%～98%），而各单独孔隙的直径很小，特别是聚粒絮凝结构的孔隙更小，但孔隙度更大，因此，土的压缩性更大；②水容度、含水量很大，往往超过50%，而且因以结合水为主，

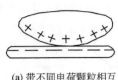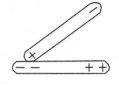

|(a) 带不同电荷颗粒相互吸引连接|(b) 颗粒的面-边、面点间电荷不同相互吸引连接|(c) 带相同电荷颗粒借助粒间反离子层形成连接|

图 4-17 集合体结构的粒间连接关系

排水困难，故压缩过程缓慢；③具有大的易变性——不稳定性。

外界条件变化（如加压、振动、干燥、浸湿及水溶液成分和性质变化等）对它的影响很敏感，且往往使之产生质的变化，故集合体结构又称为易变结构。例如，软黏性土的触变性就是由于这类结构的不稳定性而形成的一种特殊性质。

4.3.1.4 海洋土的微结构

原南京建筑工程学院高国瑞教授根据我国沿海和近海海洋土中的矿物成分 X 射线衍射分析的结果指出，我国沿海软土和海洋土中非黏土矿物成分，主要为石英、长石、云母和碳酸盐，在北方地区（黄渤海沿海）的沉积物中，长石和碳酸盐的含量较高，而南方地区（东海和南海地区）的沉积物中，长石和碳酸盐的含量明显减少，甚至消失，黏土矿物成分北方以伊利石为主，而东南沿海以高岭石为主。根据我国近海海相沉积物显微照片分析认为我国沿海海洋沉积物的微结构特征大体可以分为以下 4 种类型（图 4-18）。

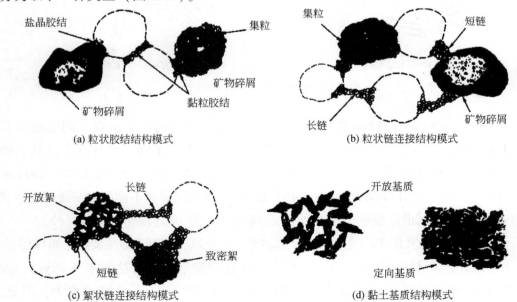

图 4-18 我国沿海海洋沉积物的微结构特征（高国瑞，1984b）

(a) 粒状胶结结构模式　(b) 粒状链连接结构模式　(c) 絮状链连接结构模式　(d) 黏土基质结构模式

88

（1）粒状胶结结构

粒状胶结结构是指以集粒或粉粒为骨架，粒间颗粒基本上互相接触，粒间孔隙较小的土体结构。这种结构存在于渤海和黄海近岸沉积物中，其孔隙比较小，属低压缩性的土，由于胶结材料的不同，可分为粒状盐晶胶结结构和粒状黏土胶结结构两个亚类。

（2）粒状链接结构

粒状链接结构是指以集粒或粉粒为骨架，颗粒之间有一定距离，粒间由黏土畴构成的链把粒状体连接在一起，是粒间孔隙较大的土结构，这类结构一般存在于黄海和渤海浅层沉积物中，根据连接链的长细比，可分为粒状长链连接结构和粒状短链连接结构两个亚类。

（3）絮凝链接结构

絮凝链接结构是指以絮凝体为骨架，由黏土畴构成的链把絮凝体连接在一起，形成絮状链接结构。这种结构一般存在于水深大于 6m 的近表层的海相淤泥质黏土中，在各个海域都有发现。根据絮凝体的疏密程度和连接链的长短，可分为致密絮凝长链结构、致密絮凝短链结构、开放絮凝长链结构和开放絮凝短链结构四个亚类。

（4）黏土基质结构

黏土基质结构是指大量黏土畴凝聚成规则或不规则的凝聚体，凝聚体再进一步聚合在一起，形成的黏粒基质结构。如果黏土基质中凝聚体排列比较紧密，而生成面-面叠聚形态，则称之为定向黏粒基质结构，一般存在于较深的沉积物中。如果凝聚体内"畴"的排列比较疏松，则称之为开放黏粒基质结构，这种结构一般存在于浅层土中。

高国瑞教授根据以上分类原则，将我国沿海海洋沉积物的微结构特征归纳如表 4-4 所示。

表 4-4　海洋土微结构分类

颗粒形态	胶结和链接		结构类型	结构亚类
集粒或粉粒	胶结	盐晶	粒状胶结结构	粒状盐晶胶结结构
		黏土		粒状黏土胶结结构
集粒或粉粒	链接	长链	粒状链连接结构	粒状长链连接结构
		短链		粒状短链连接结构
絮凝体	致密	长链	絮状链连接结构	致密絮凝长链结构
		短链		致密絮凝短链结构
	开放	长链		开放絮凝长链结构
		短链		开放絮凝短链结构
黏粒基质	致密	无链	黏粒基质结构	黏粒定向基质结构
	开放			黏粒开放基质结构

资料来源：高国瑞，1984b。

土的微结构与它的工程性质之间存在密切的关系。表 4-5 给出了各类微结构和工程特性之间的关系。

表 4-5　不同结构类型的海洋沉积物的工程特性

结构类型	工程特性				
	强度	孔隙度	压缩性	灵敏度	流变性
粒状盐晶胶结结构	中偏高	低	低	中	低
粒状黏粒胶结结构	中偏高	低	低	中	低
粒状长链连接结构	较低	中	中偏高	高	中偏高
粒状短链连接结构	中	中偏高	中	中	中
致密絮凝长链结构	中偏高	高	中偏高	高	中偏高
致密絮凝短链结构	中	中	中	中	中
开放絮凝长链结构	很低	很高	高	高	高
开放絮凝短链结构	低	高	中偏高	高	中偏高
定向黏粒基质结构	中偏高	中	中	中	中
开放黏粒基质结构	中偏低	中偏高	高	高	高

资料来源：高国瑞，1984b。

1）海洋沉积物的微结构对其工程性质具有重要的影响。粒状胶结结构的土具有较高的强度、较低的压缩性、较小的孔隙度；粒状链式连接的土强度中到较低，孔隙度中偏高，压缩性中等偏高；絮凝结构的沉积物强度变化较大，孔隙度较高，压缩性较高，往往具有高压缩性、高流变性、高灵敏性和低强度等特点，这种不良的工程性质在开放絮凝长链结构中表现尤为突出。黏粒基质结构强度中偏高或中偏低，孔隙度中偏高，压缩性中到高。定向黏粒基质结构的情况比开放絮凝长链结构稍好。

2）海洋沉积物的工程性质和一定的微结构类型密切相关。进一步研究表明，海洋沉积物的微结构是比较复杂的，将不同地区不同类型的沉积物的微结构和土工试验成果进行对比发现，高压缩性一般发生在开放长链结构之中，"长链"连接意味着存在大量的不稳定的粒间孔隙。"开放"絮凝结构意味着有较多的絮凝体内粒内孔隙，因此具有这种结构的土，在一定的压力作用下会发生较大的变形。高流变性主要产生在长链结构中，不管骨架颗粒是粒状体还是絮凝体，在长期应力作用下都将发生长期的流动变形。据一些学者的研究，它主要是剪切应力使连接链条拉长和畸变的结果。

高灵敏度和开放絮凝结构中"畴"的排列方式有关，如果黏土畴呈边-面-角的空间网络排列，这种排列具有一定的空间刚度，这种结构被破坏时，强度将急剧降低，因此表现为高灵敏性。低强度是开放絮凝链式连接结构的一大特点，这种连接一般发生在集粒和黏土凝聚体之间，这些黏土凝聚体是在海水条件下，由黏粒和黏土畴凝聚成各种大小不同的凝聚体，凝聚体之间并不互相接触，相隔一段距离，一些小凝聚体有的像链条那样把两个大的凝聚体控制住，有的像桥那样，把凝聚体搭接在一起，这种连接的强度是不高的，链的长细比越大，强度越低，在剪应力作用下将产生长时间的流动变形。粒状胶结结构中颗粒基本上是互相接触的，粒间孔隙较小，因此强度较高。定向黏粒基质结构中基质黏土中凝聚体内"畴"的排列比较紧密，而且是面–面的叠聚，凝聚体内微孔隙小而少，所以强度较高，不像开放黏粒基质结构那样，凝聚体内"畴"排列比较疏松，而且是边–面连接，凝聚体内微孔隙大，互相连通，所以强度偏低。

4.3.1.5　土的结构在工程评价中的应用

土的结构能维持土的高强度，但是当土的结构被破坏时，它的强度将发生改变。土的这项性能在施工中得到广泛应用。我们将触变性来作为指标来评价土的结构性。软黏性土的触变性是指土体经扰动（如振动、搅拌、搓揉等）致使结构破坏时，土体强度剧烈减小，但如将受过扰动的土体静置一定的时间，则该土体强度将又随静置时间的增长而逐渐有所增长、恢复的特性。例如，在黏性土中打桩时，桩侧土的结构受到破坏而强度降低，但在停止打桩后一定时间，土的强度逐渐有所恢复，桩的承载力增加。这就是土的触变性影响的结果。

软黏性土的触变性实质是当土体被扰动时，其粒间静电引力、分子引力连接及水胶连接被破坏，土粒相互分散成流动状态，因而土体强度剧烈降低；而当外力去除后，软黏性土的上述粒间连接又在一定程度上重新恢复，因而使土体强度逐渐增大。

对软黏性土的触变特性，一般用灵敏度（S_t）指标来进行定量评价：

$$S_t = q_u / q_u' = S / S' \qquad (4-3)$$

式中，q_u、S 分别为保持天然结构和含水量的软黏性土的无侧限抗压强度和十字板剪切强度；q_u'、S' 分别为同上土体，结构被破坏时的无侧限抗压强度和十字板剪切强度。

《软土地区岩土工程勘察规程》（JGJ83—2011）根据灵敏度将软黏性土分为低灵敏度（$1 < S_t \leqslant 2$）、中灵敏度（$2 < S_t \leqslant 4$）和高灵敏度（$S_t > 4$）三类。土的灵敏度越高，其结构性越强，受扰动后土的强度降低就越多。所以，在基础施工中应注意保护基槽，尽量减少土体结构的扰动。

4.3.2　土的构造

土的构造是指在一定土体内物质成分、颗粒大小等都相近的各部分之间的形态和组合特征总和，如层理、夹层、透镜体、结核等。土的构造也是在其形成及变化过程中，与各种因素发生复杂的相互作用而形成的。所以每一种成因类型的土，大都有其所特有的构造。常见的土的构造有块石状构造、假斑状构造、层状构造、交错层状构造及薄叶状构造等。

块石状和假斑状构造是粗碎屑土特有的构造。块石状构造的特点是土中粗大颗粒彼此直接依靠［图 4-19（a）］。假斑状构造的特点是土中细粒物质占优势，并将粗大颗粒包围在细粒物质中间［图 4-19（b）］。

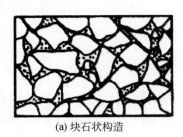 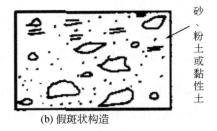

砂、粉土或黏性土

(a) 块石状构造　　　　　　　(b) 假斑状构造

图 4-19　粗粒土的构造

层状和交错层状构造是砂质土的特有构造。在砂和黏土交互沉积层中则以层状构造为主。层状构造又有两种类型：一类为具有交错层的较厚砂层夹薄层黏土层，如冲积物、冰水沉积物、浅海沉积物等；另一类为水平的厚层黏土夹有薄层砂层，如三角洲沉积物等。交错层状构造也常见于风成砂和冰水扇形堆积物中。薄叶状构造是黏性土的特有构造。薄叶状构造的黏土为非均质体，特别是平行和垂直层理方向上的强度相差很大。

4.4　土的物理性质及其指标

4.4.1　土的三相比例指标

土是土粒（固相）、水（液相）和空气（气相）三者所组成的；土的物理性质就是研究三相的质量与体积间的相互比例关系及固、液两相相互作用表现出来的性质。表示土的三相比例关系的指标，称为土的三相比例指标，亦即土的基本物理性质指标，它可分为两类：一类是必须通过试验测定的，如含水量、密度和土粒比重；另一类是可以根据试验测定的指标换算的，如孔隙比、孔隙率和饱和度等。

（1）指标的定义

为了得到三相比例指标，可以把土体中实际上是分散的三个相抽象地集合在一起，构成理想的三相图（图4-20）。图中 m 为土的总质量，m_s 为土粒质量，m_w 为土中水的质量，m_a 为土中空气质量（$m_a \approx 0$），V_s 为土粒体积，V_w 为土中水的体积，V_a 为土中空气体积，V_v 为土中孔隙体积，$V_v = V_w + V_a$，V 为土的总体积，$V = V_s + V_w + V_a$。

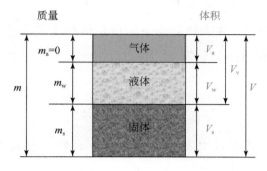

图4-20　土的三相组成示意图

1）土粒比重（G_s）。土粒质量与同体积的4℃时水的质量之比，称为土粒比重（specific gravity of soil particle）（无量纲），亦称土粒相对密度

$$G_s = \frac{m_s}{V_s \rho_w^{4℃}} = \frac{\rho_s}{\rho_w} \qquad (4\text{-}4)$$

式中，ρ_s 为土粒密度，即土粒单位体积的质量，g/cm³；ρ_w 为4℃时纯水的密度，等于1g/cm³ 或1t/m³。

土粒的相对密度取决于土的矿物成分和有机质含量。

测定方法：在实验室内用比重瓶法测定，也可按经验数值选用，一般土粒的比重见表4-6，常在2.65～2.75，有机质土为2.4～2.5；泥炭土为1.5～1.8，而含铁质较多的黏性土可达2.8～3.0。同一类土的土粒比重变化幅度很小。

表4-6　土粒比重参考值

土的名称	砂土	粉土	黏性土	
			粉质黏土	黏土
土粒比重	2.65～2.69	2.70～2.71	2.72～2.73	2.74～2.75

2）土的含水量（含水率）（w）。土中水的质量与土粒质量之比，称为土的含水量（water content of soil），以百分数计，即

$$w = \frac{m_w}{m_s} \times 100\% \qquad (4\text{-}5)$$

变化范围：天然土层的含水量变化范围很大，一般干的粗砂其值接近于零，而饱和砂土可达40%；坚硬黏性土的含水量可小于30%，而饱和软黏土（如淤泥）

可达60%或更大。

测定方法：土的含水量一般用"烘干法"测定。先称小块原状土样的湿土质量，然后置于烘箱内维持100~105℃烘至恒重，再称干土质量，湿、干土质量之差与干土质量的比值，就是土的含水量。

3）土的密度（ρ）。土在天然状态下，单位体积土的质量称为土的密度（bulk density），单位是$g/cm^3(t/m^3)$，即

$$\rho = \frac{m}{V} \tag{4-6}$$

式中，V为体积。

密度变化范围：一般黏性土为$1.8~2.0g/cm^3$；砂土为$1.6~2.0g/cm^3$；腐殖土为$1.5~1.7g/cm^3$。

测定方法：土的密度一般用"环刀法"测定。

用一个圆环刀放在削平的原状土样面上，削去环刀外围的土，边削边压，使保持天然状态的土样压满环刀内，称得环刀内土样质量，求得它与环刀容积之比值即为其密度。

单位体积土受到的重力称为土的容重（unit weight），又称土的重力密度（重度），其值等于土的密度乘以重力加速度，单位是kN/m^3，即

$$\gamma = \rho g \tag{4-7}$$

式中，g为重力加速度（$g=9.81m/s^2$），工程上有时为了计算方便，取$g=10m/s^2$。

4）干土密度（ρ_d）和干土容重（γ_d）。单位体积土中土颗粒的质量称为干土密度（dry density），即

$$\rho_d = \frac{m_s}{V} \tag{4-8}$$

单位体积土颗粒所受到的重力称为干重（dry weight），又称为干土重力密度，其值等于干土密度乘以重力加速度，即

$$\gamma_d = \rho_d g \tag{4-9}$$

5）饱和土密度（ρ_{sat}）、饱和土容重（γ_{sat}）及浮容重（γ'）。饱和土密度（saturated density of soil）是指土孔隙充满水时，单位体积土的质量，即

$$\rho_{sat} = \frac{m_s + V_v\rho_w}{V} \tag{4-10}$$

单位体积饱和土所受到的重力称为饱和土容重（saturated unit weight），其值可按下式计算

$$\gamma_{sat} = \rho_{sat} g \tag{4-11}$$

在地下水位以下，土受到水的浮力作用，单位体积土中，土颗粒所受的重力扣

除浮力后的容重称为浮容重（buoyant unit weight），又称有效容重，即

$$\gamma' = \frac{m_s - V_s \rho_w g}{V} = \gamma_{sat} - \rho_w g = \gamma_{sat} - \gamma_w \qquad (4\text{-}12)$$

式中，γ_w 为水的容重，一般取 10kN/m^3。

6）土的孔隙率（n）和孔隙比（e）。土的孔隙率（porosity）是指土中孔隙体积与土总体积之比的百分率，即

$$n = \frac{V_v}{V} \times 100\% \qquad (4\text{-}13)$$

土中孔隙体积与土颗粒体积之比值称为孔隙比（void ratio），即

$$e = \frac{V_v}{V_s} \qquad (4\text{-}14)$$

土的孔隙率和孔隙比是反映土体密实程度的重要物理性质指标。在一般情况下，n 或 e 越大，土越疏松，反之土越密实。一般黏性土 e 在 $0.4 \sim 1.2$，砂土 e 在 $0.3 \sim 0.9$，淤泥孔隙比大于 1.5。

7）土的饱和度（S_r）。土中水的体积与孔隙体积之比称为土的饱和度（degree of saturation），以百分数计，即

$$S_r = \frac{V_w}{V_v} \times 100\% \qquad (4\text{-}15)$$

土的饱和度是反映水填充土孔隙的程度，即反映土潮湿程度的物理性质指标。

根据饱和度，砂土的湿度可分为三种状态：$S_r < 50\%$ 为稍湿的；$S_r = 50\% \sim 80\%$ 为很湿的；$S_r > 80\%$ 为饱水的。

对于粉土，由于毛细作用引起的假塑性，按液性指数评价状态已失去意义，通常按含水量评述粉土的含水（湿度）状态，见表4-7。

表4-7 按含水量 w 确定粉土湿度

湿度	稍湿	湿	很湿
$w/\%$	$w < 20$	$20 \leqslant w \leqslant 30$	$w > 30$

（2）指标的换算关系

土粒比重（G_s）、含水量（w）和容重（γ）三个指标是通过试验测定的。

常采用三相图（图4-21）进行各指标间关系的推导。设 $V_s = 1$，则 $V_v = e$，$V = 1 + e$，$m_s = V_s G_s \rho_w = G_s \rho_w$，$G_w = w G_s$，$m = m_s + m_w = (1 + w) G_s \rho_w$

推导：

$$\rho = \frac{m}{V} = \frac{G_s(1 + w)\rho_w}{1 + e}$$

$$\rho_{\mathrm{d}}=\frac{m_{\mathrm{s}}}{V}=\frac{G_{\mathrm{s}}\rho_{\mathrm{w}}}{1+e}=\frac{\rho}{1+w}$$

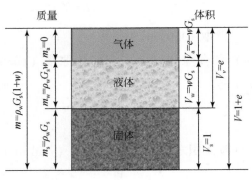

图 4-21 土的三相图

例题 某原状土样的体积为 70cm³，湿土质量为 0.129kg，干土质量为 0.1039kg，土粒比重为 2.68，求土样的密度、容重、干土密度、干土容重、含水量、孔隙比及饱和土容重。

解 土的密度：$\rho=\dfrac{m}{V}=\dfrac{0.129\mathrm{kg}}{70\mathrm{cm}^3}=0.00184\mathrm{kg/cm}^3=1.84\mathrm{g/cm}^3$

土的容重：$\gamma=\rho g=1.84\mathrm{g/cm}^3\times10\mathrm{N/m}^3=18.4\mathrm{kN/m}^3$

干土密度：$\rho_{\mathrm{d}}=\dfrac{m_{\mathrm{s}}}{V}=\dfrac{0.1039\mathrm{kg}}{70\mathrm{cm}^3}=0.00148\mathrm{kg/cm}^3=1.48\mathrm{g/cm}^3$

干土容重：$\gamma=\rho g=1.48\mathrm{g/cm}^3\times10\mathrm{N/m}^3=14.8\mathrm{kN/m}^3$

土的含水量：$w=\dfrac{m_{\mathrm{w}}}{m_{\mathrm{s}}}=\dfrac{0.129\mathrm{g}-0.1039\mathrm{g}}{0.1039\mathrm{g}}=0.2416=24.16\%$

土的孔隙比：$e=\dfrac{G_{\mathrm{s}}\rho_{\mathrm{w}}}{\rho_{\mathrm{d}}}-1=\dfrac{2.68\times1}{1.48}-1=0.81$

饱和土重度：$\gamma_{\mathrm{sat}}=\dfrac{G_{\mathrm{s}}+e}{1+e}\gamma_{\mathrm{w}}=\dfrac{2.68+0.81}{1+0.81}\times10\mathrm{kN/m}^3=19.28\mathrm{kN/m}^3$

土的物理性质指标及相互关系换算公式见表 4-8。

表 4-8 土的三相比例指标换算公式

名称	符号	三相比例指标	常用换算公式	单位	常见数值范围
比重	G_{s}	$G_{\mathrm{s}}=\dfrac{w_{\mathrm{s}}}{V_{\mathrm{s}}\gamma_{\mathrm{w1}}}$	$G=\dfrac{S_{\mathrm{r}}e}{w}$		一般黏性土：2.72~2.75； 粉土、砂土：2.65~2.71
含水量	w	$w=\dfrac{m_{\mathrm{w}}}{m_{\mathrm{s}}}\times100\%$	$w=\dfrac{S_{\mathrm{r}}e}{G}$ $w=\left(\dfrac{\gamma}{\gamma_{\mathrm{d}}}-1\right)$	%	一般黏性土：20~40； 粉土、砂土：10~35

名称	符号	三相比例指标	常用换算公式	单位	常见数值范围
密度	ρ	$\rho=\dfrac{m}{V}$	$\rho=\dfrac{G_s(1+w)\rho_w}{1+e}$	g/cm^3	1.6～2.0
干密度	ρ_d	$\rho_d=\dfrac{m_s}{V}$	$\rho_d=\dfrac{G_s\rho_w}{1+e}$	g/cm^3	1.3～1.8
饱和密度	ρ_{sat}	$\rho_{sat}=\dfrac{m_s+V_v\rho_w}{V}$	$\rho_{sat}=\dfrac{G_s+e}{1+e}\rho_w$	g/cm^3	1.8～2.3
浮密度	ρ'	$\rho'=\dfrac{m_s-V_s\rho_w}{V}$	$\rho'=\dfrac{(G_s-1)\rho_w}{1+e}$	g/cm^3	0.8～1.3
容重	γ	$\gamma=\rho g$	$\gamma=\dfrac{G_s(1+w)\gamma_w}{1+e}$	kN/m^3	16～20
干容重	γ_d	$\gamma_d=\rho_d g$	$\gamma_d=\dfrac{G_s\gamma_w}{1+e}$	kN/m^3	13～18
饱和容重	γ_{sat}	$\gamma_{sat}=\rho_{sat}g$	$\gamma_{sat}=\dfrac{G_s+e}{1+e}\gamma_w$	kN/m^3	18～23
浮容重	γ'	$\gamma'=\rho'g$	$\gamma'=\dfrac{G_s-1}{1+e}\gamma_w$	kN/m^3	8～13
孔隙比	e	$e=\dfrac{V_v}{V_s}$	$e=\dfrac{G_s\rho_w}{\rho_d}-1$		黏性土、粉土：0.4～1.2；砂土：0.3～0.9
孔隙率	n	$n=\dfrac{V_v}{V}\times100\%$	$n=\dfrac{e}{1+e}$		黏性土、粉土：30%～60%；砂土：25%～45%
饱和度	S_r	$S_r=\dfrac{V_w}{V_v}\times100\%$	$S_r=\dfrac{wG_s}{e}$		0～100%

4.4.2 无黏性土的密实度

4.4.2.1 无黏性土类型

无黏性土一般是指砂（类）土和碎石（类）土。这两大类土中一般黏粒含量甚少，不具有可塑性，呈单粒结构。这两类土的物理状态主要取决于土的密实程度。无黏性土呈密实状态时，强度较大，是良好的天然地基；呈松散状态时则是一种软弱地基，尤其是饱和的粉、细砂，稳定性很差，在振动荷载作用下，可能会发生液化。

4.4.2.2 无黏性土密实度评价指标及其确定方法

（1）天然孔隙比 e

我国地基规范曾采用天然孔隙比作为砂土紧密状态的分类指标，划分标准见表4-9。

表4-9 按天然孔隙比，划分砂土的紧密状态

土的名称	密实度			
	密实	中密	稍密	疏松
砾砂、粗砂、中砂	$e<0.60$	$0.60<e<0.75$	$0.75<e<0.85$	$e>0.85$
细砂、粉砂	$e<0.70$	$0.70<e<0.85$	$0.85<e<0.95$	$e>0.95$

缺点：根据孔隙比 e 来评定砂土密实度虽然简单，但没有考虑土颗粒级配的影响。

测定方法：对于位于地下水位以上的砂土，可用环刀法或灌砂法（或注水法）来测定天然重度，即可求出砂土的天然孔隙比。

环刀法适用于地下水以上的湿砂。这个方法是先挖一坑至欲取样的标高处，在坑底切一个直径较环刀内径略大的土柱，然后将环刀压入，或先将环刀压入砂土中，再仔细切削环刀试样。如压入有困难，还可以用锤击打入。关于环刀规格，认为采用 $2500cm^3$ 的较好，环刀太小砂样扰动大。

当地下水位以上的砂为干砂时，环刀法不适用，则可用灌砂法（或注水法）（图4-22），这个方法是先在选定取样位置整平地面，在整平面上铺置灌砂器底盘，于底盘中部为一直径 $12\sim15cm$ 圆孔，在圆孔内向下挖一小圆坑。将挖出的砂全部称重得 g_1。在灌砂器先盛以足够数量的标准砂，称重得 g_2，使灌砂器漏斗对准底盘圆孔边缘。打开开关，即可向小圆坑内灌砂，待灌砂停止流动关闭开关，称灌砂器连同余下砂粒重 g_3，则

$$\gamma = \frac{g_1}{g_2-g_3-g_0}\gamma_s \tag{4-16}$$

式中，g_0 为灌砂器底盘圆孔和灌砂器倒漏斗中标准砂的重量；γ_s 为标准砂（$0.5\sim0.25mm$ 粒径）模拟灌砂条件的堆积容重（标准砂用河砂风干后过筛而得）。也可用塑料薄膜注水代替灌砂以测定小圆坑的容积，但坑口水平面观测往往带来较大的人为误差。

对于地下水位以下的砂土，特别是粉细砂，要采取原状试样存在困难，必需于钻孔内取样。但因砂土无黏聚性，在钻孔中取样即使采用重锤少击方法，也很难避免土体结构扰动而改变土的天然孔隙比。

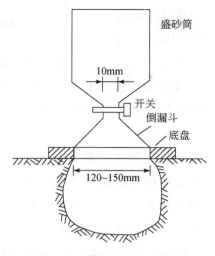

盛砂筒

10mm

开关
倒漏斗
底盘

120~150mm

图 4-22 灌砂法求砂土重度

（2）相对密度（relative density）

考虑级配因素，在工程上提出了相对密度（D_r）的概念，来表示砂土的密实程度：

$$D_r = \frac{e_{max} - e}{e_{max} - e_{min}} \tag{4-17}$$

式中，e_{max} 为砂土在最松散状态时的孔隙比，即最大孔隙比；e_{min} 为砂土在最密实状态时的孔隙比，即最小孔隙比；e 为砂土的天然孔隙比。

对于不同的砂土，其 e_{min} 与 e_{max} 的测定值是不同的，e_{min} 与 e_{max} 之差（即孔隙比可能变化的范围）也是不一样的。一般粒径较均匀的砂土，其 e_{max} 与 e_{min} 之差较小，对不均匀的砂土二者之差则较大。

从式（4-17）可知，若无黏性土的天然孔隙比 e 接近于 e_{min}，即相对密度 D_r 接近于 1 时，土呈密实状态；当 e 接近于 e_{max} 时，即相对密度 D_r 接近于 0，则呈松散状态。根据 D_r 值，我国海洋工程地质调查规范采用表 4-10 划分砂土的密实状态。

表 4-10 按相对密度 D_r 划分砂土的密实状态

密实状态	D_r
密实	$0.67 < D_r \le 1$
中密	$0.33 < D_r \le 0.67$
稍密	$0.2 < D_r \le 0.33$
松散	$0 \le D_r \le 0.2$

D_r 有如下应用。

1）用 D_r 作为砂土在振动荷载作用下能否引起液化的判别指标。

2）D_r 是评价砂土强度的重要指标。

3）按 D_r 可对砂土的密实程度进行分类。

优点：能综合地反映砂土的有关特征（如颗粒形状，颗粒级配等）。

缺点：在实际应用中仍存在不少困难：①要确定相对密度，仍然要测定砂土的天然孔隙比，这是比较困难的；②另外还要测定 e_{max} 和 e_{min}，e_{max} 和 e_{min} 的测定值往往有人为因素的影响。

原位评价方法：标准贯入或静力触探试验。

无论是按天然孔隙比 e 还是按相对密度 D_r 来评定砂土的紧密状态，都要采取原状砂样，经过土工试验测定砂土天然孔隙比。所以，目前国内外已广泛使用标准贯入或静力触探试验现场评定砂土的紧密状态。表4-11 为国家标准《岩土工程勘察规范》（GB 50021—2001）规定按标准贯入锤击数 N 值划分砂土紧密状态的标准。

表4-11　按标准贯入锤击数 N 值确定砂土的密实度

密实度	N 值
密实	$N>30$
中密	$15<N\leqslant30$
稍密	$10<N\leqslant15$
松散	$N\leqslant10$

对于粉土的密实状态，《岩土工程勘察规范》仍用天然孔隙比 e 作为划分标准，见表4-12。

表4-12　按天然孔隙比 e 确定粉土的密实度

密实度	e
密实	$e<0.75$
中密	$0.75\leqslant e\leqslant0.90$
稍密	$e>0.90$

按上述规范，碎石土可以根据野外鉴别方法，划分其紧密状态，见表4-13。

表4-13　碎石土密实度野外鉴别方法

密实度	骨架颗粒含量和排列	可挖性	可钻性
密实	骨架颗粒质量大于总质量的 70%，呈交错排列，连续接触	锹镐挖掘困难，用撬棍方能松动，井壁一般较稳定	钻进极困难，冲击钻探时钻杆、吊锤跳动剧烈，孔壁较稳定
中密	骨架颗粒质量等于总质量的 60% ~ 70%，呈交错排列，大部分接触	锹镐可挖掘，井壁有掉块现象，从井壁取出大颗粒处，能保持颗粒凹面形状	钻进较困难，冲击钻探时钻杆、吊锤跳动不剧烈，孔壁有坍塌现象

密实度	骨架颗粒含量和排列	可挖性	可钻性
稍密	骨架颗粒质量小于总质量的60%，排列混乱，大部分不接触	锹可以挖掘，井壁易坍塌，从井壁取出大颗粒后，砂土充填物立即坍落	钻进较容易，冲击钻探时，钻杆稍有跳动，孔壁易坍塌

注：①骨架颗粒是指与本节表 4-13 碎石土分类名称相对应粒径的颗粒。

②碎石土的密实度，应按表列各项特征综合确定。

4.4.3　黏性土的界限含水量及状态指标

4.4.3.1　黏性土的界限含水量

黏性土随着本身含水量的变化，可以处于各种不同的物理状态，其工程性质也相应地发生很大的变化。在理解界限含水量时必须先掌握以下几个基本概念。

（1）土的稠度

黏性土因含水量变化而表现出的各种不同物理状态，称为土的稠度。

（2）塑性土

黏性土能在一定的含水量范围内呈现出可塑性，这是黏性土区别于砂土和碎石土的一大特性，黏性土也因之可称为塑性土。

（3）可塑性

可塑性是指土在外力作用下，可以揉塑成任意形状而不发生裂缝，并当外力解除后仍能保持既得的形状的一种性能。

（4）界限含水量

随着含水量的变化，黏性土由一种稠度状态转变为另一种状态，相应于转变点的含水量称为界限含水量，也称为稠度界限或阿太堡界限。

（5）液限（liquid limit）

如图 4-23 所示，土由可塑状态转到流塑、流动状态的界限含水量称为液限（w_L）（也称塑性上限或流限）。

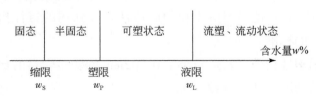

图 4-23　黏性土的物理状态与含水量的关系

（6）塑限（plastic limit）

土由半固态转到可塑状态的界限含水量称为塑限（w_P）（也称塑性下限）。

（7）缩限

土由半固体状态不断蒸发水分，则体积逐渐缩小，直到体积不再缩小时土的界限含水量称为缩限（w_S）。它们都以百分数表示。

液限测试方法：我国使用锥式液限仪，美国、日本等国家使用碟式液限仪。

近20年来，国内外许多试验研究单位曾用两种仪器进行比较，结果是随着液限的增加，两种仪器所测得的差值增大，一般情况下碟式液限仪测得的液限大于锥式液限仪液限。

塑限测试方法：黏性土的塑限（w_P）一般采用"搓条法"测定。

缩限测试方法：黏性土的缩限（w_S）一般采用"收缩皿法"测定，即用收缩皿（或环刀）盛满含水量为液限的试样，烘干后测定收缩体积和干土重，从而求得干缩含水量，并与试验前试样的含水量相减即得缩限（w_S）值。

现代测试方法如下。

1）联合测定法求液限、塑限。采用锥式液限仪以电磁放锥法对试样进行若干次不同含水量的试验，按测定结果在双对数坐标纸上作出76g圆锥体的入土深度与含水量的关系曲线。对应于圆锥体入土深度为10mm及2mm时土样的含水量分别为该土的液限和塑限。

2）根据液限和塑限的相关关系确定塑限。从大量试验资料统计分析，发现液限和塑限之间存在着下列线性关系：

$$w_P = aw_L + b \tag{4-18}$$

式中，系数 a、b 随地区、土类及其成因不同而异。

4.4.3.2 黏性土的塑性指数和液性指数

（1）塑性指数（plasticity index）

塑性指数（I_P）是指液限和塑限的差值，用不带百分数符号的数值表示，即

$$I_P = w_L - w_P \tag{4-19}$$

显然塑性指数越大，土处于可塑状态的含水量范围也越大，可塑性就越强。

土的塑性指数（I_P）值是组成土粒的胶体活动性强弱的特征指标，常用塑性指数作为黏性土分类的标准。

此外，还可用塑性指数（I_P）与小于0.002mm的颗粒含量的比值来表示黏性土的亲水性，称为活动度或活性指数（A）。

$$A = \frac{I_P}{P_{0.002}} \tag{4-20}$$

式中，$P_{0.002}$ 为粒径小于 0.002mm 颗粒的质量占土总质量的百分比。I_P 相同时，微小颗粒含量越少，A 越大，活动度越大，根据活性指数 A，可把黏土分为三类：$A<0.75$，非活性黏土（或非亲水性的）；$A=0.75\sim1.25$，正常黏土（或亲水性的）；$A>1.25$，活性黏土（或强亲水性的）。

高岭石黏土一般属非活性黏土，而蒙脱石黏土属强活性黏土。活性指数越大，则黏土的膨胀、收缩性能也越强。

（2）液性指数（liquidity index）

液性指数（I_L）是指黏性土的天然含水量和塑限的差值与塑性指数之比，用小数表示，即

$$I_L = (w - w_P) / (w_L - w_P) \tag{4-21}$$

分类：根据液性指数值可划分为坚硬、硬塑、可塑、软塑及流塑五种（表4-14）。

表4-14　黏性土的状态

状态	坚硬	硬塑	可塑	软塑	流塑
液性指数 I_L	$I_L \le 0$	$0 < I_L \le 0.25$	$0.25 < I_L \le 0.75$	$0.75 < I_L \le 1.0$	$I_L > 1.0$

应当指出，由于塑限和液限都是用扰动土进行测定的，土的结构已彻底破坏，而天然土一般在自重作用下已有很长的历史，具有一定的结构强度，以致土的天然含水量即使大于它的液限，一般也不会变为流塑。含水量大于液限只是意味着土的结构一旦遭到破坏，它将转变为流塑、流动状态。

4.5　土的力学性质及其指标

建筑物的建造使地基土中原有的应力状态发生变化，从而引起地基变形，出现基础沉降；当建筑荷载过大，地基会发生大的塑性变形，甚至地基失稳。而决定地基变形以至失稳发生危险的主要因素除上部荷载的性质、大小、分布面积与形状及时间因素等条件外，还跟地基土的力学性质有关，它主要包括土的变形和强度特性。

由于建筑物荷载差异和地基不均匀等原因，基础各部分的沉降或多或少总是不均匀的，使得上部结构之中相应地产生额外的应力和变形。基础不均匀沉降超过了一定的限度，将导致建筑物的开裂、歪斜甚至破坏，如砖墙出现裂缝、吊车出现卡轨或滑轨、高耸构筑物发生倾斜、机器转轴偏斜及与建筑物连接管道断裂，等等。因此，研究地基变形和强度问题，对于保证建筑物的正常使用和经济、牢固等都具有很大的实际意义。

对土的变形和强度性质，必须从土的应力与应变的基本关系出发来研究。根据土样的单轴压缩试验资料，当应力很小时土的应力–应变关系曲线就不是一根直线了（图4-24）。就是说，土的变形具有明显的非线性特征。然而，考虑到一般建筑物荷载作用下地基中应力的变化范围（应力增量 $\Delta\sigma$）还不很大，如果用一条割线来近似地代替相应的曲线段，其误差可能不超过实用的允许范围。这样，就可以把土看成是一种线性变形体。而土的强度峰值则是按其应变不超过某个界限的相应应力值确定的。

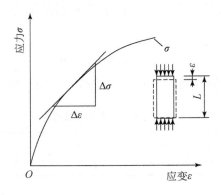

图4-24　土的应力–应变关系曲线

天然地基一般由成层土组成，还可能具有尖灭和透镜体等交错层理的构造，即使是同一厚层土，其变形和强度也随深度而变。因此，地基土的非均质性是很显著的。但目前在一般工程中计算地基变形和强度的方法，都还是先把地基土看成是均质体，再利用某些假设条件，最后结合建筑经验加以修正的办法进行的。

土的力学性质是指土在外力作用下所表现的性质，主要包括土的变形和强度特性，即在压应力作用下体积缩小的压缩性和在剪应力作用下抵抗剪切破坏的抗剪性。

当地基土的力学性质不能满足上部荷载要求时将产生以下危害：①基础不均匀沉降超过了一定的限度，将导致建筑物的开裂、歪斜甚至破坏；②当土中剪应力超过土的抗剪强度时，则土中的一部分会相对另一部分发生滑动，从而危及建筑物安全。

所以，在确定地基土的承载力时，必须详细研究土的压缩性和抗剪性。

4.5.1　土的压缩性

4.5.1.1　基本概念

土的压缩性是指土在压力作用下体积缩小的特性。试验研究表明，在一般压力

（100～600kPa）作用下，土粒和水的压缩与土的总压缩量之比是很微小的，因此完全可以忽略不计，所以把土的压缩看作土中孔隙体积的减小。此时，土粒调整位置，重行排列，互相挤紧。饱和土压缩时，随着孔隙体积的减少，土中孔隙水被排出。

在荷载作用下，透水性大的饱和无黏性土的压缩过程在短时间内就可以结束。然而，黏性土的透水性低，饱和黏性土中的水分只能慢慢排出，因此其压缩稳定所需的时间要比砂土长得多。土的压缩随时间而增长的过程，称为土的固结。饱和软黏性土的固结变形往往需要几年甚至几十年时间才能完成，因此必须考虑变形与时间的关系，以便控制施工加荷速率，确定建筑物的使用安全措施；有时地基各点由于土质不同或荷载差异，还需考虑地基沉降过程中某一时间的沉降差异。所以，对于饱和软黏性土而言，土的固结问题是十分重要的。

计算地基沉降量时，必须取得土的压缩性指标，无论用室内试验还是原位试验来测定，应该力求试验条件与土的天然状态及其在外荷作用下的实际应力条件相适应。在一般工程中，常用不允许土样产生侧向变形（完全侧限条件）的室内压缩试验来测定土的压缩性指标，其试验条件虽未能完全符合土的实际工作情况，但有实用价值。

4.5.1.2　室内压缩试验和压缩性指标

室内压缩试验是用金属环刀切取保持天然结构的原状土样，并置于圆筒形压缩容器（图4-25）的刚性护环内，土样上下各垫有一块透水石，土样受压后土中水可

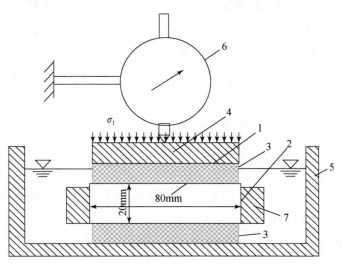

图 4-25　侧限压缩试验装置

1. 试件；2. 环刀；3. 透水石；4. 传压板；5. 水槽；6. 百分表；7. 内环

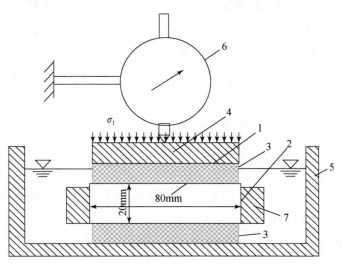

以自由排出。由于金属环刀和刚性护环的限制，土样在压力作用下只可能发生竖向压缩，而无侧向变形。土样在天然状态下或经人工饱和后，进行逐级加压固结，即可测定各级压力（p）作用下土样压缩稳定后的孔隙比变化。土的孔隙比（e）与相应压力（p）的关系曲线，即土的压缩曲线，如图4-26所示。

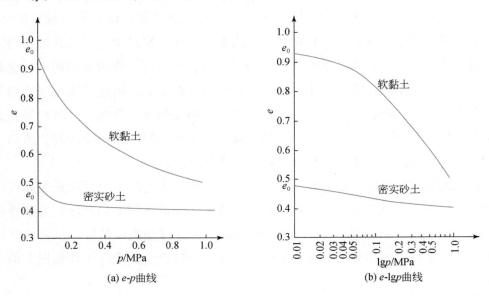

图4-26 土的压缩曲线

压缩曲线按工程需要及试验条件，可用两种方式绘制：一种是采用普通直角坐标绘制的 e-p 曲线［图4-26（a）］，在常规试验中，一般按 $p=0.05\text{MPa}$、0.1MPa、0.2MPa、0.3MPa、0.4MPa 五级加荷；另一种的横坐标则取 p 的常用对数取值，即采用半对数直角坐标纸绘制成 e-$\lg p$ 曲线［图4-26（b）］，试验时以较小的压力开始，采取小增量多级加荷，并加到较大的荷载（例如，$1\sim1.6\text{MPa}$）为止。

土的压缩试验方式有两种：①能向侧向膨胀的压缩；②不能向侧向膨胀的压缩，即有侧限压缩。

一般地基土可看作是半空间无限体，即建筑的荷载引起的地基压缩是有侧限的。

（1）压缩系数

在压缩曲线上（图4-27），当 p_1 至 p_2 变化范围不大时，可将曲线上相应的一小段 M_1、M_2 近似地用直线代替。

M_1M_2 段的斜率

$$\tan\alpha=\frac{e_1-e_2}{p_2-p_1}=a \tag{4-22}$$

式中，a 为压缩系数（MPa^{-1}），它是表示土的压缩性大小的主要指标，a 越大，则

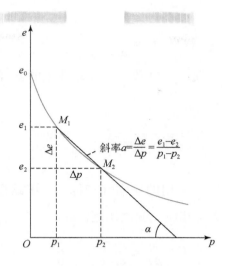

图 4-27 以 $e\text{-}p$ 曲线确定压缩系数 a

表示土体在同一压力变化范围的变形越大，即土的压缩性越大。但 a 并不是常数，而是随所取压力变化范围的不同而改变，因此，评价不同种类和状态的土的压缩系数，必须以同一压力变化范围来比较。

在工程实践中，常以 $p_1 = 0.1\text{MPa}$，$p_2 = 0.2\text{MPa}$ 的压缩系数 $a_{0.1-0.2}$ 作为判断土压缩性高低的标准。

$a_{0.1-0.2} < 0.1/\text{MPa}$ 时，属低压缩性土；

$0.1 \leqslant a_{0.1-0.2} < 0.5/\text{MPa}$ 时，属中压缩性土；

$a_{0.1-0.2} \geqslant 0.5/\text{MPa}$ 时，属高压缩性土。

（2）压缩指数

土的压缩曲线常用对数坐标表示（图 4-28），在一定压力下，$e\text{-}\lg p$ 曲线是直线，用直线段的斜率作为土的压缩指数 C_c（无因次）。

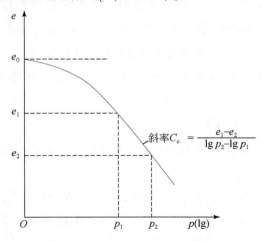

图 4-28 以 $e\text{-}\lg p$ 曲线求压缩指数 C_c

$$C_c = \frac{e_1 - e_2}{\lg p_2 - \lg p_1} \tag{4-23}$$

在较大荷载范围内，C_c 是一个常数，一般黏性土的 C_c 值多在 $0.1 \sim 1.0$，C_c 值越大，土的压缩性越大。

$$C_c = \frac{e_1 - e_2}{\lg p_2 - \lg p_1} = (e_1 - e_2) / \lg \frac{p_2}{p_1} \tag{4-24}$$

（3）压缩模量

压缩试验还可求得另一个常用的压缩性指标——压缩模量 E_s（MPa），它是指在侧限条件下受压，压应力与相应应变之比例，即

$$E_s = \frac{\Delta p}{\Delta \varepsilon} = \frac{p_2 - p_1}{\left(\dfrac{e_1 - e_2}{1 + e_1}\right)} = \frac{1 + e_1}{a} \tag{4-25}$$

为了便于比较和应用，通常采用压力间隔 $p_1 = 0.1 \mathrm{MPa}$ 和 $p_2 = 0.2 \mathrm{MPa}$ 所得的压缩模量 $E_{s(0.1-0.2)}$，则式（4-25）改为

$$E_{s(0.1-0.2)} = \frac{1 + e_{0.1}}{a_{0.1-0.2}} \tag{4-26}$$

（4）先期固结压力

土层在历史上曾经受过的最大固结应力（指有效应力）称为先期固结压力 p_c。如果土层目前承受的上覆自重压力 p_0 等于 p_c，这种土称为正常固结土，如果 p_c 小于 p_0，则称为欠固结土。如果 p_c 大于 p_0，则称为超固结土。

p_c 与 p_0 的比值称作超固结比 OCR

$$\mathrm{OCR} = p_c / p_0 \tag{4-27}$$

OCR 越大，土的超固结度越高，压缩性越小。

先期固结压力 p_c 取决于土层的受力历史（长期自然地质作用），一般很难查明，只能根据原状土样的 e-$\lg p$ 曲线推求。卡萨格兰德（Casagrande，1936）提出了根据 e-$\lg p$ 曲线，是一种采用作图法来确定先期固结压力的方法。

1）在 e-$\lg p$ 曲线上寻找曲率半径最小的点 O；过点 O 作水平线 OA 和切线 OB（图 4-29）。

2）作 $\angle AOB$ 的平分线 OD。

3）向上延长 e-$\lg p$ 曲线的直线段，与 OD 相交，得交点及所求 E 点。E 点所对应的应力即为先期固结压力 p_c。

按这种经验方法或其他类似的经验方法确定的先期固结压力只能是一种大致估计，因为原状土样往往并不"原状"，取样过程中的扰动会歪曲 e-$\lg p$ 曲线的形状和位置。土样扰动的程度对试验结果的可靠性和准确度影响很大。

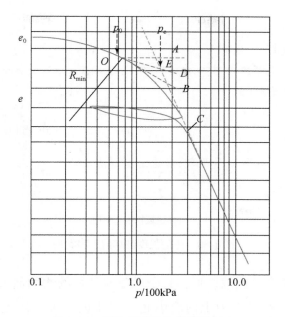

图 4-29　用作图法求先期固结压力

此外，室内压缩试验还可以采用三轴压缩试验的方法进行。三轴压缩试验亦称三轴剪切试验，是测定土的应力-应变关系（压缩性）和强度的一种常用的室内试验方法。与上述侧限压缩试验不同的是土样在三轴压力仪中受压时，侧向可以变形（侧向应变 $\varepsilon_3 \neq 0$），其应力状态即为上述的轴对称三维应力状态。三轴压缩试验是一种较为完善的测定土抗剪强度的方法。我们将在后面的抗剪强度中讲述。

4.5.2　土的抗剪强度

4.5.2.1　概述

土的抗剪强度是指土体对于外荷载所产生的剪应力的极限抵抗能力。当土中某点由外力所产生的剪应力达到土的抗剪强度时，土体就会发生一部分相对于另一部分的移动，该点便发生了剪切破坏。工程实践和室内试验都验证了建筑物地基和土工建筑物的破坏绝大多数属于剪切破坏。例如，堤坝、路堤边坡的坍滑［图 4-30（a）］，挡土墙墙后填土失稳［图 4-30（b）］，建筑物地基的失稳［图 4-30（c）］，都是由于沿某一些面上的剪应力超过土的抗剪强度所造成。土的抗剪强度是决定地基或土工建筑物稳定性的关键因素，因此研究土的抗剪强度的规律对于工程设计、施工和管理都具有非常重要的理论和实际意义。

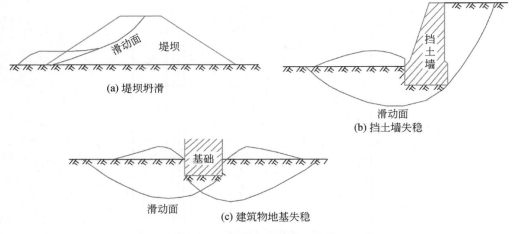

图 4-30　土的强度破坏的工程类型

土在外荷作用下产生压缩变形，其变形随着外荷的增加而增加，但当外荷超过某一值时土体破坏，这是因为土内应力超过了土的强度，使土从压缩变形发展为破坏。

土体的破坏决非颗粒的破碎，而是剪切破坏，即在原来连续的土体中沿着一定方向的面（破坏面），两侧颗粒发生相对滑动。这种相对滑动称为"剪切"。剪切面一般是曲折的通过颗粒接触点的曲面，但因颗粒很小，通常将剪切面看成平面。

土的破坏是因为土内某面上剪应力超过颗粒接触处的抗剪强度而引起的。因此，土的强度主要是指土的抗剪强度，即土体抵抗剪切滑动的极限强度 τ_f。

在建筑物荷重和土的自重压力作用下，土中各点在任意方向的平面上，都会产生法向应力 σ 和剪应力 τ。若 $\sigma < \tau_f$，该面处于稳定状态；若 $\sigma = \tau_f$，处于极限平衡状态；若 $\sigma > \tau_f$，处于破坏状态。

4.5.2.2　土的抗剪强度的基本理论

（1）直剪试验

土的抗剪强度可以通过室内试验与现场试验测定。直剪试验是最基本的室内试验方法。直剪试验使用的仪器称直剪仪，按加荷方式分为应变式和应力式两类。前者是以等速推动剪切盒使土样受剪，后者则是分级施加水平剪力于剪切盒使土样受剪。目前我国普遍采用应变控制式直剪仪，如图 4-31 所示。该仪器的主要部分由固定的上剪切盒和活动的下剪切盒组成，试样放在剪切盒内上下两块透水石之间。试验时，先通过压板加法向力 P，然后在下剪切盒施加水平力 T，使它发生水平位移而使试样沿上下剪切盒之间的水平面上受剪切直至破坏。设在一定垂直压力 P 作用下，土样到达剪切破坏的水平作用力为 T，若试样的水平截面积为 F，则正压应力

$\sigma = \dfrac{P}{F}$，此时，土的抗剪强度 $\tau = \dfrac{T}{F}$。

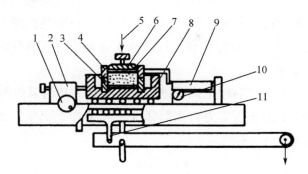

图 4-31　应变控制式直剪仪示意图

　　试验时，通常用四个相同的试样，使它们分别在不同的正压应力 σ 作用下剪切破坏，得出相应的抗剪强度 τ_1、τ_2、τ_3、τ_4，将试验结果绘成抗剪强度与正压应力关系曲线，如图 4-32 所示。

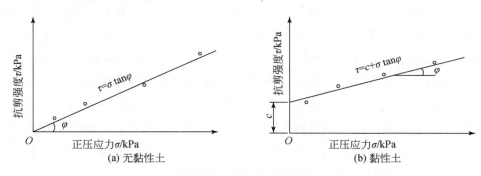

图 4-32　抗剪强度与正压应力之间的关系

A. 无黏性土的抗剪强度

　　无黏性土的抗剪强度试验结果表明，无黏性土的抗剪强度与正压应力的关系曲线是通过坐标原点而与横坐标成 φ 角的直线［图 4-32（a）］。因此，抗剪强度与正压应力之间的关系可用以下直线方程表示

$$\tau = \sigma \tan\varphi \tag{4-28}$$

式中，τ 为土的抗剪强度，kPa；σ 为作用于剪切面上的正压应力，kPa；φ 为土的内摩擦角。

　　由式（4-28）可知，无黏性土的抗剪强度不但取决于内摩擦角的大小，而且还随正压应力的增加而增加，而内摩擦角的大小与无黏性土的密实度、土颗粒大小、形状、粗糙度和矿物成分及粒径级配的好坏程度等因素都有关，无黏性土的密实度越大、土颗粒越大、形状越不规则、表面越粗糙、级配越好，则内摩擦角越大。此外，无黏性土的含水量对 φ 角的影响是水分在较粗颗粒之间起滑润作用，使摩阻力降低。因此，对于无黏性土来说，其抗剪强度是由土粒间的内摩擦阻力、颗粒表面摩擦阻力（滑动阻力和滚动阻力）和土粒间的咬合摩擦力三部分组成。

B. 黏性土的抗剪强度

在一定排水条件下，对黏性土试样进行剪切试验，其结果如图 4-32（b）所示。试验结果表明，黏性土的正压应力与抗剪强度之间基本上仍呈直线关系，但不通过原点，其方程可写为

$$\tau = c + \sigma \tan \varphi \tag{4-29}$$

式中，c 为土的内聚力（或称为黏聚力），kPa。

表达土的抗剪强度特性一般规律的式（4-28）和式（4-29）是库仑（Coulomb）在 1773 年提出的，故称为抗剪强度的库仑定律。在一定试验条件下得出的内聚力 c 和内摩擦角 φ 一般能反映土抗剪强度的大小，故称 c 和 φ 为土的抗剪强度指标。过去对式（4-28）和式（4-29）的一种比较简单的说明是：无黏性土的试验结果 $c=0$，是因为它无黏聚性，而黏性土的试验结果出现 c，故将 c 理解为黏聚力。

经过长期的试验，人们已认识到，土的抗剪强度指标 c 和 φ 是随试验时的若干条件而变的，其中最重要的是试验时的排水条件，也就是说，同一种土在不同排水条件下进行试验，可以得出不同的 c、φ 值。因此，也有人将 c 称为"视黏聚力"，意思是它表面上看来好像是内聚力，其实不能真正代表黏性土的内聚力，而只能代表黏性土抗剪强度的一部分，是在一定试验条件下得出的 $\sigma-s$ 关系线在 s 轴上的截距。同样，φ 也只是由试验结果得出的 $\sigma-\tau$ 关系线的倾斜角，不能真正代表粒间的内摩擦角。然而，由于按库仑定律建立的概念在应用上比较方便，许多分析方法也都建立在这种概念的基础上，在工程上仍旧沿用至今。

无论黏性土的抗剪强度试验，还是天然黏性土地基加荷过程中孔隙水压力的消散，即荷载在土体中产生的应力全部转化为有效应力，均需要一定的固结时间来完成，因此，土的固结过程实质上也是土体强度不断增长的过程，对于同一种土，即使是在同一垂直压力下，由于剪切前试样的固结过程和剪切时土样的排水条件不同，故其强度指标也不相同。

为了近似地模拟现场土体的剪切条件，按剪切前的固结程度、剪切时的排水条件即加荷快慢情况，把直剪试验分为快剪（Q）、固结快剪（CQ）、慢剪（S）三种试验方法。

1）快剪法（或称不排水剪法）。在试样上施加垂直压力后，立即加水平剪切力。在整个试验中，不允许试样的原始含水率有所改变（试样两端敷以隔水纸），即在试验过程中孔隙水压力保持不变（3~5min 内剪坏）。

2）慢剪法（或称排水剪法）。在施加垂直压力后，使其充分排水（试样两端敷以滤纸），在土样达到完全固结时，再加水平剪力；每加一次水平剪力后，均需经过一段时间，待土样因剪切引起的孔隙水压力完全消失后，再继续加下一次水平剪力。

3）固结快剪法。在垂直压力下土样完全排水固结稳定后，快速施加水平剪力。在剪切过程中不允许排水（规定在 3~5min 内剪坏）。

直剪试验的优点是设备简单、操作方便，但它的剪切面是人为固定的，不能反映土的实际情况，测值偏大。受剪面上应力状态随 τ 增大而变化，剪应变也不均匀，且不能控制排水条件，不能测孔隙水压力。

（2）静三轴试验

为了克服直剪试验存在的问题，后来又发展了三轴压缩试验方法，Casagrande 于 1930 年首先使用了可控制排水条件的静三轴仪来进行土体的压缩试验。静三轴压缩仪是目前测定土抗剪强度较为完善的仪器。按照土体的剪切方式，可将静三轴试验仪器分为应变控制式三轴仪和应力控制式三轴仪。应变控制式三轴仪是以一定的剪切速率对岩土体进行剪切，试验方式确定了变形与时间的关系，因此试验结果主要是得到土体的应力–应变关系，进而对变形、强度等特性进行分析，而不能探讨时间对应力应变的影响。应力控制式三轴仪则是以恒定的荷载对岩土体进行剪切，观测土体变形随时间发展的情况，因此能够得到土体的应力–应变–时间的关系，从而能够得到时间对变形、强度等特性的影响。因此，若要研究时间对土体变形特性的影响，则需进行应力控制式三轴试验。常规三轴仪是指应变控制式三轴仪，一般岩土试验室都具备该试验仪器，如图 4-33 所示。常规三轴仪主要由压力室、轴向加荷系统、施加周围压力系统、孔隙水压力量测系统等组成。

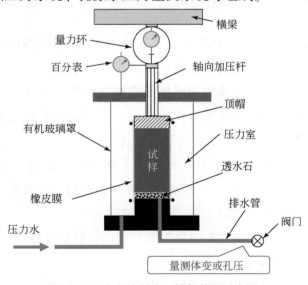

图 4-33　应变控制式三轴仪装置示意图

试验用的土样为正圆柱形，常用的高度与直径之比为 2～2.5。土样用薄橡皮膜包裹，以免压力室的水进入。试样上、下两端可根据试样要求放置透水石或不透水板。试验中试样的排水情况由排水阀控制（图 4-33）。试样底部与孔隙水压力量测系统相接，必要时可以测定试验过程中试样的孔隙水压力变化。试验时，先打开阀门，向压力室压入液体，使土样在三个轴向受到相同的周围压力 σ_3，此时土样中不受剪力。然后再由轴向系统通过活塞对土样施加竖向压力 q，此时试样中将产生剪应力。在周围压力 σ_3 不变情况下，不断增大 q，直到土样剪坏。其破坏面发生在与大主应力作用成 $\alpha_f = 45° + 2$ 的夹角处。这时作用于土样的轴向应力 $\sigma_1 = \sigma_3 + q$，为最大主应力，周围压力 σ_3 为最小主应力。用 σ_1 和 σ_3 可绘得土样破坏时的一个极限应力圆。若取同一种土的 3～4 个试样，在不同周围压力 σ_3 下进行剪切得到相应的 σ_1，便可绘出几个极限应力圆。这些极限应力圆的公切线，即为抗剪强度包络线。它一般呈直线形状，从而可求得指标 c、φ 值。若在试验过程中，通过孔隙水测读系统分别测得每一个土样剪切破坏时的孔隙水压力的大小，就可以得出土样剪切破坏时有效应力 $\sigma_1' = \sigma_1 - u$，$\sigma_3' = \sigma_3 - u$，绘制出相应的有效极限应力圆。根据有效极限应力圆，即可求得有效强度指标 φ'、c'。

三轴压缩试验按剪切前的固结程度和剪切时的排水条件，分为以下三种试验方法。

1）不固结不排水试验（UU）。试样在施加周围压力和随后施加竖向压力直至剪切破坏的整个过程中都不允许排水，试验自始至终关闭排水阀门。

2）固结不排水试验（CU）。试样在施加周围压力 σ_3 时打开排水阀门，允许排水固结，待固结稳定后关闭排水阀门，再施加竖向压力，使试样在不排水的条件下剪切破坏。

3）固结排水试验（CD）。试样在施加周围压力 σ_3 时允许排水固结，待固结稳定后，再在排水条件下施加竖向压力至试样剪切破坏。

三轴压缩仪的突出优点是能较为严格地控制排水条件及量测试件中孔隙水压力的变化。此外，试验中的应力状态也比较明确，破裂面是在最弱处，而不像直接剪切仪那样限定在上下盒之间。

固定围压 σ_3（$\sigma_1 = \sigma_2 = \sigma_3$），在不同条件下加 $\Delta\sigma_1$ 至破坏，得 $\sigma_f = \sigma_3 + \Delta\sigma_1$，以 $(\sigma_1 - \sigma_3)_f$ 为直径画极限应力圆。一般取三个试样，得到三个极限应力圆，这时做出圆的公切线即为抗剪强度（包络）线（图 4-34）。

变化垂直荷载 $\sigma_1 - \sigma_3$，得到不同强度值，画出抗剪强度线。

无黏性土：$\tau_f = \sigma\tan\varphi$ 直线过原点。

黏性土：$\tau_f = c + \sigma\tan\varphi$，$c$ 为凝（内）聚力，φ 为内摩擦角。

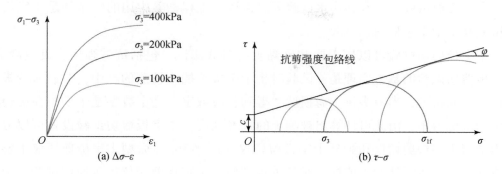

图 4-34　三轴试验的 $\Delta\sigma-\varepsilon_1$ 与抗剪强度包络线

（3）无侧限抗压强度试验

实际上是三轴剪切试验的一种特殊情况，即 $\sigma_3 = 0$，$\sigma_1 =$ 轴向压力 q_u，剪破时的轴向压力称为无侧限抗压强度 S。根据极限平衡条件公式

$$S = \frac{q_u}{2} \tag{4-30}$$

即饱和软黏土的抗剪强度（或内聚力）等于其他无侧限抗压强度的一半（图 4-35）。

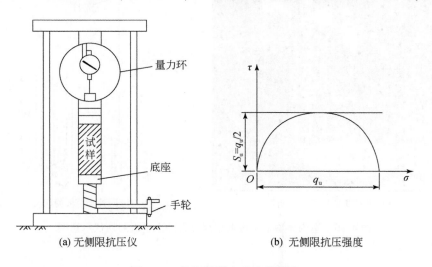

图 4-35　饱和软黏土的抗剪强度

4.5.2.3　土体原位抗剪强度的测试

原位试验通常是确定岩土体工程特性的最好手段，某些情况下是获取有效成果的唯一方法。原位剪切试验是指直接在现场地基土层中进行的试验。由于试验土体的体积大，所受的扰动小，测得的指标有较好的代表性，因此，近年来此类试验技术和应用范围均有很大的发展，常用的有平板载荷试验、旁压试验、十字板剪切试

验、大型直剪试验、压水和注水试验等。在海洋工程勘察中用的较多的是十字板剪切试验和微型十字板剪切试验。

十字板剪切试验可以用于饱和软黏土的参数测试，包括抗剪强度、灵敏度等。十字板剪切试验的基本原理是，试验时将十字板头插入被测的土中，对插入的板头施加一定的扭力，当板头将土剪损后，得到相应数字。这个数字是十字板在旋转时产生的抵抗力矩，由此可计算出被测土的抗剪强度。十字板剪切试验设备可以分为室内微型十字板剪切仪和野外十字板剪切仪（图4-36）。微型十字板剪切仪主要用于取样试验，将野外的土取样，对其进行试验；十字板剪切仪用于原位试验。十字板剪切仪又可以分为机械式的十字板剪切仪和电测式的十字板剪切仪，每个仪器都有各自的使用条件，有一定的局限性。在海洋工程的勘察工作中，必须对饱和软土的抗剪强度进行测试，但需要注意测试条件，以保证测试的精准性。

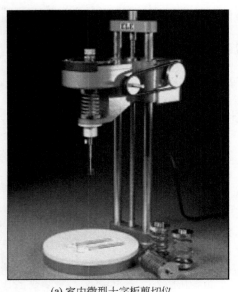

(a) 室内微型十字板剪切仪

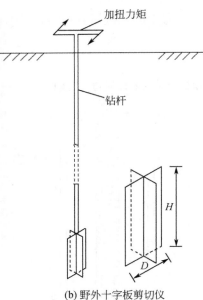

(b) 野外十字板剪切仪

图4-36　室内微型十字板剪切仪与野外十字板剪切仪示意图

4.6　土的工程分类

4.6.1　土工程分类的目的和意义

工程地质工作中必须按一定的原则将土和岩石（土）进行科学分类才能正确系统地掌握各种沉积物的工程地质特征，编制海底沉积物平面分布图和剖面图，对岩土体做出综合、明确的评价,为工程规划、设计、施工提供必要的资料。因此,研究制定一个既反映我国土质条件和多年建筑经验,又尽可能靠近国际上较为通用的分类标准,并切实可行的土的工程分类,是十分重要的。

土的工程分类是从事土的工程性质研究的重要基础理论课题,它的主要目的是根据土类,大致判断土的基本工程特性,并结合其他因素评价地基土的承载力、抗渗流与抗冲刷稳定性,在振动作用下的可液化性以及作为建筑材料的适宜性等;根据土类,合理确定不同土的研究内容与方法;当土的性质不能满足工程要求时,根据土类(结合工程特点)确定相应的改良与处理方法。它是对现代工程地质研究现状的总结,一定程度上反映了当前的研究水平。

4.6.2 土的工程分类原则

(1) 粒级划分标准(等比制粒级标准)

该标准的粒级划分以等比级数关系排列,比值为2,该标准的分类界限是一个几何系列,用 φ 表示,即 $\varphi = -\log_2 d$,等比制(φ 标准)粒级分类见表4-15。

表4-15 等比制粒级分类

粒组类型	粒级名称		粒径范围/mm	$\varphi = -\log_2 d$		代号
	简分法	细分法		d	φ	
岩块(R)	岩块(漂砾)	岩块	>256	256	−8	R
砾石(G)	粗砾	粗砾	128~256	128	−7	CG
			64~128	64	−6	
	中砾	中砾	32~64	32	−5	MG
			16~32	16	−4	
			8~16	8	−3	
	细砾	细砾	4~8	4	−2	FG
			2~4	2	−1	
砂(S)	粗砂	极粗砂	1~2	1	0	VCS
		粗砂	0.5~1	1/2	1	CS
	中砂	中砂	0.25~0.5	1/4	2	MS
	细砂	细砂	0.125~0.25	1/8	3	FS
		极细砂	0.063~0.125	1/16	4	VFS
粉砂(T)	粗粉砂	粗粉砂	0.032~0.063	1/32	5	CT
		中粉砂	0.016~0.032	1/64	6	MT
	细粉砂	细粉砂	0.008~0.016	1/128	7	FT
		极细粉砂	0.004~0.008	1/256	8	VFT

续表

| 粒组类型 | 粒级名称 | | 粒径范围/mm | $\varphi = -\log_2 d$ | | 代号 |
	简分法	细分法		d	φ	
黏土（泥）（Y）	黏土	粗黏土	0.002~0.004	1/512	9	CY
			0.001~0.002	1/1024	10	
		细黏土	<0.001	1/2048	>11	FY

（2）土的工程分类原则

土的工程分类是把不同的土分别安排到各个具有相近性质的组合中去，其目的是人们有可能根据已知的同类土性质去评价未知土的工程特性，或为工程师提供一个可供参考的描述与评价方法。因此，土的工程分类一般遵循以下几个原则。一是工程特性差异性原则，这个原则包括：反映土的物质组成，即粒度成分特征；反映土的工程性质的塑性指标，如液限 w_L、塑限 w_P、塑性指数 I_P；反映土中有机质存在的情况。二是以成因、地质年代为基础的原则。因为土是自然历史的产物，土的工程性质受土的成因（包括形成环境）与形成年代控制。在一定的环境条件和年代下，并经过某些变化过程的土，必然有与之相适应的物质成分和构造组合，从而决定了其工程特性下的差异。三是分类指标便于测定的原则，即采用的分类指标既要综合反映土的基本工程特性，又要测定方法简便。四是便于国际交流的原则。

4.6.3 海洋土的分类系统

长期以来，关于海洋土的工程分类有众多的不同意见，从事海洋地质工作的人员习惯用海洋沉积物的分类方案，而从事工程地质的人员习惯使用陆地工程地质的方案，两者之间未能很好地结合起来。

最近几年随着海洋工程地质学的发展，在海洋土的工程分类中，又出现了一些不同于陆地工程地质和海洋地质的分类方案，并逐渐被从事海洋工程地质研究的人员所认可。

在目前海洋土的工程分类中，使用的分类方案有以下三种。

（1）在海洋地质调查规范或海洋沉积学的基础上稍加修改而成的海洋工程地质分类
    方案

这个分类方案是国家标准局1990年发布实施的，其分类依据为粒度成分、生物组分（钙质、硅质）及非生物（陆源、自生、火山及宇源）组分组成的相对丰度，稍加修改的部分强调了黏粒含量对工程性质的影响。它强调了黏粒含量的变化对土工程性质的影响，把目前世界各地已有的大量海洋地质调查资料运用到工程上去，对各种海洋沉积物进行工程评价。该分类方案便于海洋界进行学术交流，并在一定程度上反映了土的工程性质，受到海洋界的欢迎。但它没有考虑影响控制细粒土的工程性质，不能综合反映黏土矿物成分及其水化能力的指标——塑性。

（2）在陆地上使用的工程分类方案稍加修改用于海洋土中的分类方案

这个分类方案的依据是粒度成分、液限、塑性指数、有机质含量（含腐殖质），强调液限和塑性指数在细粒土或含细颗粒较多的粗粒土中的作用。该方案把塑性指数作为细粒土的主要分类指标，运用卡萨格兰德的塑性图来划分土类，能够全面反映土的工程性质，受到土质学家和工程界的欢迎。但它没有把海洋沉积物中存在较多的生物组分及除陆源沉积物外的其他非生物（自生、火山及宇源）组分考虑进去，也没有突出海洋沉积物特点，对研究全球海洋沉积物的工程性质有不足之处，但对研究大陆边缘的陆源沉积物还是可以的。例如，目前大量的海洋工程建设都分布在大陆边缘，很少在深海中，故在实际工作中被广泛使用。

（3）非钙质海洋土的工程分类系统

非钙质海洋土的工程分类系统是由荷兰原辉固-麦克兰工程公司（Fugro-Mccleand Engineers，FME）制定的，以服务于工程建设为目的现得到世界各国广泛使用，我国根据这个分类系统制定了《海上平台场址工程地质勘察规范》（GB 17503—1998）和《海底电缆管道路由勘察规范》（GB 17502—1998）等国家标准。但该分类系统是围绕着在陆地上和海岸带所能见到的土来进行的，没有包括在世界大洋中广泛分布的生物碎屑土和胶结土，没有考虑生物组分（海洋生物的贝壳、骨骼和牙齿等钙质和硅质组分），以及非陆源（自生、火山及宇源）物质和海洋特有的沉积环境对土工程性质的影响，有其不足之处，随着海洋开发向深水方向的发展和海洋岩土工程学这门学科的发展，此项研究已引起海洋学术界和世界上一些跨国工程公司的重视，目前辉固国际集团已经着手研究和制订一套适用于海洋工程在世界各地都切实可行，并容易使用的覆盖所有岩土类别（包括粗粒土、细粒土、有机土、胶结土和岩石、生物碎屑土）的土质分类系统。

这个分类系统的分类依据是非钙质海洋土（指碳酸盐含量小于10%的海洋土）的分类系统是以粒度分布和阿太堡界限这两种可测定的数据作为分类的基础，用简单的流程图表和土类代号对46种土进行基本类型和次级类型的分类和命名的。这个分类系统扩展后可包括粗粒土（砾石、砂）、细粒土（粉土、黏土）、有机土、胶结土和岩石、生物碎屑土等46种土，但分类细而复杂，工程上不适用。

4.6.4　国内常用的海洋土工程分类方案

（1）根据海洋质调查规范修改的原辉固–麦克兰工程公司的分类方案（1990 年实施）

这个分类方案以粒度成分为分类依据，采用 Shepard 三角分类法以主次粒组来命名，以粒组（砂、粉砂、黏土）含量的多寡作为基本标志。把含量大于 20% 的粒级参与命名，同时考虑优势粒级及频率曲线中众值的分布。

1）当样品中只有一个粒组含量很高，其他粒组含量不大于 25% 时，一般以该粒组名称命名，如砾、砂、粉砂和黏土。该类型的进一步划分考虑优势粒组的频率分布，以该粒组中百分含量最高的粒级相应的名称命名或划分出相邻两粒级的过渡类型，如砂砾、中粗砂和中细砂。

2）当样品中有两个粒组的含量都比较高（大于 25% 时）按主次粒组原则命名，命名时以主要粒组作为基本命名，次要粒组作为辅助命名，如粉砂质砂、黏土质粉砂、粉砂质黏土。

3）当样品中有三个粒组含量均大于 25% 时，采用三名法命名，一般命名为砂–粉砂–黏土，本类型的进一步划分是按三个粒组的实际含量，自左向右由少到多的规则排列其顺序，如粉砂–黏土质砂、砂–粉砂质黏土、砂–黏土质粉砂等。当参与命名粒组百分含量近乎相等时，考虑粒度频率分布曲线的众值变化，择其主峰所在粒组作为基本命名，次峰所在粒级作为辅助命名，以此来确定沉积物名称，也可以采用 Shepard 三角图来命名（图 4-37）。

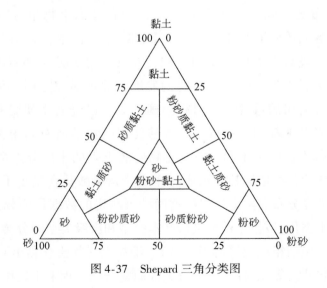

图 4-37　Shepard 三角分类图

这是海洋地质界公认的最佳方案，是海洋地质的组成部分。由于用到了很多海洋地质的知识，三种粒度成分在命名中地位相等，没有考虑黏粒含量变化对土的工程性质的特殊影响，不适合应用于土的工程分类。

（2）ASTM 规格土的统一分类法

ASTM 规格土的统一分类法是 1942 年由卡萨格兰德提出，1966 年被美国试验和材料学会（ASTM）定为暂定规格使用，1969 年又被定为正式规格，以 ASTM 的 D2487-69 规程颁布实施，以后又经过几次修订，现在被美国各大公司广泛使用，在国际上影响较大，各个国家都以它为基础先后制订了符合自己国情的土质分类方案。

ASTM 规格土的统一分类法采用阿太堡界限（液限和塑限）及粒度分析结果作为定界参数，利用文字符号来进行土质分类，如 SW 表示级配良好的砂，SP 表示级配不良的砂，ML 表示低液限粉土，CH 表示高液限黏土。它的粒级标准见表 4-16。

表 4-16　ASTM D2487—2017 中各粒组的粒径范围　　　（单位：mm）

粒级成分	粒径范围
漂石	>300
卵石	75 ~ 300
粗粒土	0.075 ~ 75
粗砾	19 ~ 75
细砾	4.75 ~ 19
粗砂	2.0 ~ 4.75
中砂	0.425 ~ 2.0
细砂	0.075 ~ 0.425
细粒土	<0.075
粉土	无特定粒度–应用阿太堡界限
黏土	无特定粒度–应用阿太堡界限
有机土和泥炭	无特定粒度

美国常用的标准筛及相应的网眼尺寸见表 4-17。

表 4-17　美国常用的标准筛及相应的筛孔孔径　　　（单位：mm）

筛号	筛孔孔径	筛号	筛孔孔径	筛号	筛孔孔径
3inch	75	2inch	50	1.5inch	38.1
1inch	25	3/4	19	3/8	9.5
4 号筛	4.75	10 号筛	2.0	40 号筛	0.425
200 号筛	0.075	60 号筛	0.25	140 号筛	0.106

ASTM 规格土的统一分类法根据保留在 200 号筛（孔径 0.075mm）上的颗粒是否大于 50%，把土分为粗粒土、细粒土和高有机土，该方案分类体系如表 4-18 所示。粗粒土再根据通用 4 号筛（孔径 4.75mm）的样品是否大于 50% 分砾石和砂两大组，砾石和砂又根据分选好坏及有无细屑混入物进一步分类（表 4-19）。细粒土的分类指标是液限和塑性指数，在塑性图上定名。先根据液限值是否大于 50% 分为两大组，然后再根据塑性和是否含有机质进行细分（表 4-19）。对有机质含量很高的泥炭和腐殖土单辟一类定为高有机土。

表 4-18　ASTM D2487—2017 规格土的统一分类体系

天然土	粗粒土	留在 200 号筛上的大于 50%	砾石	留在 4 号筛上的粗粒部分大于 50%
			砂	通过 4 号筛上的粗粒部分大于 50%
	细粒土	通过 200 号筛上的大于 50%	粉土	液限≤50%
			黏土	液限>50%
	高有机土 Pt	泥炭、腐殖土和其他含有机质多的土		

影响和控制细粒土性质的不仅是它的粒度成分，还有矿物成分、阳离子交换成分及水化能力。同时考虑这些因素作为划分细粒土的指标是不可能的，需要找一个能够综合反映这些因素的指标来作为代表。经过多年的努力，目前国内外专家一致认为细粒土与水相互作用所表现的特性之一——塑性指数作为这样的指标比较合适。

塑性指数 I_p 可反映土具有可塑性能的湿度变化范围，反映土的稳定性随湿度变化的程度，长期以来一直被认为是代表土塑性的理想指标，用作细粒土的分类依据。但塑性指标只表示液限与塑限的差值，不同液限与塑限可能得到相同的塑性指数，但土的性质未必相近，甚至相差很大。液限是土样由黏滞液体状态变成黏质塑性状态时的含水量，它是反映细粒土粒度成分、矿物成分及交换阳离子成分等特征的一个很灵敏的指标。如果联合使用这两个指标，则可以克服单用塑性指标的不足，具体的办法就是利用卡萨格兰德的塑性图（图 4-38）。

塑性图是一个直角坐标图，其横轴是用碟式液限仪测得的液限（w_L），纵轴是塑性指数，图中有 4 条线，A 线的方程式是 $I_p = 0.73 (w_L - 20)$，B 线方程式是 $w_L = 50$。加上 $I_p = 4$ 和 $I_p = 7$ 两条短线，在图上划分出 5 种类型土，它们分别是高液限黏土（CH）、低液限黏土（CL）、高液限粉土（MH）和低液限粉土、低液限粉质黏土或黏质粉土。在中国，由于测量液塑限使用 76 克锥式液限仪，A 线的方程式是 $I_p = 0.66 (w_L - 20)$，B 线方程式是 $w_L = 50$。C 线方程式是 $I_p = 4$ 与斜线的交点垂直的直线。李安龙等（2006）在研究在黄河水下三角洲土体工程特征时得到的塑性图（图 4-39），可划分出 7 种类型土。

表 4-19 ASTM（D2487—2006）土的分类与定名

大类			组别符号	代表土性名		粗粒土分类	
粗粒土（试样的50%以上大于200号筛）	砾石（粗粒部分的50%以上大于4号筛）	纯砾（细粒土很少或没有）	GW	级配良好的砾石或砾-砂混合物，细粒土很少或没有	1. 根据粒径曲线确定砂和砾的百分数。 2. 根据细粒土（小于200号筛细粒级）的百分比，粗粒土可分类如下：<5%为GW，GP，SW，SP；>12%为GM，GC，SM，SC；5%～12%为界限上下的土，需用双重符号	$C_u>4,\ C_c=1\sim3$	不均匀系数：$C_u=\dfrac{d_{60}}{d_{10}}$ 曲率系数：$C_c=\dfrac{d_{30}^2}{d_{10}d_{60}}$
			GP	级配不良的砾石或砾-砂混合物，细粒土很少或没有		对GW的所有级配要求均不符合	
		混细粒土的砾石（细粒土相当多）	GM	粉土质砾石、砾-砂-粉土混合物		阿太堡界限划分在A线以下或 $I_P<4$	在A线以上，且 $4<I_P<7$ 的土，需用双重符号表示
			GC	黏土质砾石、砾-砂-粉土混合物		阿太堡界限划分在A线以上或 $I_P>7$	
	砂（粗粒部分小于4号筛的50%以上）	纯砂（细粒土很少或没有）	SW	级配良好的砂或砾砂，细粒土很少或没有		$C_u>6,\ C_c=1\sim3$	对SW的所有级配要求均不符合
			SP	级配不良的砂或砾砂，细粒土很少或没有			
		混细粒土的砂（细粒土相当多）	SM（d/u）	粉土质砂，砂-粉土混合物		阿太堡界限划分在A线以下或 $I_P<4$	在A线以上，且 $4<I_P<7$ 的土，需用双重符号表示
			SC	黏土质砂，砂-黏土混合物		阿太堡界限划分在A线以上或 $I_P>7$	

续表

大类		组别符号	代表土性名	粗粒土分类
细粒土（试样的50%以上小于200号筛）	（液限小于50%的）粉土和黏土	ML	无机质粉土和极细砂，岩粉，粉土质黏土质细砂，或有低塑性的黏土质粉土	
		CL	低-中塑性的无机质黏土，砾质黏土，砂质黏土，粉土质黏土，瘦黏土	
		OL	低塑性有机质粉土和有机质粉枯土	
	（液限不小于50%的）粉土和黏土	MH	无机质粉土，含云母或硅藻土的细砂质土或粉土质土，橡皮粉土	
		CH	高塑性无机质黏土，肥黏土	
		OH	中-高塑性的有机质黏土，有机质粉土	
	高有机质土	Pt	泥炭和其他高有机质土	

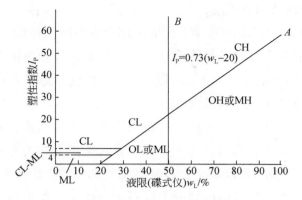

图 4-38　卡萨格兰德塑性图

C 为黏质土；M 为粉质土；O 为有机土；H 表示高塑性；L 表示低塑性；A 线以上是无机质土区，以下为粉质土区及有机质土；B 线右方为高塑性土，左方为低塑性土；200 号筛孔径为 0.075mm；4 号筛孔径为 4.75mm

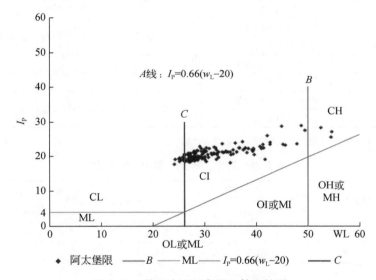

图 4-39　黄河水下三角洲土体塑性图

CH. 高液限黏质土（黏土）；CI. 中液限黏质土（粉质黏土）；CL. 低液限黏质土（砂质黏土）；
MH. 高液限粉质土（黏质粉土）；MI. 中液限粉质土（粉土）；ML. 低液限粉质土（砂质粉土）；
OH. 中-高液限有机质黏土；OI. 有机质黏土；OL. 有机质粉土

　　塑性图的优点在于它利用 w_L 与 I_P 两个指标将一种土圈定在界限分明的范围内，而不是靠 I_P 单一指标将土分布于一个无限长的条带中，可以从根本上将 I_P 相同而液限不同的土区别开来。另外，应用塑性图与应用塑性指标的差别是塑性图重复使用了液限指标，液限是反映细粒土粒度、矿物、交换阳离子成分等特征的敏感指标，因此各种成因不同矿物成分的细粒土（包括各种类型的特殊类土）在塑性图中都有明显的分布规律。

（3）海洋工程地质调查规范

我国在 2007 年颁布了新的海洋工程地质调查规范国家标准（GB/T 12763.11—2007），该规范适用于近海工程非钙质海底土的分类，其分类依据为土的颗粒组成特征，土的塑性指标—液限（w_L）、塑限（w_P）、塑性指数（I_P）和土中有机质含量。标准规定土的分类和定名原则如下。

1）按有机质含量可划分为无机土、有机质土、泥炭质土、泥炭。有机质含量小于 5% 的土称为无机土，有机质大于 5% 小于 10% 的土称为有机质土，有机质大于 10% 小于 60% 的土称为泥炭质土，有机质大于 60% 的土称为泥炭。

2）按颗粒级配或塑性指标可划分为碎石土、砂土、粉土和黏性土。碎石土定名标准见表 4-20，砂土、粉土、黏性土定名标准见表 4-21。

表 4-20　碎石土分类

土的名称	颗粒形状	颗粒级配
漂石	圆形及亚圆形为主	粒径大于 200mm 的颗粒超过总质量 50%
块石	棱角形为主	
卵石	圆形及亚圆形为主	粒径大于 20mm 的颗粒超过总质量 50%
砾石	棱角形为主	
圆砾	圆形及亚圆形为主	粒径大于 2mm 的颗粒超过总质量 50%
角砾	棱角形为主	

注：分类时应根据粒组含量栏从上到下以最先符合者确定。

表 4-21　砂土、粉土、黏性土的分类

土的名称		颗粒组成		塑性指数 I_P/%	天然含水率 w/%	孔隙比 e
		粒径/mm	含量/%			
砂土	砾砂	>2	25~50			
	粗砂	>0.5	>50			
	中砂	>0.25	>50			
	细砂	>0.075	>85			
	粉砂	>0.075	>50			
粉土	砂质粉土	>0.075	<50	$3<I_P\leqslant 7$		
		<0.005	<10			
	黏质粉土	>0.075	<50	$7<I_P\leqslant 10$		
		<0.005	>10			
黏性土	粉质黏土			$10<I_P\leqslant 17$		
	黏土			>17		
	淤泥质黏土			>10	>液限 w_L	$1.0\leqslant e<1.5$
	淤泥			>10	>液限 w_L	$\geqslant 1.5$

注：1. 定名时根据颗粒级配由大到小以最先符合者确定。

2. 当砂土中小于 0.005mm 的土的塑性指数大于 10 时，应冠以含黏性土定语，如含黏性土粗砂等。

（4）《水运工程岩土勘察规范》（JTS 133—2013）和《岩土工程勘察规范》（GB 50021—2001）

海洋工程勘察中土的分类方案应用比较多的还有《水运工程岩土勘察规范》（JTS 133—2013）和《岩土工程勘察规范》（GB 50021—2001）。这两个规范首先根据地质成因可划分为残积土、坡积土、洪积土、冲积土、湖积土、海积土、风积土、人工填土和复合成因的土等。也可根据沉积时代进行下列分类：①老沉积土，即第四纪晚更新世（Q_3）及以前沉积的土，一般具有较高的强度和较低的压缩性；②一般沉积土，即第四纪全新世（Q_4）以前沉积的土，一般为正常固结的土；③新近沉积土，即第四纪全新世（Q_4）以后沉积的土，其中黏性土一般为欠固结的土，且具有强度较低和压缩性较高的特征。其次根据颗粒级配和塑性指数可划分为碎石土、砂土、粉土和黏性土，并应符合下列规定：①粒径大于2mm且质量超过总质量50%的土应定名为碎石土。碎石土可根据颗粒级配及形状按表4-20做进一步分类。②粒径大于2mm、质量不超过总质量50%，且粒径大于0.075mm、质量超过总质量的50%的土应定名为砂土。砂土可根据颗粒级配按表4-22进一步分类。

表4-22　砂土分类

名称	颗粒级配
砾砂	粒径大于2mm的颗粒质量占总质量25%～50%
粗砂	粒径大于0.5mm的颗粒质量超过总质量50%
中砂	粒径大于0.25mm的颗粒质量超过总质量50%
细砂	粒径大于0.075mm的颗粒质量超过总质量85%
粉砂	粒径大于0.075mm的颗粒质量超过总质量50%

注：定名时根据颗粒粒级配由大到小最先符合者确定。

粒径大于0.075mm、质量不超过总质量的50%，且塑性指数小于或等于10的土应定名为粉土。塑性指数大于10的土应定名为黏性土，并按表4-23分为黏土和粉质黏土。

表4-23　黏性土分类

名称	黏土	粉质黏土
塑性指数 I_P	$I_P > 17$	$7 < I_P \leq 10$

注：塑性指数的液限值由76g圆锥仪沉入土中10mm测定。

在静水或缓慢流水环境中沉积、天然含水率大于或等于36%且大于液限、天然孔隙比大于或等于1.0的黏性土应定名为淤泥性土。淤泥性土可按表4-24进一下划分为淤泥质土、淤泥和流泥。

表 4-24　淤泥性土分类

指标	淤泥质土	淤泥	流泥
孔隙比 e	$1.0 \leqslant e < 1.5$	$1.5 \leqslant e < 2.4$	$e \geqslant 2.4$
含水率 $w/\%$	$36 \leqslant w < 55$	$55 \leqslant w < 85$	$w \geqslant 85$

注：淤泥质土可根据塑性指数按表 4-23 再划分为淤泥质黏土、淤泥质粉质黏土。

4.6.5　有机质土的分类

对细粒土来说，作为土的组成部分的有机质对其工程性质影响很大，它使土具有一些特殊性质，有机质含量高的土常表现出压缩性高、透水性大、强度低、含水率高的特点。根据《岩土工程勘察规范》（GB 50021—2001），以有机质含量 Q 作为分类依据，$Q < 5\%$ 的土称为无机土，$Q > 5\%$ 的土称为有机土，$5\% \leqslant Q \leqslant 10\%$ 的土称为有机质土。有机质土的特征是灰、黑、深灰色，有光泽，味臭，除腐殖质外尚有少量未完全分解的动植物体，浸水后出现气泡，干燥后体积收缩。$10\% < Q \leqslant 60\%$ 的土称为泥炭质土。泥炭质土还可以细分为弱泥炭土（$10\% < Q \leqslant 25\%$）、中泥炭土（$25\% < Q \leqslant 40\%$）和强泥炭土（$40\% < Q \leqslant 60\%$）。泥炭质土呈深灰色或黑色，有腥臭味，能看到未完全分解的植物结构，浸水胀易崩解，有植物残渣浮于水中，干缩现象明显。$Q > 60\%$ 时称为泥炭。泥炭结构松散，质地轻，暗无光泽，干缩现象极为明显。

4.6.6　土的地质成因分类

如前所述，根据土的地质成因，土可分为残积土、坡积土、洪积土、冲积土、湖积土、海积土、冰积土和冰水沉积土以及风积土。一定成因类型的土具有一定的沉积环境、具有一定的土层空间分布规律和一定的土类组合、物质组成及结构特征。但同一成因类型的土，在沉积形成后，可能遭到不同的自然地质条件和人为因素的改变，而具有不同的工程特性。

（1）残积土

残积土（Q^{el}）是岩石经风化后未被搬运而残留在原地的松散岩屑和土形成的堆积物，它的分布主要受地形的控制。在宽广的分水岭地带，由雨水产生的地表径流速度很小，风化产物易于保留，残积土就比较厚（图 4-40），在平缓的山坡上也常有残积土覆盖。

由于残积土是未经搬运的，颗粒一般呈棱角状，无层理构造，由于细小颗粒往往被冲刷带走，故孔隙度大。

残积土与基岩之间没有明显的界线，通常经过一个基岩风化层（带）过渡到新

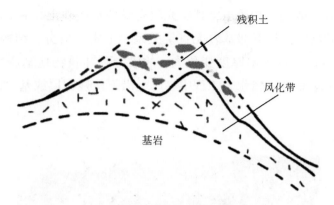

图 4-40　残积土剖面

鲜基岩，土的成分和结构呈岩屑到强风化岩的过渡变化。

山区的残积土因原始地形变化大，且岩层风化程度不一，其土层厚度、组成成分、结构以至其物理力学性质在很小范围内变化极大，均匀性很差，加上其孔隙度较大，作为建筑物地基容易引起不均匀沉降。在山坡残积土分布的地段，常有因修筑建筑物而发生下部基岩面或某软弱面的滑动等不稳定问题。

（2）坡积土

坡积土（Q^{dl}）是经雨雪水的细水片流缓慢洗刷、剥蚀，土粒在重力作用下顺着山坡逐渐移动形成的堆积物。它一般分布在坡腰上或坡脚下，其上部与残积土相接（图 4-41）。坡积土底部的倾斜度取决于基岩边坡的倾斜程度，而表面倾斜度则与生成时间有关，时间越长，搬运、沉积在山坡下部的物质越厚，表面倾斜度就越小。

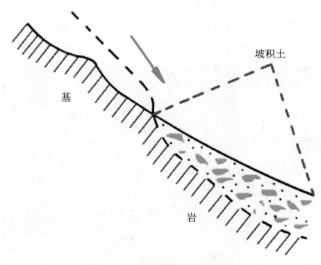

图 4-41　坡积土剖面

坡积土的颗粒组成有沿斜坡自上而下由粗变细的分选现象。在垂直剖面上，下部与基岩接触处往往是碎石、角砾土,其中充填有黏性土或砂土。上部较细,多为黏性土(图4-42);矿物成分与下部基岩无直接关系;土质(成分、结构)上下不均一,结构疏松,压缩性高,且土层厚度变化大,故常导致建筑物地基产生不均匀沉降问题。由于其下部基岩面往往富水,工程中易产生沿下伏残积层或基岩面滑动等不稳定问题。

图4-42 青岛松岭路开挖坡积土层

(3)洪积土

洪积土(Q^{pl})是由暴雨或大量融雪骤然集聚而成的暂时性山洪急流带来的碎屑物质在山沟的出口处或山前倾斜平原堆积形成的洪积土体。山洪携带的大量碎屑物质流出沟谷口后,因水流流速骤减而呈扇形沉积体,称洪积扇(图4-43)。高山口近处堆积了分选性差的粗碎屑物质,颗粒呈棱角状。高山口远处,因水流速度减小,沉积物逐渐变细,由粗碎屑土(如块石、碎石、粗砂土)逐渐过渡到分选性较

图4-43 山前洪积扇

好的砂土、黏性土。洪积物颗粒虽有上述远近而粗细不同的分选现象，但因历次洪水能量不尽相同，堆积下来的物质也不一样，因此洪积物常具有不规则的交替层理构造，并具有夹层、尖灭或透镜体等构造。相邻山口处的洪积扇常常相互连接成洪积裙，并可发展为洪积平原。洪积平原地形坡度平缓，有利于城镇、工厂建设及道路的建筑。

洪积土作为建筑物地基，一般认为是较理想的，尤其是高山前较近的洪积土颗粒较粗，地下水位埋藏较深，具有较高的承载力，压缩性低，是建筑物的良好地基。在高山区较远的地带，洪积物的颗粒较细、成分较均匀、厚度较大，一般也是良好的天然地基。但应注意的是，上述两地段的中间过渡地带，常因粗碎屑土与细粒黏性土的透水性不同而使地下水溢出地表形成沼泽地带（图4-44），且存在尖灭或透镜体，因此土质较差，承载力较低，工程建设中应注意这一地区的复杂地质条件。

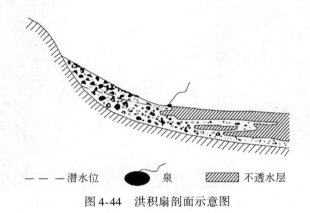

— — —潜水位　　●　泉　　▨ 不透水层

图 4-44　洪积扇剖面示意图

（4）冲积土

冲积土（Q^{al}）是由河流的流水作用将碎屑物质搬运到河谷中坡降平缓的地段堆积而成的，它发育于河谷内及山区外的冲积平原中。根据河流冲积物的形成条件，可分为河床相、河漫滩相、牛轭湖相及河口三角洲相。

河床相冲积土主要分布在现河床地带，其次是阶地上。河床相冲积土在山区河流或河流上游大多是粗大的石块、砾石和粗砂，中下游或平原地区沉积物逐渐变

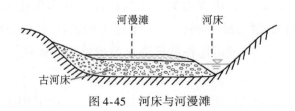

图 4-45　河床与河漫滩

细。冲积物由于经过流水的长途搬运，相互磨蚀，颗粒磨圆度较好，没有巨大的漂砾，这与洪积土的砾石层有明显差别。山区河床冲积土厚度不大，一般不超过10m，但也有近百米的，而平原地区河床冲积土则厚度很大，一般几十米至数百米，甚至千米。河漫滩相冲积土是洪水期河水漫溢河床两侧，携带碎屑物质堆积而成的，土粒较细，可以是粉土、粉质黏土或黏土，并常夹有淤泥或泥炭等软弱土层，覆盖于河床相冲积土之上，形成常见的上细下粗的冲积土"二元结构"（图4-45）。牛轭湖相冲积土是在废河道形成的牛轭湖中沉积成的松软土，颗粒很细，常含大量有机质，有时形成泥炭。在河流入海或入湖口，所搬运的大量细小颗粒沉积下来，形成面积宽广而厚度极大的三角洲沉积物（图4-46），这类沉积物通常含有淤泥质土或淤泥层。

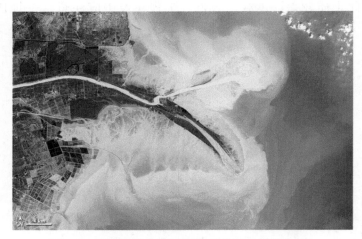

图4-46　面积宽广而厚度极大的黄河三角洲沉积物

　　总之，河流冲积土随其形成条件不同，具有不同的工程地质特性。古河床相土的压缩性低，强度较高，是工业与民用建筑的良好地基，而现代河床堆积物的密实度较差，透水性强，若作为水工建筑物的地基则将引起坝下渗漏。饱水的砂土还可能由于振动而引起液化。河漫滩相冲积物覆盖于河床相冲积土之上形成的具有双层结构的冲积土体常被作为建筑物的地基，但应注意其中的软弱土层夹层。牛轭湖相冲积土是压缩性很高及承载力很低的软弱土，不宜作为建筑物的天然地基。三角洲沉积物常常是饱和的软黏土，承载力低，压缩性高，若作为建筑物地基，则应慎重对待。但在三角洲冲积物的最上层，由于经过长期的压实和干燥，形成所谓硬壳层，承载力较下面的高，一般可用作低层或多层建筑物的地基。

　　（5）湖积土

　　湖积土（Q^l）可分为湖边沉积土和湖心沉积土。湖边沉积土是湖浪冲蚀湖岸形成的碎屑物质在湖边沉积而形成的，湖边沉积土中近岸带沉积的多是粗颗粒的卵石、圆砾和砂土，远岸带沉积的则是细颗粒的砂土和黏性土（图4-47）。湖边沉积积土具有明显的斜层理构造，近岸带土的承载力高，远岸带则差些。湖心沉积土是由河流和湖流挟带的细小悬浮颗粒到达湖心后沉积形成的，主要是黏土和淤泥，常夹有细砂、粉砂薄层，土的压缩性高，强度很低。

若湖泊逐渐淤塞，则可演变为沼泽，沼泽沉积土称为沼泽土，主要由半腐烂的植物残体和泥炭组成，泥炭的含水量极高，承载力极低，一般不宜作天然地基。

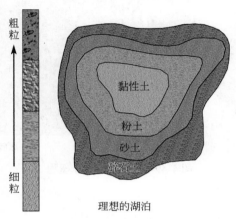

图4-47　湖泊沉积土堆积分带

（6）海积土

按海水深度及海底地形，海洋可分为滨海带、浅海区、陆坡区和深海区（图4-48），相应的四种海相沉积土性质也各不相同。滨海沉积土主要由卵石、圆砾和砂等组成，具有基本水平或缓倾的层理构造，其承载力较高，但透水性较大。浅海沉积物主要由细粒砂土、黏性土、淤泥和生物化学沉积物（硅质和石灰质）组成，有层理构造，较滨海沉积物疏松、含水量高、压缩性大而强度低。陆坡和深海沉积土主要是有机质软泥，成分均一。海洋沉积土（Q^m）在海底表层沉积的土层一般不稳定，会随着海浪不断移动变化，选择海洋平台等构筑物地基时，应慎重对待。

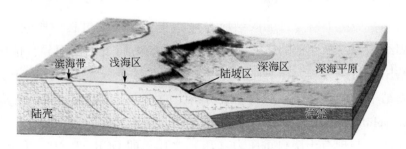

图4-48　海洋地貌和沉积物堆积形态

（7）冰积土和冰水沉积土

冰积土和冰水沉积土（Q^{gl}）分别由冰川和冰川融化的冰下水进行搬运堆积而成，其颗粒以巨大块石、碎石、砂、粉土及黏性土混合组成，一般分选性极差，无层理，但冰水沉积常具斜层理。其颗粒呈棱角状，巨大块石上常有冰川擦痕（图4-49）。

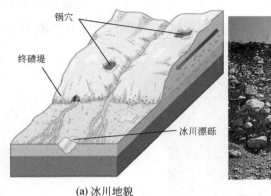

(a) 冰川地貌   (b) 冰碛物

图 4-49　冰川地貌和冰碛物

（8）风积土

风积土（Q^{eol}）是指在干旱的气候条件下，岩石的风化碎屑物被风吹扬，搬运一段距离后，在有利的条件下堆积起来的一类土。其颗粒主要由粉粒或砂粒组成，土质均匀，质纯，孔隙大，结构松散。最常见的是风成砂及风成黄土，后者具有强湿陷性。

4.7　海洋土的工程特性

4.7.1　海洋土的原位应力状态

天然土层在历史上所受过的固结应力（指土体在固结过程中所受的有效压力）称为前期固结压力，黏性土的压缩性因所经历的应力历史不同而异，按照土层所受的前期固结压力与现有压力相对比的情况，可将黏性土分为正常固结土、超固结土和不完全固结土（欠固结土）三种。在分析土的原位应力状态之前，先介绍超固结比（over consolidation ratio，OCR）的概念。超固结比又称前期固结比，为土的前期固结压力（P_c）与现有土层自重压力（P_0）之比，即 $OCR = P_c/P_0 =$ 有效上覆压力/目前土层承受的自重压力。

正常固结土：$OCR = 1$，$P_c = P_0$，即土层的固结一直随土层的自然沉积而相应发生，在固结过程中没有受到侵蚀或其他卸荷作用。对于一般正常沉积，且在自重压力下固结完成的土层，均处于正常固结状态［图4-50（a）］。

超固结土：$P_c>P_0$，即原来正常固结的土层由于后来的侵蚀、冲刷、冰川等卸荷作用，或者由于古老建筑物的拆除，地下水位的长期变化，以及土的干缩等作用，使土层原有的密度超过了现有自重压力相对应的密度，形成超压密状态［图4-50（b）］。

不完全固结土：$P_c<P_0$，即土层在自重压力下还未完成固结［图4-50（c）］。

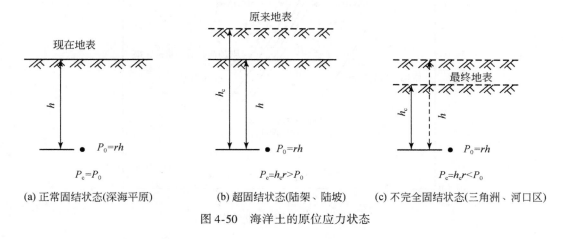

(a) 正常固结状态(深海平原)　　(b) 超固结状态(陆架、陆坡)　　(c) 不完全固结状态(三角洲、河口区)

图4-50　海洋土的原位应力状态

一般而言，陆架和陆坡上的沉积物处于超固结状态，三角洲沉积物处于不完全固结状态，深海平原沉积物处于正常固结状态。海洋正常沉积过程所形成的海洋土应是正常固结的，但因沉积环境的改变海底土有时在同一地区上下土层可能处于不同的固结状态。

4.7.1.1　超固结作用的可能机制

超固结作用起因于固结后的应力解除，这是陆上条件下的主要机制，如图4-50（b）所示，虚线表示以前的地表，后来由于流水或冰川的剥蚀作用而形成现在的地表，因此$P_c>P_0$。海洋条件下它可能是浅水环境下的海洋侵蚀和以前冰川作用的影响而引起，也可能由于以往波浪加载的影响引起，特别是浅水区，前期固结压力得以增加，其过程包括以下几种。

（1）蠕变或者二次固结

它是在恒定有效应力下，导致孔隙比的减小，从而导致前期固结压力明显提高。已有的研究表明，二次压缩分两个压缩阶段（图4-51）：①直接压缩，在没有达到平衡孔隙比值之前，与有效应力变化同时发生。"直接压缩"使孔隙比不断减小，在此情况之下，沉积物的结构有效地支撑上部压力。②滞后压缩，在恒定的有效应力下体积减小。滞后压缩随时间而增加，并导致了抵抗进一步压缩的"储备抵抗力"的产生和"准前期固结压力"P_c'的出现，它同样也随时间而加强，在后来加载时土体会出现超固结一样，直到有效应力达到P_c'以后，压缩才沿瞬时的压缩曲线进行。

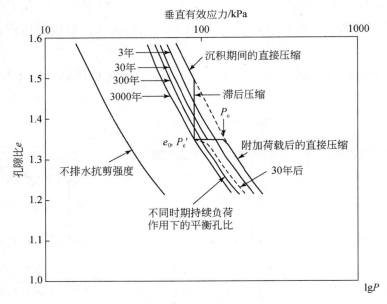

图 4-51　二次固结曲线图

（2）胶结作用

胶结作用是由于胶结物质的沉降而产生的化学黏合的发展，这样的黏合常发生在颗粒的接触部位，并且可能是由碳酸盐、铝和铁的化合物等黏合剂的变化引起的。胶结作用在钙碳酸盐含量高的钙质土中特别重要。

（3）触变硬化

触变硬化能导致土体物质成分不变的情况下，强度随时间增加而增大，从而引起前期固结压力增加。触变的影响在蒙脱石中最为显著，高岭石中最为轻微。

4.7.1.2　不完全固结作用的可能机制

不完全固结通常与土体中超孔压的存在有关。按有效应力原理，不完全固结土的原位有效应力 σ'（$\sigma'=\sigma-u$），要小于上覆土的有效覆盖压力 $r'z$，如果总应力不变，则有效应力 σ' 与孔隙压力（u_a，u_w）大小有关，因此造成超孔隙水压力的因素也就是不完全固结土存在的可能机制，归纳起来有以下四种。

（1）快速沉积作用

在快速沉积期间，随着超孔隙水压力的增加，总应力也增加，但超孔隙水压力的消散可能非常慢，它取决于沉积厚度及固结系数，还有排水情况。因此，有效应

力 σ' 小于最终值 $r'z$，土体将保持不完全固结状态，直到超孔隙水压力 u 消散到与静水压力相等，即 $\sigma'=r'z$ 时沉积呈正常固结状态［图 4-52（a）］。

（2）沉积物中气体的产生

这里主要是指沉积物中的密闭气体，它的压力可能导致沉积物的超孔隙水压力增加，从而造成有效应力 σ'（$\sigma'=\sigma-u$）小于土体相应的上覆自重应力 $r'z$，即土体处于不完全固结状态［图 4-52（b）］。

密闭气体是与大气相通的吸附气体或游离气体转换而成的，或者是由生物作用形成的。当生物气体在原地产生时，它生成于溶液中，并溶解在饱和土的孔隙水中，当更多的气体产生时，孔隙水中的气体达到饱和极限，此极限值取决于总的应力状态。当超过气体的饱和极限时还会有自由气体聚集，使该处原位孔隙压力增大，总的孔隙压力是 u_a+u_w，气体产生越多，孔隙压力越高。

（3）沉积物中渗透压力的存在

土层中的地下水或海水，只要有水头差的存在（地形或涨落潮的影响），受到静水压力的作用，就会有一个渗透压力，此压力可使孔隙水压力增大，尤其是在有水流溢出的地表处，有效应力 σ' 将等于总应力减去原有孔隙水压力，再减去孔隙中渗透的这一部分孔隙水压力 $\sigma'=\sigma-u_0-u_i$

李安龙等（2004）认为海底渗流产生的超孔隙压力在滨外是非常普遍的现象，尤其是在开采石油资源的地方和海岸附近［图 4-52（c）］。

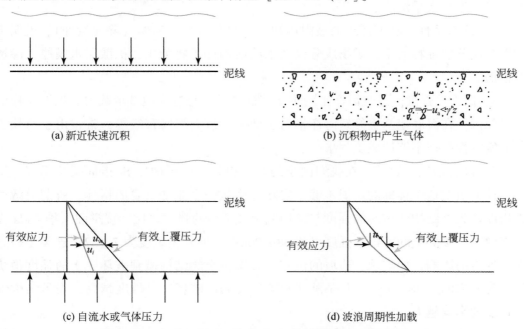

（a）新近快速沉积   （b）沉积物中产生气体

（c）自流水或气体压力   （d）波浪周期性加载

图 4-52 不完全固结的可能机制（冯秀丽和沈渭铨，2006）

（4）波浪诱导的重复加载

大的风暴产生的周期性荷载，能够在土层中产生超孔隙压力（u_w），尤其是在饱和的软土中，这样又将使有效应力 σ' 小于有效上覆压力 $r'z$。对于低渗透性的沉积物而言，一次风暴产生的孔隙水压力可能叠加在早期风暴和其他机制产生的孔隙水压力上，使土层的有效应力进一步减小，但风暴引起的有效应力减小是一个短暂现象，因为超孔隙水压力在风暴潮期间或风暴潮之后将趋于消散。风暴潮过后，孔隙水压力消散时，土体又可能处于正常固结或超固结状态［图 4-52（d）］。

4.7.2　一般海洋土的工程特性

海洋是陆源碎屑沉积物风化剥蚀搬运沉积的最大接收场所。尽管海上波涛汹涌，但大部分海底却异常平静，以致最细小的颗粒也能沉积下来。受沉积环境的影响，一般海洋土的工程性质归纳起来有以下特征。

1）高含水量。海洋土大部分为软土，其含水量大都超过了 50%，说明孔隙中充满了水，而且天然含水量可能大于液限，特别是海底泥炭类土，天然含水量高达 1000%，可以想象跟流动的流体差不多。

2）大孔隙比、高压缩性。海洋土的孔隙比大多超过 1，说明土体中孔隙的体积超过了固体体积的 1 倍甚至 2 倍以上。与其对应的压缩系数非常大，这类土体受压缩后必会发生大量沉降。

3）低渗透性。从海洋土的液限可知，w_L 都在 40%~54%（除泥炭外），说明土的颗粒成分以细粒为主，矿物成分以亲水的活动性矿物为主，扩散层水膜厚，渗透性很低。

4）低天然强度。这是海洋土的主要特性之一，是造成地基承载力和边坡失稳的主要原因。在海底地基上修筑海洋平台、油罐、敷设海底管线等，常常由于对软土的强度特性掌握不够造成工程事故。

5）高灵敏度。目前，在我们国家的勘察报告中，灵敏度 St 指标反映不多，工程设计人员对这个指标的认识不够。实际上这是一个非常重要的指标。所谓灵敏度是指保持天然结构状态时的强度与结构完全破坏后的强度之比，现举渥太华 Lada 黏土来说明。该类土的不排水强度可达 38~96kPa，但其灵敏度为 7~32，这类土一旦受到外力的影响，如震动、边坡的位移等影响，土的结构遭到破坏，土的强度很快下降为原来的 1/28~1/7。工程很可能遭到毁灭性破坏。灵敏度越高，表示结构性对强度的影响越大。

6）高液化性。细颗粒砂质沉积物在外力作用下，孔隙水压力增高，相应地降低了土粒中的有效应力，当有效应力趋近于零时，全部荷载由孔隙水压力承担，土粒则悬浮于水中，土体液化处于流动状态。

7）高触变性。海洋环境中，黏土颗粒接触面的胶结对沉积物的性质影响很大，正常情况下，土粒间因胶结的作用有一定的结构联结，外力扰动时，破坏了这种联结，强度骤然降低，土体呈软塑和流动状态。若外力撤除，土体处于静置状态后，由于土粒间的凝聚作用，沉积物的强度又随时间的延长而恢复。此触变过程可以多次重复发生，但在整个过程中，没有成分的改变。

8）高蠕变性。黏土质海洋沉积物在固定不变的或连续变化的没有超过极限临界值的应力作用下，随时间的增长而发生缓慢长期的变形。当沉积物的变形和强度降到一定的程度将导致土体的破坏。

9）高流变性。对于淤泥类软土，因其含水量较高，在一般情况下，会表现出一定程度的流变特性。其中一种是在外加荷载不变的条件下，变形仍随时间的增加而增加。另外一种是在外加荷载不变的条件下，剪切强度随时间的增加而降低。前者为固结流变，后者为剪切流变。在工程设计中，如果不能充分考虑这两种效应，可能会给工程带来严重的后果。

4.7.3　特殊海洋土的工程特性

在广阔的海底，地质条件复杂，有很多陆地上见不到的土类，工程性质各异，由于地质环境、物质成分及次生变化等原因，这些海洋土具有与一般土类显著不同的特殊工程性质。当其作为建筑场地、地基和建筑环境时如不注意这些特点，并采取相应的措施将会造成工程事故。我们把这种具有特殊性质的土称为特殊海洋土。

海底分布着大量的快速沉积或者絮凝沉积的不完全固结的无机黏土，如深海红黏土、珊瑚岛礁附近的富含碳酸钙的钙质土及深海盆地的生物硅质土等。

4.7.3.1　无机黏土

海洋黏土沉积与陆上黏土沉积的差异在于海洋沉积物中保存了原位应力状态并可能有气体存在，但大量实验资料证明，海洋黏土和陆地黏土的基本性质是相同的，因此陆地黏土工程性质中的某些关系可应用到海洋中，特别是在滨海地区，如天津、塘沽等地的软土性质与渤海中的软土在成因、物质来源、结构特性及工程性质等方面都是基本上相同的。又如，陆上及近岸沉积物中粉砂和黏土的平均比重为2.67，深海红色黏土的平均值为2.70，其塑性指数随深度增大而增大，由于水深对沉积作用的影响，液性指数在软黏土中为 1~1.5 的比较常见，等等。

Meyerhof（1979）总结了近岸滨外黏土塑性特征的一些资料，连同一些大洋、陆架黏土的资料一起显示在图4-53中。这些土体中有许多种土几乎都由同一线上的点来代表，这些线在图上的位置大都平行于 A 线，有的在 A 线之上，有的在 A 线之下，前者代表不同程度压缩性和塑性的无机黏土，后者为取自大西洋、波罗的海和东太平洋的黏土，具有较高的有机质含量。

Meyerhof（1979）的资料表明，塑性指数随深度增加而增大，可能是由于水深对沉积作用的影响。液性指数在软黏土中为 1~1.5 比较常见，但在硬黏土中可能很小，甚至小于零。

前人总结了不同海洋土的一些资料，列于表 4-25 和表 4-26 中。黏土和粉砂的比重一般在 2.60~2.75，与陆地上的土具有相似的特征。陆上及近岸沉积物的平均比重为2.67，深海红色黏土的平均值为 2.70，深水中沉积物的塑性指数和含水量往往很大。

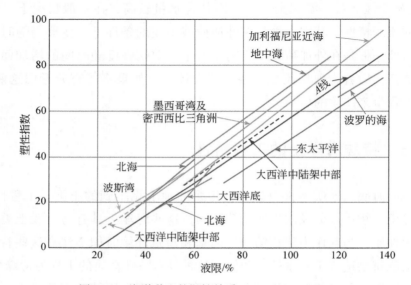

图 4-53　海洋黏土的塑性关系（Meyerhof，1979）

表 4-25　圣地亚哥海槽黏土质粉砂的工程性质

特性	分析的样品数 /个	平均值	标准差	变化范围	
				最小值	最大值
粉砂/%	44	11.4	3	1	17
粉砂/%	44	61	6	52	77
黏土/%	44	35	7	15	46
孔隙比	226	3.4	0.6	1.3	4.7
含水量/%	583	125	28	43	249
液限/%	58	111	19	50	144
塑限/%	58	47	6	35	59
塑性指数	58	64	6	14	85
天然密度（原位）/(g/cm^3)	1044	1.27	0.04	1.21	1.35

资料来源：Richards 等，1975。

表 4-26　缅因湾陆架水深 245～287m 处的粉砂、黏土的工程性质

特性	分析的样品数/个	平均值	标准差	变化范围	
				最小值	最大值
砂/%	162	<1	1	0	7
粉砂/%	162	44	11	23	75
黏土/%	162	56	11	25	77
孔隙比	224	4.2	0.5	2.5	6.2
含水量/%	496	163	25	87	322
液限/%	32	124	17	67	142
塑限/%	32	47	5	29	53
塑性指数	32	78	13	38	91
天然密度（原位）/(g/cm³)	224	1.33	0.04	1.24	1.50

资料来源：Richards 等，1975。

下面从抗剪强度、固结特性、变形参数等几个方面来讨论海洋无机黏土的工程特性。

（1）抗剪强度

研究表明，在正常固结或不完全固结的情况下，海洋黏土的不排水抗剪强度不高，它虽随深度增加而增大，但增大的数值并不高，如加里曼丹岛第四纪三角洲沉积的黏土在 45m 深度处的抗剪强度仍然只有 25～30kPa，渤海湾的黏土沉积也有类似情况，超固结的北海硬黏土的不排水抗剪强度也出现不随深度改变的趋势。

由于取样扰动、测试过程及使用仪器的影响，不排水抗剪强度的测定可能会不准确或比较发散。为了消除这些影响可将室内测定的强度进行标准化（归一化），并与固结比建立关系。实现步骤就是把高质量的未扰动样品在无侧向应变（k_0 状态）下固结到垂直有效应力超过原位有效覆盖压力，然后卸荷到某一合适的垂向压力来给出所需的 OCR，接着对样品垂直加荷直到破坏获得不排水抗剪强度 S_u，尽管在高强度结构或胶结的黏土中有特例，标准化后许多黏土发现具有相似的性质。标准化的概念可用到海洋黏土中。

对于正常固结的黏土，S_u/σ'_{v0} 和 OCR 之间关系近似如下

$$\frac{(S_u/\sigma'_{v0})_{oc}}{(S_u/\sigma'_{v0})_{nc}} = (OCR)^m, \quad m>0.8 \tag{4-31}$$

在陆上或海上的岩土勘察中，经常使用不排水抗剪强度 S_u。按照摩尔-库仑破坏准则，不排水抗剪强度应包括两个强度参数 c' 和 φ'。对于正常固结的黏土，$c' = 0$，φ' 随 I_p 而变化。标准的不排水抗剪强度可用有效应力强度参数 c' 和 φ' 来表示

$$\frac{S_u}{\sigma'_{v0}} = \frac{k_0 + A_f(1-k_0)\sin\varphi' - (c'/\sigma'_{v0})\cos\varphi'}{1 + (2A_f-1)\sin\varphi'} \tag{4-32}$$

式中，k_0 为静止土压力系数；A_f 为破坏时的孔隙压力系数；σ'_{v0} 为初始垂向有效应力。

对于正常固结的黏土，$k_0 \approx 1-\sin\varphi'$；对于超固结土，$k_0 \approx (1-\sin\varphi')(OCR)^{\sin\varphi'}$。$A_f$ 取决于 OCR，随 OCR 增大而快速减小，典型情况下，OCR = 1，$A_f = 0.6 \sim 1.0$；OCR = 8～10，$A_f \rightarrow 0$；当 OCR 最高时，A_f 有可能为负值。

（2）固结特性

土体的固结特性主要通过土体的压缩特征来体现，即压缩系数 a_{1-2}、固结系数 C_V、压缩指数 C_C、固结度 U。土体的一维压缩性普遍采用的是 $C_C = \dfrac{e_1-e_2}{\lg p_2 - \lg p_1}$，它代表有效应力变化的每个对数周期孔隙比的变化。

对于正常固结的黏土，C_C 往往会随液限 w_L 的增加而增加，在相同的液限下，海洋土的压缩性高于陆地。一般来说，C_C 有随离岸距离增加而增大的趋势，这可能是由于沉积速率较低，沉积后土的结构松散所致。

海洋土的固结系数 $C_V = \dfrac{K(1+e)}{a_v r_w}$，大致在 $10^{-4} \sim 10^{-3}$ cm²/s 变化。表 4-27 收集了世界各地海洋土的固结系数资料，从表中可看出，尽管在有些黏土中 C_V 值可能超过 0.1 cm²/s 或更大量级，它们与陆上相似塑性的土还是类似的。

表 4-27　海洋土的固结系数 C_V 值

地点	土的类型	e_0	$C_V/(\mathrm{cm^2/s})$
缅因湾	粉砂质黏土	4.2	5×10^{-4}
拉霍亚峡谷	黏土质粉砂	3.2	2.7×10^{-4}
拉霍亚扇形地	粉砂	4.0	5×10^{-4}
Bird 礁	粉砂	1.2	35×10^{-4}
Loma 角	粉砂质砂	1.5	7×10^{-4}
科罗拉多陡坡	粉砂质黏土	4.6	1×10^{-4}
圣地亚哥海槽	黏土质粉砂	4.6	2.8×10^{-4}
大西洋	浊流沉积	1.5	63×10^{-4}
阿拉斯加湾	冰川黏土	—	11×10^{-4}
大西洋中部	粉砂质黏土	0.5	$(20\sim140)\times10^{-4}$
大陆架	黏土	2.2	$(20\sim140)\times10^{-4}$
日本播磨滩	黏土质粉砂	2.0	4×10^{-4}

资料来源：Poulos，1988。

Poulos 和 Marine（1988）介绍的已发表的海洋黏土蠕变资料很少，对陆上黏土，Mesri 和 Godlewski（1979）发现其次压缩（二级压缩）系数 $C_{ae} = \Delta e / \lg \dfrac{t}{t_c}$ 与压缩指数 $C_e = \Delta e / \lg \dfrac{p_2}{p_1}$ 之间存在紧密的关系，除含有机质高的泥炭和高灵敏度的黏土外，陆上黏土的 C_{ae}/C_e 值在 0.03～0.07。Bryant 等（1974）发表的 Desoto 峡谷扇形地样品的资料表明，C_{ae}/C_e 值在 0.03～0.05，其值也在上述范围内，它再次证明了海洋无机黏土与陆上无机黏土的工程地质性质是可以比较的。

（3）变形参数

土体的变形参数一般通过压缩试验获得，通过弹性模量 E_s、剪切模量 G_s 和泊松比 ν 三个参量来反映，对于高度非线性的土体，三轴试验可获得侧限压缩模量或侧限变形模量 E。除此之外，还可以通过原位测试（测定声音在土体中的传播速度 V_p）来求得，因此很多研究者通过声波速度 V_p 和空隙率或平均粒径之间的相互关系，来估计土中的弹性模量 E_s。

$E = \rho V p^2$，其中 ρ 为土的质量密度。对于弹性物质，E 与 E_s 和 V_p 的关系如下

$$E_s = \frac{(1-\nu) \ E}{(1+\nu) \ (1-2\nu)} \qquad (4\text{-}33)$$

表 4-28 提供了不同沉积环境和类型海洋沉积物中的土的质量密度（mass density）和土体中的声波传播速度 V_p。从这份资料中可以看出，V_p 和密度 ρ 均随粒径减小而减小，这就意味着土的弹性模量 E_s 也随粒径减小而减小。

表 4-28　海洋土的密度和声波传播速度

沉积环境	土的类型	$\rho/(\text{g/cm}^3)$	$V_p/(\text{m/s})$
大陆阶地	粉砂	1.77	1623
	粉砂质黏土	1.42	1520
深海平原	粉砂	1.60	1563
	黏土	1.36	1504
深海丘陵	黏土质粉砂	1.35	1527
	红色黏土	1.34	1499

资料来源：Hamilton，1979。

Ladd 等（1977）采用标准化的岩土工程性质提供了七种不同类型的正常固结土的典型不排水单剪试验的结果，结果表明标准化的不排水弹性模量随施加应力的增大显著地减小，随超固结比 OCR 的增大而减小。特别是当 OCR 超过 2 时，Esrig 等（1975）提供的对于正常固结的密西西比三角洲土体的研究结果与美国波士顿蓝黏土数据非常一致，再次证明海洋黏土与陆地黏土性质的相似性。

4.7.3.2 钙质土

（1）工程特性

在海洋工程地质学中把含 $CaCO_3$ 超过 30%，而陆源黏土、粉砂含量小于 30% 的远洋沉积称为钙质土。根据固结度不同又可分为钙质软泥、白垩（固结）和石灰岩（硬）。其中钙质软泥分布最广，约占洋底面积的 47.7%。钙质软泥根据生物门类又可分为有孔虫软泥、钙质超微化石软泥及翼足类软泥等。这些钙质土主要分布在 30°N~30°S 的海域。除这些远洋土外，在赤道附近低纬度地区还有大量的珊瑚礁沉积，也属于钙质土。在海洋工程地质中将钙质碳酸盐含量大于 15% 的各种海洋土都归于钙质的海洋土。因为当碳酸盐含量超过 15% 时，对土的工程性质已有比较明显的影响。表 4-29 给出了钙质土有效抗剪强度特征的一些资料，由表中可以看出其有效内摩擦角 φ 比较大，通常大于硅质砂。表中试验类型一栏中的 CIU 是固结不排水三轴试验，CID 是固结排水三轴试验。

表 4-29 钙质土的有效应力强度参数

取土地点	土的类型	碳酸盐含量/%	试验类型	围压或轴向压力/kPa	C/kPa	φ/（°）
拉不拉多海盆	硅质灰泥岩	20.65	CIU		2~7	31~37
印度西海岸和阿拉伯海	生物碎屑碳酸盐	>85	CID	100	0	49.5~51.0
				1500	3~9	29~30
				100	0	42.0~44.5
				6400	0	40.5~42.0
巴士海峡、澳大利亚	碳酸盐砂	88	CID	138~897	0	46.3~40.4

资料来源：Datta 等，1979。

（2）影响钙质工程性质的因素

影响土的抗剪强度的因素很多，对钙质土（碳酸盐沉积物）而言，主要考虑以下四种效应。

1）碳酸盐含量效应。研究（表 4-30）发现，碳酸盐含量对抗剪强度的影响，随着碳酸盐含量增加，φ 值增大，土被破坏时，孔隙水压力系数（A_f）减小。碳酸盐含量与土塑性之间也存在重要的关系，研究显示，随着碳酸盐含量的增加，这类土的液限和塑限指数在减小，表现为具有粒状土的特征。

表 4-30　碳酸盐含量对强度参数的影响

碳酸盐含量	C'/kPa	φ'/(°)	A_f
25	0	27.7	0.70
25～40	0	29.4	0.55
40～60	0.7	31.0	0.40
>60	0.7	31.3	0.25

资料来源：Demars 等，1976。

2）胶结效应。在已经胶结起来的碳酸盐沉积物上进行固结不排水三轴试验结果表明，在很小应变下（ε<5%），胶结的样品实际上不产生孔隙压力，但在较大的应变下，颗粒胶结开始破坏，并产生出显著的孔隙压力。在应变 ε=5% 的情况下，孔隙压力系数能达到 1.2。澳大利亚大陆架碳酸盐样品的试验表明，在小应变的情况下，此种样品如同一块软的岩石，在较大的应变下（当应力状态超出胶结作用的屈服轨迹时）胶结作用破坏，碳酸盐样品会变成像未胶结的粉砂一样，此样品的胶结作用破坏大约发生在 1～5MPa 的压力上，它取决于胶结物胶结的强度。表 4-31 给出了一些钙质土的不排水强度 S_u 的资料，S_u 已根据初始垂向有效应力 σ'_{v0} 进行了标准化。从表中可见，除明显超固结的致密含钙质的软泥外，S_u/σ'_{v0} 及 A_f 值都与陆上粉砂的经验值相似（为了减小实验室强度测定和原位强度测定的差别，Ladd 提出测定的不排水抗剪强度按有效覆盖压力进行标准化）。

表 4-31　钙质土的不排水抗剪强度

土的类型	碳酸盐含量/%	地点	S_u/σ_{v0}	A_f
硅质泥灰岩	25～65	拉不拉多湾	0.5～0.7	0.3～0.6
致密的含钙质软泥（含钙的粉砂）		大西洋	1.46～1.87	0.23～0.27
松散沉积的含钙的软泥（含钙的粉砂）		大西洋	0.34～0.37	0.19～0.40
含钙的软泥（含钙的粉砂）		太平洋	0.58	0.29
碳酸盐黏土（含少量泥）	>90	大洋洲的西北部	0.35～0.87	

资料来源：英德比岑，1981。

3）平均有效应力效应。根据峰值应力比来定义，φ 值将随平均有效应力 p 的增大而减小，Poulos 等（1982）发现 φ' 和 p' 之间的关系可以表示如下

$$\varphi' = a - b\lg(p') \tag{4-34}$$

式中，p' 为平均有效应力，kPa；φ' 以度表示。a、b 为经验值，取决于不同的土类，与土的初始密度和组分有关。

随着平均有效应力增加，土从破裂时膨胀变化到更具塑性的性质，在此情况下剪切时呈现出体积的减小。此种转变一般在较低的围压时出现，量级为 200kPa，它

与硅质砂的性能形成鲜明的对照，陆上砂通常在 2MPa 量级的围压下呈现出这样的转变。在基础设计中，周围应力低时土体积减小性质有很大的意义，因为它往往会减小承载力。

4）压碎效应。Datta 等（1979）把 φ' 值随平均有效应力增大而减小归因于颗粒的压碎效应，并找到了以下的颗粒压碎程度和三轴试验中测定的摩擦角减小之间的经验关系

$$\frac{k}{k_1} = (C_c)^{0.6} \tag{4-35}$$

式中，k 为最大主有效应力比；k_1 为在 100kPa 围压下的 k 值；C_c 为压碎系数，表示受压土的小于 d_{10} 值的颗粒百分含量与原状土的小于 d_{10} 值的颗粒百分含量之比（d_{10} 为小于土粒重量 10% 的粒径）。

对承受高围压并在随后的排水三轴试验中破裂的土而言，Datta 等（1979）测出可达 7 的 C_c 值。在随后的一系列不排水三轴试验中，他们发现，根据峰值有效应力比定义的 φ' 值仍随平均有效应力的增大而减小。但是，如果根据最大偏应力来定义，φ' 值仍保持明显的稳定并不依赖于围压。但是最大偏应力下的 φ' 值在所有情况下都小于根据峰值应力比确定的值，他们推断，压碎的发生随平均有效应力的增加、剪应力的施加、颗粒棱角的增加、颗粒大小的减小、颗粒间孔隙的增加和片状贝壳碎片的增加而增长，随矿物硬度减小而降低。Datta 等（1980）的试验表明压碎基本上取决于土中形成的永久应变，并不受加荷类型的影响（不论是静态还是周期的）。

我国南沙群岛有许多由钙质土（珊瑚成因的碳酸盐地层）形成的岛礁，随着南海海上石油的开发利用和军事上的需要，岛礁区钙质土工程地质性质的研究越来越重要，在国家科学技术委员会"八五"重大科技攻关项目的支持下中国科学院武汉岩土力学研究所和中国科学院南海海洋研究所对永暑礁、渚碧礁、华阳礁、信义礁、皇路礁、半月礁、三角礁进行了工程地质调查。通过钻探和原位测试发现，珊瑚礁坪地层的工程性质有着较大的变化，从高压缩性、低胶结度的粉砂层到高胶结度的具有岩石性质的块状珊瑚同时存在，钙质土具有质脆、易碎、强度分布随机性、颗粒粒径随机性及大量空洞等高度变异性，加上颗粒本身在外力作用下容易压碎等特点，使钙质砂的工程性质不同于陆源的石英砂。由于钙质砂的强度比石英砂低得多，因此对钙质砂勘测的标准贯入试验中静力触探试验和动力触探试验结果均不能用规范中规定的办法来判定其工程性质。一维固结试验提示，钙质砂的孔隙比与有效应力的对数之间的关系并不总是线性的，在高的压力下，压缩性有明显降低的趋势。另外，C_c 通常随碳酸盐含量增加而减小。

4.7.3.3　硅质土

与无机黏土和钙质土相比，生物硅质土性质的资料很少。这类沉积物多半存在于相对较深的水中，远离大陆边缘、远离油气开采区，因此长期以来，工程界对它的重视比较少，这是造成目前资料不足的原因之一。

（1）硅质软泥

在海洋沉积学中将生物骨屑含量占50%以上，硅质生物遗骸含量大于30%的沉积物称为远洋硅质沉积物，在这类沉积物中最常见的是硅质软泥，根据生物类型又可分为硅藻软泥和放射虫软泥两种。硅质软泥在各大洋中的分布面积占大洋总面积的14.2%，主要分布在三个带：太平洋赤道带、环北极的不连续带和环南极连续带。赤道带以放射虫软泥为主，两极地区以硅藻软泥为主。

硅质软泥具有比重小（平均比重为2.45，最低值为2.30）和低容重（平均为1.12g/cm^3）、高孔隙度（89%）和高含水量（平均为389%）的特点，其强度很低，压缩性很高。

（2）硅藻黏土

在北太平洋盆地的北边有一广阔的区域，其中分布有混杂着硅藻贝壳、浮冰搬运的岩屑以及火山灰和邻近陆地搬运来的陆源组分，以斑状结构为特征的硅藻黏土，其平均粒径为2.42μm，平均有效容重为1.34g/cm^3，平均含水量为152%，平均孔隙度为77%，同样具有低强度和高压缩性的特点。

4.7.3.4　半远洋沉积物

出现在所有大陆边缘斜坡和大陆隆上部，是陆源碎屑沿大陆坡搬运快速堆积形成的。它在北太平洋的平均粒径为3.369μm，有效容重为1.51g/cm^3，含水量为90%，孔隙度为67%。其在北大西洋的平均粒径为3.24μm，有效容重为1.58g/cm^3，含水量为80%，孔隙度为65%。

第 5 章 | 海洋灾害地质现象 及其对工程建设的影响

活动的海床对坐落在底床上的工程将构成直接危害，而静止海床下某些异常地质体可能对海底工程造成持续伤害，这要求我们必须清楚地了解工区海底的灾害地质现象的类型、范围、活动性、影响因素、发生机理及这些现象可能对工程造成的危害。

5.1 概　　述

海底工程地质与灾害地质学是随着近海油气资源的大规模开发和海洋工程建设的迅速发展而建立起来的一门新的边缘学科。海洋油气开发经历了一个由近岸、浅海到深海的发展过程。从 1897 年到 20 世纪 40 年代初，是海洋石油开发的初始阶段，主要工程设施是木结构平台和人工岛，只能在水深小于 10m 的近岸采油，海洋地质灾害尚未引起足够重视。第二次世界大战后世界经济的迅速发展，带来对能源需求量的快速增加，"三湾、两海、两湖"相继发现丰富的油气资源，沿海各国将能源开发的重点转向海洋。从战后到 60 年代末的 20 多年中，海洋调查技术由军用逐渐转为民用，推动了海上石油勘探向大陆架的迈进，作业水深已超过 200m，与之对应的海上移动式钻井装置发展迅速，当时的灾害地质研究主要是围绕钻井灾害和平台场址小范围进行的。石油工业向海洋的挺进推动了对海底地质过程的了解，加深了人们对海洋灾害地质现象的认识，海洋灾害地质调查方法也日趋成熟。20 世纪 70~80 年代，随着平台和钻井技术的发展，海洋油气勘探开发水域范围进一步扩大，作业水深超过 500m，成功开发了北海和墨西哥湾大陆架深水区油气资源。此时海洋灾害地质研究也扩展到陆架深水区，并结合区域性的工程地质调查进行。以美国科学家为首的工程技术人员形成了一套从浅水到深水的海底灾害地质评价方法，特别在海底土体滑移分析、砂土液化评价等方面取得显著进步。在此期间，海洋土工调查技术得到迅速发展，深海土工调查也开始进行，有关海洋灾害地质的理论著作和文献呈井喷趋势。

20 世纪 90 年代至今，海洋油气勘探开发取得巨大进步，作业水深不断刷新，2002 年达到 3000m，全球发现了近百个深水油气田，作业范围已从北海、墨西哥湾等传统地区扩展到西非、南美及澳大利亚大陆坡等海域。这一时期海洋灾害地质的调查研究亦扩展到水深大于 500m 的大陆坡海域，陆坡土体失稳以及天然气水合物等灾害地质因素成了研究重点。

我国的海洋灾害地质研究始于 20 世纪 50 年代末沿海工程建设引起的海岸带地质灾害，到 20 世纪 80 年代中期，青岛海洋大学河口海岸带研究所开展了黄河口水下三角洲区的灾害地质现象研究。国内对于海洋（大陆架）灾害地质的调查研究是 20 世纪 80 年代初期随着海洋油气的大规模勘探与开采而发展起来的，围绕陆架采油区进行了区域工程地质调查与灾害地质评价工作。进入 20 世纪 90 年代以来，中国政府积极响应国际社会号召，在"联合国国际减灾十年"的推动下，把海洋减灾纳入国家经济和社会发展规划。从此，海洋灾害地质的调查研究以及防灾减灾工作进入了一个新的阶段，近 30 年来取得了一系列的重要成果。我国的深水油气资源集中在南海水深 300～3000m 海域。2006 年 6 月在珠江口盆地 29/26 深水区块内发现了荔湾 3-1 天然气田，2009 年 2 月完成该区块钻探的第一口评价井"荔湾 3-1-2"，在工程选址和管道路由与平台场址调查中，国内工程勘察单位与辉固国际集团合作，对处于水深 600～1500m 陆坡的土体稳定性进行了调查研究，揭开了我国深海海洋灾害地质研究的序幕。可见，伴随着油气资源开发而发展起来的海洋灾害地质学，作为一门新的边缘应用学科登上了现代海洋地质科学的殿堂，以其理论与实践紧密结合，获得了广泛的应用，成为海洋开发工程中减灾防灾的有力手段。

5.2　海洋灾害地质的类型划分

5.2.1　海洋灾害地质的特点

灾害地质作用是指由地球内力或外力产生的对人类工程可能造成危害的地质作用，而地质灾害是指由自然因素或人为活动引发的危害人民生命和财产安全的灾害地质现象。可见，灾害地质作用是地质作用的一种形式，如果没有遇到人类工程活动，则只是一般的地质作用。地质灾害是地质作用发生对人类活动产生的结果。任何灾害地质作用的发生、发展和分布有其自身的规律和特点，发生在海洋中的灾害地质作用也不例外。它们的主要特点有以下几点。

1）海洋灾害地质成因上的复杂性。就灾害成因而言，有因内力地质条件而产生的地震、火山等；有因外力地质条件产生的如滑塌、塌陷等；还有人为地质作用产生的地面沉降、山体滑坡。海洋中波浪、潮流等外力可能更为强劲，人类工程活动可能破坏海洋环境，海洋灾害地质作用的发生可能是多种因素共同作用的结果，具有较强的复杂性。

2）海洋灾害地质发生的随机性和不规则周期性。灾害地质作用是在多种地质条件下形成的，它既受地球内力作用控制，又受地表性质、结构和形态等因素的影响，也受人类活动的影响，地质灾害活动的时间、地点、强度具有很大的不确定性。这些灾害地质现象无论是内力条件还是外力条件产生的都具有活动的周期性特点。如地震活动，每次震后都有一个应力孕育和能量储存时期，即为应变积累和释放的过程，具有一定的周期性；还有一些灾害如滑坡、滑塌等具有一年到几百年的不同尺度的周期性活动规律，对海底灾害具有重要影响的海流、大洋环流和大气环流也呈现一定的周期性特点。

3）海洋灾害地质过程的群发性和区域性。海洋灾害地质多以灾害点和灾害群的形式发生，就个别而言，具有偶然性和局限性，但从总体上看它们不是孤立的，而是受区域地质构造、地层结构、岩性、潮汐潮流、地震、地形等条件的制约，具有群发性和区域性，一种地质过程的发生可能导致其他关联的地质过程发生。例如，在黄河改道之初，废弃水下三角洲海底冲刷频繁发生，导致海底滑坡、塌陷等此起彼伏；南海陆架和陆坡上的浅层气逸出形成麻坑，诱发海底滑坡、崩塌、浊流事件；黄海和东海陆架上的古河道纵横交错，形成蛋壳式地层，给该海域的平台插桩带来很大的隐患。

4）海洋灾害地质过程的必然性和减灾的可能性。地质过程是地壳运动的产物，自地球形成以来，这种运动一直在持续进行。在一次地质过程发生后，地球内外的能量和物质得到调整，达到一种暂时的平衡。当内力或者外力发生变化的时候地壳又通过滑坡、地震等地质过程进行调整再一次达到新的平衡，如果地质过程中对人类的工程活动造成危害，就成为地质灾害。所以地质灾害的发生是一种自然现象，有其必然性。任何一个地质体或一个地貌单元，皆是在内力与外力综合作用下形成于地球表层的，存在于海底表面及其以下的地质体与地貌单元，除了它们本身某种的存在形式可能对工程产生一定的危险性外，由于某种原因使它们产生变动则会对海洋工程和人身安全造成更大的威胁。同时，任何一个地质体或地貌单元又是个极为复杂的立体几何图形。所以，海底灾害地质的研究，必须在气象、水文、地质三位一体，提供立体的地质或地貌单元综合体的学术思想指导下进行，必须采用多手段多学科互相渗透的综合分析的研究方法，才能对它们进行更好的研究，提出防治措施以达到减轻灾害的目的。

5.2.2　海洋灾害地质因素分类

灾害地质过程在发展过程中可能表现为不同的地质体或者地貌单元，这称为灾害地质因素。早期的海洋工程地质灾害调查中，曾经把活动性断层、高压浅层天然气、埋藏古河道、海底滑坡、载气沉积层等都列为灾害地质因素。但有些因素，如埋藏古河道、埋藏古湖泊等虽然能够对海洋工程产生影响，只要采取措施就不能构成灾害，因此可称这些因素为制约性因素。之所以称它们为灾害地质因素是为了引起人们足够的警惕，以便能够慎重选择施工场地，或采取措施避免损失。埋藏古河道、埋藏古湖泊等因素与海洋工程构筑物的地基稳定性有关，又可称之为不稳定因素。因此，我们对各种海洋工程具有直接危害或潜在性危害的，或者能够产生制约的各种地质因素（包括地貌因素）统称为海洋灾害地质因素。

有关灾害地质因素的研究已有 70 多年的历史，为了准确把握其成因和发生发展规律，需要对灾害地质因素划分类型。由于对灾害地质过程应包括范围认识不一，不同研究人员根据需要从不同角度对灾害地质因素提出多种分类方案，但至今尚没有一套科学的分类方法。

1980 年 Carpenter 和 McCarthy 对美国大西洋外陆架灾害地质因素进行了系统研究，他的分类原则是把陆架灾害地质因素分为两种类型：一类是对海洋石油工程具有很大的危险性的，如浅层高压天然气、浅层活动性断层、海底滑塌及滑坡等；另一类是虽能产生一定威胁，给海底施工带来一定麻烦地质地貌因素，但采取措施即可减轻或避免损失，如埋藏古河道、载气沉积层、海底砂丘及海底侵蚀等，即上面所说的制约性因素或称之为不良地质条件或制约因素。

李凡等对南海西部灾害地质因素进行了系统调查，于 1990 年提出了自己的分类原则。首先，根据灾害地质因素危害的对象及存在部位，将其分为"地表"灾害地质因素和"地下"灾害地质因素两大类。前者是指对海底油气管线和通信设备产生危害的各种地貌因素，如水下活动性沙丘、潮流沙脊、麻坑、陡坡等，同时也包括海底滑坡、泥流或碎屑流等存在于海底表面的地质因素。后者是指埋藏在海底以下不同深度地层中的各种灾害地质因素，它的主要危害对象是石油平台及其他具有桩腿或导管架等埋入沉积物中的构筑物。其次，根据它们对海洋工程所能引起的灾害程度，进一步划分为危险因素和制约因素两个亚类，类似于上述 Carpenter 和 McCarthy（1980）的划分。再次，根据其对工程设施引起灾害的直接程度分为直接的和潜在的灾害质地质因素。前者是指它们本身的存在对海洋工程设施便能构成直接的危害，如高压浅层天然气、潮流沙脊等能够对石油平台、油气管线的安全和施工构成危害；后者是指经过一定条件，如外力作用或内力作用的诱导方能构成灾害，如暴风浪周期性压力引起的海底滑坡，地震动引起的砂土液化等。根据上述分类原则，李凡（1990）对南海西部和南黄海的灾害地质因素进行分类，并根据各种灾害地质因素的组合（表 5-1），对上述调查区的工程地质灾害进行了综合评价。此类分类方案的优点是突出了灾害地质因素的性质和危害对象，缺点是没能反映出其间的内在联系和成因。

表 5-1　灾害地质因素的共生组合

海区	灾害地质因素
现代及埋藏古三角洲区	高压浅层天然气，沼气，碎屑沉积物流，蛋壳式地层，滑坡，麻坑，坍塌，底辟，沙土液化层，强淤积厚软泥层（包括烂泥湾）
古冲积平原，特别是毗邻大河发育的陆架区	残留及埋藏的古河道，古湖泊，古三角洲，埋藏沙丘，沙土液化层，盐丘（只出现在干燥区）
强潮流区	潮流沙脊，侵蚀沟壑，侵蚀陡崖，侵蚀台地，碎屑沉积物流
高能海岸浅海区	活动性沙丘，沙丘，滑坡，海底侵蚀，碎屑沉积物流
新构造运动及地震、活火山活动带	地震，滑坡，活火山锥，死火山锥，玄武岩侵蚀残丘，活动性断层，断层，陡崖，陡坡
基岩港湾式海岸浅海区	暗礁，埋藏礁
现代及古热带浅海区	生物礁，岩隆
大陆坡	海底峡谷，浊流，滑坡，坍塌，沉积物蠕变，边缘沟，海底扇
冰缘海区	残留及埋藏的冰碛丘，冰碛湖，冰碛河，冰蚀谷
现代或历史上重要经济、军事活动海区	沉船，炸弹，水雷，大型埋藏金属体

资料来源：李凡，1990。

　　研究表明，许多灾害地质因素有着相似的成因和一定的内在联系，互相伴生。一种因素的存在有可能成为寻找另一因素的线索。例如，大型的麻坑群可能作为寻找浅层高压天然气的地貌标志，河口三角洲区又可能同时发现碎屑物流、坍塌等多种灾害地质因素。因此，深入研究它们的成因及内在联系，对于全面寻找和正确认识某一调查区的灾害地质特征，并给予正确的工程地质评价具有重要意义。国内外研究人员以灾害地质因素的成因为基础，同时考虑到对海洋工程的危害程度、直接的或诱发性的特征，对海底表面的和埋藏在海底的各种灾害性地貌、地质因素提出了多种分类方案（表 5-2）。

　　表 5-2 仅列出了各种灾害地质因素的类型。从表中可以看出，刘以宣的分类方案在实际应用上可能过于笼统，如果单纯考虑海洋灾害地质则似更不适用。陈俊仁（1991）在研究珠江口盆地灾害地质问题时，根据引发地质灾害的动力提出的灾害地质分类方案注意理论上的系统性和严密性。冯志强根据灾害地质因素活动性，提出了具有破坏活动能力的地质灾害和不具活动能力的限制性地质条件两大类，这种分类实际类似 Carpenter 的分类。

　　为了进一步反映它们之间的内在联系，有利于调查工作的全面深入，李凡等根据成因列出了中国陆架区灾害地质因素的共生组合关系（表 5-3）。表 5-3 只反映一般规律，并非每类海区中，所列各种因素不一定全部出现。

表 5-2 国内外有关灾害地质类型划分的不同方案

分类方案	Carpenter 和 McCarthy（1980）		李凡（1990）			刘以宣等（1992）		陈俊仁和李廷桓（1993）		冯志强等（1994）
类型划分	灾害地质因素	浅层高压气 海底滑坡 海底滑塌 活动断层 活动海底沙坡 泥丘	地表灾害地质因素	直接危险因素	大型活动沙波、沙脊 泥流 滑坡 海底侵蚀	岩石圈动力	地震 火山	水动力	峡谷 侵蚀槽谷 活动沙坡	具有活动能力的破坏性地质灾害	浅层气 滑坡 断层 陡坎 底辟 活动沙坡 地震
				潜在危险因素	陡坡 沙土液化层 麻坑	大气圈	风暴潮 泥石流 滑坡	气动力	浅层气		
				直接障碍因素	海底沙丘 麻坑 海底沟壑 岗阜 陡坎等			土力学	海底软弱夹层 古河床 沙堤 风暴沉积		
	制约性地质因素	埋藏古河道 载气沉积物 埋藏古滑坡 海底沙坡、沙丘 海底沟槽 凹凸地(麻坑)	地下灾害地质因素	直接危险因素	浅层高压气	水圈	海岩侵蚀 海底侵蚀槽谷	重力	滑坡 泥浊流	不具活动能力的制约性地质条件	埋藏古河道 不规则基岩面 凹凸地 浅滩 峡谷 非移动沙坡、沙丘 埋藏谷
				潜在危险因素	活动断层 深部断层 砂土液化层 埋藏滑坡 古三角洲	生物圈	水土流失	构造应力	火山 地震 断裂		
				直接障碍因素	埋藏古河道 埋藏古滑坡 沼气						

表 5-3 陆架海区灾害地质因素分类

侵蚀堆积成因	海底	危险因素：侵蚀沟壑，强淤积厚度大于5m，淤泥层，烂泥层，蛋壳式地层，潮流沙脊
		潜在危险因素：滑坡，活动性水下沙丘，沉积物蠕变层，碎屑沉积物流，陡坡
		障碍因素：小型海底沙丘，沙坡，凹凸地，残留古河道，侵蚀残丘，麻坑（成因与孔隙水压力有关），陡坡，边缘沟
	埋藏	危险因素：蛋壳式地层
		障碍因素：古河道，古湖泊，古三角洲，古沙丘，盐丘，坍塌，古滑坡，砂土液化层

续表

新构造运动成因	海底	潜在危险因素：滑坡，碎屑沉积物流
		障碍因素：断层崖，边缘沟，暗礁
	埋藏	潜在危险因素：地震，活动性断层
		障碍因素：死断层，浅埋基岩
火山成因	海底	危险因素：活火山
		障碍因素：死火山，玄武岩侵蚀残丘
生物成因	海底	潜在危险因素：麻坑（与浅层高压天然气有关），泥火山
		障碍因素：生物岩礁，麻坑（与沼气有关）
	埋藏	危险因素：浅层高压天然气
		障碍因素：沼气及载气沉积层，碳酸盐岩隆
冰川成因	海底	障碍因素：残留冰碛丘，冰碛湖，冰蚀沟谷
	埋藏	障碍因素：埋藏冰碛丘，冰碛湖，冰川河
人工成因	沉船，炸弹，水雷，大型埋藏金属体	

资料来源：李凡和于建军，1994。

上述分类大体从 4 个角度分类：①灾害地质因素所在的空间分布（如分类地表的和地下的）；②灾害地质作用的触发机理；③灾害产生的危害程度（如分成灾害性的、约束性的等）；④灾害地质因素存在的状态。这些分类从多方面深化了对灾害地质因素的认识，它们之间起到一个互相补充的作用。不管其分类如何，所有这些因素都会对海洋工程和人身安全构成威胁，是海底灾害地质分区和评价的有力依据。

5.3 海底灾害地质因素成因分析及对工程建设的影响

能对海洋工程产生直接危害或者对海洋工程的施工有一定影响的灾害地质因素有很多，目前世界上发现的有 20 余种，其中危害性最大的及最常见的有活动性断层、浅层高压气、海底滑坡等，现将主要的灾害地质因素特征和危险性分析如下。

5.3.1 活动断层

在海洋工程上一般将活动性断层定义为晚更新世以来仍有活动的断层，根据工程的特殊需要也可将时间界限定为全新世。其形成原因是地壳活动和沉积作用引起地层的错动，根据断层距海底的深度不同，将断层分为海底、浅层（距海底30m以内）、中层（距海底30~100m）以及深层（埋藏深度大于100m）四种类型。根据断层成因不同又可分为构造断层和同生断层，前者是由于构造活动造成的地层错动，后者是与沉积作用同时形成的断层构造，造成两盘沉积物厚度不同。同生断层又称为同沉积断层，是指断层在发育过程中还在接受沉积，其特点是断层下降盘地层厚度大于上升盘地层厚度，且断距随着深度的增大而增大。同生断层往往形成滚动背斜，是油气聚集的有利场所。同生断层可能发育于挤压应力环境下，也有可能发育于拉张环境下。

陆坡上发现的断层可能是由区域性构造活动、局部构造活动（如盐丘附近）和松软沉积物的差异沉降或变形所引起的，所有这三类断层都可能导致海底错断。区域构造断层经常在地震中突然发生错断。大多数由差异沉降诱发的断层错断的特点是缓慢地无震蠕动。例如，得克萨斯-路易斯安娜陆坡上的大多数断层是盐丘的上升运动，或者深部盐丘的流动和相应的沉陷引起的。一些近地表断层是固结程度不同的埋藏滑坡沉积物和其他低固结沉积物引起的。

我国的四大近海区普遍分布着活动性断层，比如在珠江口盆地发现的大小断层有240余条。这些断层形成于第四纪以前，但第四纪以来仍有活动，是一种潜在的地质灾害。在这些断层中，浅层和中层断层约占总断层数的80%以上，并有7条直接出露海底的断层均由深层上延，这对海底工程设施有很大的危害性。这些活动性断层主要分布在水深150~500m的大陆架边缘和上陆坡区。

本书第3章已对海底活动性断层进行了较为详细的说明，其危害性分析见第3章。

5.3.2　海洋浅层高压气

海洋浅层气是一种常见的地质现象，也是一种最危险的海底灾害地质因素，在美国墨西哥湾、英国北海、印度尼西亚爪哇海、阿拉斯加海、波斯湾、加勒比海等水域进行海洋油气资源勘探开发时，由于对浅层气调查不足，都曾造成灾害。因此，在开发海底矿产和油气前，应预先了解浅层气的分布和产状，这对防止灾害发生是十分必要的。

（1）浅层气形成原因

浅层气以生物成因气（沼气）为主，主要成分为甲烷、二氧化碳、硫化氢、氮气、氨气等，产出方式主要有层间气和孔隙中自由活动的气体，也有深部气经断层、裂隙、不整合面等通道运移至浅层形成的气囊。通常浅层气有两种储集类型，其一是非层状储集，多呈分散状，溶于沉积物颗粒孔隙之间，这种沉积物称为含气沉积物。

海洋浅层气在近海大陆架区极为普遍，特别是临近密西西比河口、长江、珠江的河口湾、三角洲地区。这里沉积物厚度大，以富含有机质的陆源碎屑沉积物为主，尤其在泥质沉积层中以腐殖型为主的有机质丰度颇高，在生物降解作用下，有利于生物气（沼气）等生成。这类气体无需经长距离运移，就可以被陆架水下河道砂体、三角洲砂体等类型的储集层近源捕获而聚集，亦可呈游离状分散在区域层间，形成大范围的含气沉积物。

（2）浅层气的识别

对于海底浅层气的识别，我们通常应用测深、旁侧声呐、浅层剖面、单道地震、多道地震等高分辨率声学探险测系统来捕获。

1）在海底测深中，当海底有气体逸气，且逸出气量较大时，在测深记录上反映的水柱中有雾状、烟囱状等现象。

2）在旁侧声呐记录上，连续的旁侧声呐扫描图像中呈环状的凹坑、猫爪状的穴口。如果调查区海底下有断层通过，这种现象则呈比较规划的线状分布，海底凹坑和穴口通常被认为是气体喷发口的遗迹。因此，可利用旁侧声呐镶嵌图像来追踪喷气口的方向，推断气量的大小和喷出时间。

3）在3.5kHz浅地层剖面上，穿透深度0~30m，其分辨率达到0.5m，除了对沉积层的变化有清晰的记录外，对于浅层气异常亦十分敏感。比较常见的是声学空白带，反射模糊层，呈柱状、囊状或不规则状，甚至在任何水深，都可发现这种沉积层的含气特征。在东海、南海的浅地层剖面上，常出现不规则气囊，呈山脊状穿透周围沉积层，也有的呈气柱、气道上达海底（图5-1）。

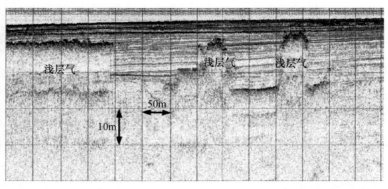

图5-1　浅层气的典型浅地层剖面图像（刘杜娟等，2010）

4）在连续地震测量的单道记录上，气聚带的存在可使水平连续的层状反射波组突然中断，形成气带边界的"假断层"现象，有的呈丘状、团块状气囊，在海底形成气底辟，产生自然喷发口，造成海底沉积松散，地形崎岖不平，在相应的水柱中出现雾状气罩、柱气道；含气沉积物层间反射杂乱，同相轴时隐时现，或完全消失，或反射模糊，伴有空白带（图5-2），这些都是由于含气层使地震传播速度降低而反射波能量快速衰减造成的。还有一种冷凝气层，在记录上呈"似海底反射"，其特征与海底二次波几乎毫无不同之处，主要区别是反射时间不同。

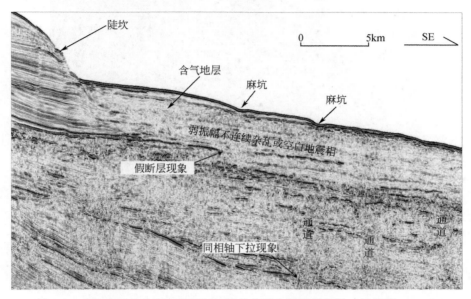

图5-2　南海东沙陆坡区含浅层气地层的典型地震反射特征（马云等，2017）

5）多道地震剖面。在由多道地震资料处理的相对振幅保持剖面上有亮点显示，并出现偶极相位和极性反转特征，通常认为是含气层，是由于地层含气后地震波高频成分被吸收，层速降低及时间延迟所形成。

（3）浅层气危害性分析

浅层气在我国东海大陆架和南海北部大陆架均有发现，它通常以层间气和沉积物中气的形式存在，是一种危险的潜在地质灾害。

1）沉积物中的气体改变了沉积层土质的力学性质，含浅层气的沉积物具有高压缩性、低抗剪强度的特征。浅层气的存在使沉积物中孔隙水压力增加，结构变松，破坏了土质原始稳定性，减小了基底支撑力。一旦浅层气溢出，会出现局部塌陷，给海底工程设施带来危害。

2）在外荷载重下，含气沉积物会发生蠕变，可能导致下陷、侧向或旋转滑动，最终失去平衡，发生倾斜倒塌。浅层气释放后，将产生相对较大的沉降量，导致地层基础的下沉或失稳。

3）层状储集的浅层气层，其含气量大，有一定的压力，一旦平台桩腿插于其上，轻则造成设备受损，重则造成钻井过程中的"井喷"，发生孔壁坍塌等事故，甚至造成施工平台下陷、倾覆及至发生火灾，危害巨大（图5-3）。

图5-3　墨西哥湾 BP 公司海上钻井平台井喷着火爆炸

5.3.3　麻坑

（1）麻坑形成原因

天然气外溢可以在海底形成大量麻坑，其大小主要取决于海底沉积物的性质，松软的粉砂质黏土中的麻坑大，而在砂质海床上的麻坑往往只有几米宽。在北海发现的几个大型麻坑（宽度超过200m，深度超过15m），有的仍在大量逸散气体。北海南部报道的麻坑深约18m，宽200～300m，位于高7m，波长100m的沙波之间。由于麻坑的形成与海底深层天然气的外溢有关，所以可以作为寻找天然气的地貌标志。我国北部湾南部的莺歌海盆地海底发现的大量麻坑群，技术人员以此为线索，现已查明莺歌海盆地是一个特大型油气田。白令海、墨西哥湾、里海等油气区的麻坑是寻找油气田的重要标志。另外，有些海区麻坑可能是高压孔隙水的外溢形成的，如爱琴海海底的麻坑群。

（2）麻坑的识别

麻坑主要利用测深和高分辨率旁侧声呐系统进行探测。在测深记录上出现水深突然增大的凹状地形（图5-4），在声呐图谱上可见圆形或椭圆形坑状影像。根据水深图可测出麻坑的深度，从多波束图谱上可计算麻坑直径。

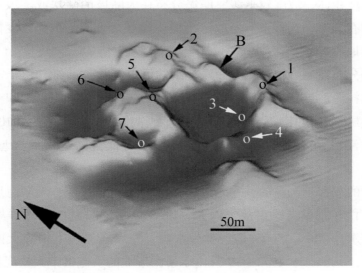

图 5-4 多波束数据合成的麻坑图像（Hovland and Sevensen，2006）

（3）麻坑的危害性分析

麻坑对海上建筑物有潜在的危害。对于要求坐落在平坦的海底建筑物来说，麻坑是一个障碍，除此之外，麻坑的存在对管道敷设也是一个很大的障碍，因此，管道敷设时需横跨（未着地）这些麻坑，即使是在水下几百米，但也无法保证所选择的路线能够避开所有的麻坑。当管道未着坑底而横跨麻坑时，可以用废石包支撑或开挖坑道使管道置于麻坑底的办法来补救。海底建筑物坐底之后也可能因打破海底沉积物孔隙流体压力平衡而造成高压孔隙水外溢形成麻坑，勘察工作中应对含水量很高的地层特别注意。

5.3.4 海底滑坡

海底每天都受到波浪、潮流与潮汐的水动力作用，也经常遭受地壳运动带来的侵扰，海底下的土层会因这些外力的共同作用产生土颗粒的调整、位移、孔隙水和孔隙间气体的运动形成海底不稳定现象。其中，海底滑坡、崩塌和塌陷是海底不稳定的三种表现形式。海底滑坡是海底土体或岩体在自身的重力、潮流或天然地震等诱发因素共同作用下，整个土体或岩体向下滑动的一种外力地质过程。它主要分布在大陆架外缘、三角洲前缘陡坡处、上陆坡区、海岸附近陡坡地段及大型冲刷海槽的两侧。河口区，特别是水下底坡的前缘处，是水下滑坡易发区。

海底崩塌是在土体的自身重力作用下或经波浪等外力诱发，土体不断崩塌或剥落、滑动或滚动到坡度较缓的地带堆积下来，上部往往形成高差 10~20m 的陡坎或陡崖；下部为坡积体，坡度较平缓。崩塌分布在大陆坡的陡坎或陡坡处，在东海和南海大陆坡均有分布。这种土体松散，结构较为复杂，抗压抗剪强度低，是海底常见的一种潜在地质灾害。

海底塌陷分布在河流输沙量大而颗粒细的河口三角洲前缘。由于三角洲结构复杂，大量细颗粒泥沙堆积，致使三角洲前缘区不同部位土体的物理和土工特性的不均一性，造成局部地段压实下沉而形成圆形或次圆形，直径500~1000m的洼地。在我国尤以黄河三角洲最为典型，其土体承载力低，也是一种典型的潜在地质灾害。

海底滑坡的危害是严重的，它能毁坏多种建筑物和设施，切断海底电缆，造成沉船、人员死亡等严重灾难事故。例如，1926年北美洲大巴哈马群岛沿岸由于地震，在大陆坡水深900~3500m地段发生滑坡，布设在斜坡上横穿大西洋的6股电缆全部被切断。又如日本1972年7月由于暴雨形成的洪流携带大量泥沙入海，迅速堆积在大陆架上，沉积形成过载负荷，结果发生大规模海底滑坡，使敷设在离小原田海岸6.5km、水深850m陆架上的海底电缆被切断。

国际上常把海底滑坡、滑塌和沉积物流动作为一个不稳定因素系统进行研究，其共同特征是在一定的外界应力触发下能够产生大块的地层滑动或大量的沉积物块体运动，造成海洋平台的滑移、倒塌，海底管道、电缆、光缆的折断等。其形成原因及特征分析将在下一节详述。

5.3.5　海底活动沙波

（1）海底活动沙波形成原因

海底沙波是近岸浅水区至大陆坡的中、下部海底沙在海浪或者潮流作用下发生堆积形成的有规律分布的丘状堆积体。我国北黄海、台湾海峡、大西洋东岸陆架、欧洲北海海底等海区皆有大面积海底沙丘分布。关于陆架上沙波的成因，目前较为流行的有潮流、风暴流、沿岸流和残留沉积说，普遍为人们所接受的则是潮流说。实际情况也说明，这对于水深小于50m的内陆架上的沙波形成是可信的，但调查发现，在水深130~270m的东海、南海大陆架和大陆坡上，也发现了沙波的存在（图5-5）。这里潮流作用显然不是主要因素，值得一提的是在晚更新世末低海面时期，现代东海和南海水深130m以上的陆架暴露，古长江、古珠江水系把砂搬运输送至大陆边缘，并受外潮流改造，沙波区现存的区域位置、分布特征和形状结构则完全是全新世海平面上升以来，变化了的水动力条件下的产物，沙波的现状和迁移规律主要与所在区内海底底流有关，是现代海洋水动力和沉积作用达到平衡的产物，当这种平衡状态被打破时，海底沉积物发生搬运，形成活动性沙波。

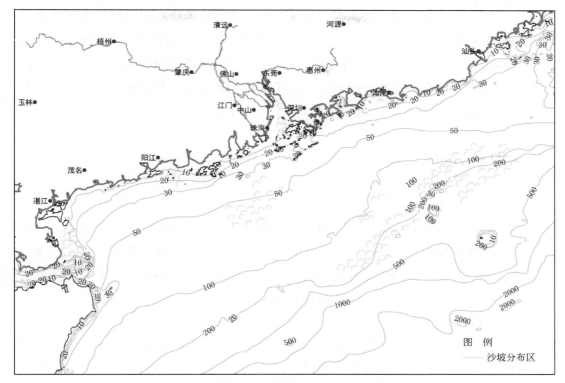

图 5-5 南海大海架和大陆坡区域的沙波分布（据冯文科，1994 改）

（2）海底沙波的识别

利用测深和旁侧声呐图谱可分辨海底沙波波长、波高、浅地层剖面可判断其内部结构，测深资料显示海底反射波呈连续锯齿状起伏，强振幅声呐图像显示明显的有规律的隆起或垅状地貌特征或者斑状地貌，在浅地层剖面上砂质结构的海底对其下形成反射屏蔽（图 5-6）。

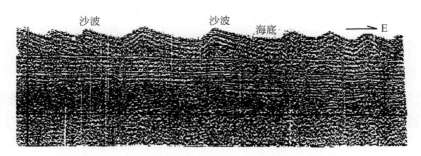

图 5-6 海底沙波的浅地层典型记录（杨木壮等，2000）

（3）危害性分析

不活动的海底沙丘只是由于地形起伏不平给海底管线敷设造成障碍，活动性沙丘和沉积物流一样具有很大的破坏力，因此，预报水下沙丘的活动强度和运动方向成为海底灾害地质研究的主要内容。当波浪在海底引起水质点运动的最大轨道流速大于砂的起动流速时，砂开始移动，大于扬动流速时，大量的砂发生跃移和悬浮，这时沙波可以发生快速移动。沙波的运移变化会造成海底砂的掏蚀或堆积，底砂的掏蚀会使海底管线失去支撑而断裂，影响浅基建筑物基础的稳定性，底沙的堆积会掩埋海底设施，同样危及工程的安全。

5.3.6 潮流沙脊

（1）潮流沙脊形成原因

潮流沙脊（tidal ridge）是潮流作用下的沙堆积体，是大量的来沙或原地沉积物在潮流的周期性作用下形成的大致平行于潮流方向的沙堆积体。根据潮流动力条件的不同，在横向上由弱到强可依次形成沙斑、沙纹和沙波；在纵向（平行于潮流方向）上形成冲蚀坑、纵向沟、障碍痕和沙垄。

（2）潮流沙脊的识别

利用测深及旁侧声呐可判断潮流沙脊的存在。与海底沙波不同的是，潮流沙脊的指向性十分明显，但韵律性不如沙波（图5-7）。

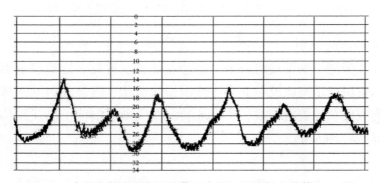

图 5-7　南海北部湾海底沙波典型水深记录（杨木壮等，2000）

（3）危险性分析

潮流沙脊的危险性与海底沙波相似，潮流沙脊的活动特征首先取决于潮流性质，也需要考虑在大风浪期间海浪和潮流共同作用的强度。

5.3.7 底辟

底辟是在陆架和大陆坡内发现的刺穿海底或者潜伏在海底浅层中，具有明显上涌活动的一种重要灾害地质构造现象。底辟在前面的章节中已有详细介绍，这里不再赘述。

5.3.8 泥火山

（1）泥火山形成原因

海底泥质底辟刺穿并喷出海底即形成泥火山（mud volcano）。Chow 等（2001）曾报道过里海中的泥火山，其成因可能是由热水和高温气体（主要是沼气和氮气）驱动，通常夹杂着岩石碎块、黏土喷出海底，形成圆锥形的泥火山，他总结了泥火山的形成模式（图5-8）。泥火山的形成条件可概括为以下几点：①泥火山通常和新近系的海相沉积物联系在一起；②可塑性泥质沉积物（细黏土到泥块）为主，部分泥质沉积物形成储油层，可能没有迁移很远距离；③有气体和咸水出现；④塑性沉积物上部覆盖着年轻的沉积物，在向斜地区厚度增加，背斜部位深部密封的塑性沉积物涌向向斜盆地的地表并破坏地层；⑤塑性物质的上涌致使上覆沉积物变形抬升，地形升高，表层沉积物再次遭受侵蚀，堆积在向斜盆地，这种搬运和沉积使塑性沉积物的活动性增强；⑥混有咸水、气体，有时含有油的塑性黏土中的应力增大，导致泥流挤向地表，并像火山岩浆一样喷发出来；⑦在喷发期间，泥流到达地表，根据泥流的稠度，建造陡的或平的火山锥，在泥火山周围堆积了大大小小的岩石碎块，阻止了更老的沉积物变形；⑧喷发具有周期性，间隔时间很不规则，不过较大的喷发之后通常间隔较长的时间。

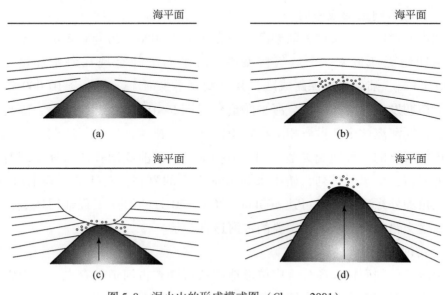

图5-8　泥火山的形成模式图（Chow，2001）

（2）泥火山识别

一般通过旁侧声呐和浅地层剖面来勘查，通过声呐调查，发现泥火山由火山口、火山锥构成，浅地层剖面上显示地层结构紊乱，由火山泥流通道延伸到地表（图5-9）。

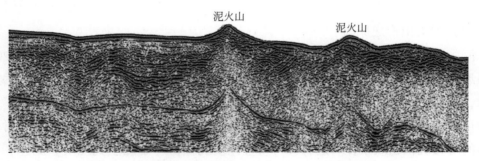

图5-9　泥火山在浅地层剖面上的典型记录（张伟，2016）

（3）危害性分析

1）泥火山产生通常是由高压气和矿化水驱动的，在泥火山区进行钻探会导致气喷，甚至发生爆炸，引起火灾，导致潜伏泥火山喷发，在勘探过程中应特别谨慎。

2）泥火山组成物质主要为软泥，含泥角砾岩及岩石碎块，工程性质很差，易导致地基土过量的变形，不宜在其附近建设构筑物。

5.3.9　埋藏古河道

（1）埋藏古河道形成原因

埋藏古河道广泛分布在大陆架区，是在距今15 000～20 000年的玉木冰期，相当于晚第四纪更新世末，全球气候变冷，海平面下降至现在海水深度150m处［图5-10（a）］，陆架多次裸露成陆，其上发育不少河流。在距今10 000年左右年的全新世初期发生大规模海侵，海平面抬升［图5-10（b）］，在波浪、潮流等水动力作用下，原河流被全新世海相沉积物不断充填、覆盖，形成了埋藏在不同深度的海相沉积物层下的一种地貌类型［图5-10（c）］。目前我国长江口外发现有4条主要埋藏古河道，呈扇形排列，始于水深40m左右的海底，向外延伸到水深100m左右的古三角洲外缘，最长者可达400km。经1∶20万的海洋工程地质调查，珠江口外发育纵横交错的网状水系，主要的古河道有5条。

（2）古河道识别

利用浅地层剖面仪，高分辨率单道地震仪可勘查古河道的存在。下面以高分辨率单道地震反射剖面为例，介绍埋藏古河道的识别方法。

在高分辨率单道地震反射剖面上，埋藏古河道具有中强振幅、波状起伏的反射底界，河道形状有的呈对称下凹形，有的呈不对称U字下凹的几何外形，横向上河谷形态明显。古河道通常对下伏沉积层有不同程度下切侵蚀，构成区域性的不整合接触（图 5-11）。

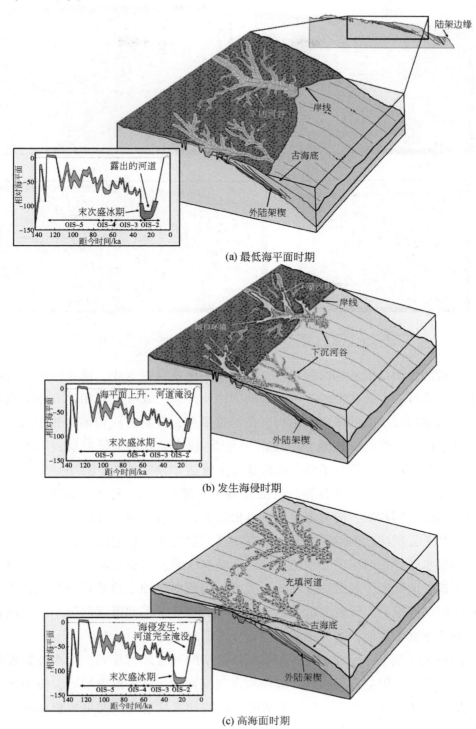

(a) 最低海平面时期

(b) 发生海侵时期

(c) 高海面时期

图 5-10　埋藏古河道的形成示意图（据 Nordfiord 等，2005 改）

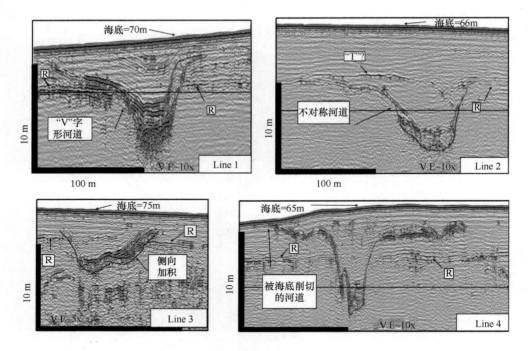

图 5-11　古河道在浅地层上的典型记录（据 Nordfiord 等，2005 改）

古河道的层间反射结构以强振幅、变频率的杂乱反射为主，同相轴短，常有严重扭曲，不连续，有丘状突起或槽形凹陷的结构形态。此外，同相轴有分叉或者归并现象，通常形成小型的眼球状结构，在河道顶部，普遍有同相轴突然中断，为明显的上超顶削。上覆为中振幅、中频率、连续−较连续的水平反射层，呈海侵夷平面，区域上与古河道沉积呈不整合或假整合接触。

某些较大的埋藏古河道有叠瓦状反射结构（图 5-12）。表现为小型、相互平行或不规则的倾斜同相轴，向河床缓岸一侧依次叠置，这种细层在相邻测线上的平面组合，有利于分析河流的空间流向。还有一种上超充填型反射结构，在河床中的反射同相轴近水平，在河床中心，同相轴向下略有弯曲。沉积层向河床缓岸的漫滩阶地逐层上超，向陡岸下超截切，反映了河流一边侧向侵蚀一边堆积的沉积特点。同时，在不同的河道中，反射波组强弱也有较大的变化，据此可以划分小型的沉积旋回，有利于推断水流能量的大小和物质成分的垂向改变。

在南海大陆架上，发现了与古河道关系密切的异常地震反射，即声波被吸收或严重屏蔽，产生反射空白带、区，解释为含气沉积物，即河道充填砂，便于气体的运移聚集（图 5-13）。因此，在河道研究中这些异常反射构成的地震模糊区，要考虑浅层气的存在。

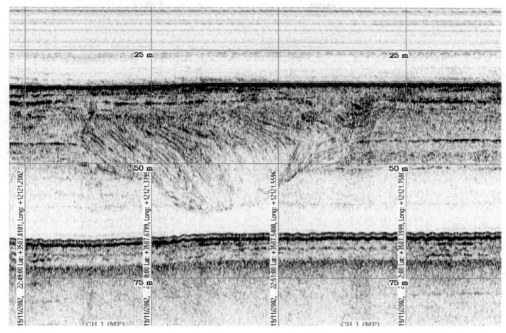

图 5-12 较大的埋藏古河道有叠瓦状反射结构

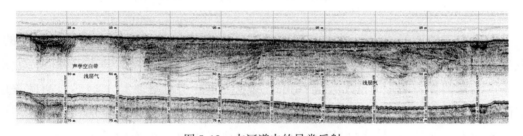

图 5-13 古河道中的异常反射

产生了声学反射空白区，可能为含气沉积物

（3）危害性分析

古河道的危险性主要表现在以下几方面。

1）大陆架上古河道沉积的上、下界面均为不整合，曾经历地史上的暴露风化或者海水进侵冲刷，物质结构疏松，是天然的物性界面，在外力作用下，容易引起层间滑动，稳定性差。

2）古河道的沉积物、充填物以粗碎屑砂砾石为主，孔隙度较大，层间水循环快，具有较强的渗透性，在地层中长期侵蚀、冲刷，在上覆荷载下容易引起局部塌陷，地层的原始结构破坏，造成基底的不稳定。

3）古河道纵向切割深度不同，横向上沉积相变迅速，在近距离范围以内存在完全不同的力学支撑，如河床砂体和河漫滩泥质沉积物，显然具有不同的抗剪强度，软的黏土沉积在重力作用下产生不均匀压实或受地震力的作用，极易产生蠕变，引起滑坡，导致地质灾害。

4）大陆架上的古河道以第四纪晚更新世末形成为主，发育时期较晚，沉积物埋藏浅，固结压实差，在上覆重荷压力下，随着时间的延长，会产生不均匀沉降。许多海洋工程设施是庞然大物，如采油平台、钻井平台，若一根桩腿有下陷，将会失去平衡，影响作业，严重的甚至倒塌。

5）古河道的沉积物、充填物以陆源碎屑为主，含有比较丰富的有机质，河流的快速搬运堆积将其迅速掩埋，随着河流体系岩相古地理条件的改变，有机质类型齐全，可以有腐殖型、腐泥型或腐殖-腐泥型，在一定热变质或生物作用下，可能演化成甲烷、沼气。这些气体呈分散状渗透在河道沉积物的层间，或者聚集在河流砂体中成为气囊，受浅层气的影响，沉积物结构疏松，孔隙压力增大，有效应力减小，钻孔如直接钻入浅层高压气囊，还有造成井喷失火的可能性。

除上述因素外，还有凹凸地、强侵蚀及强淤积、陡坡、蛋壳式地层、浅埋基岩、暗礁及沉船等人为形成的因素，都是灾害地质进行调查研究的内容。

5.4　海底斜坡不稳定性分析

海底灾害地质因素中，还有些与海洋水动力条件及海洋工程建设直接有关的，发生在海底浅地层的灾害地质因素称之为海底不稳定性因素，如砂土液化、海底滑坡等。浅海调查表明，海底不稳定性可以发生在非常小的斜坡上（<1°），海底表层土体可以是强度非常低的或者不完全固结的各种土层，土体中孔隙水和孔隙气压力可能非常大，波浪作用下强烈扰动破坏将引起离岸工程结构物的损坏或毁坏。本节将讨论与离岸海底工程建筑有关的斜坡不稳定性类型、影响因素及分析方法。

5.4.1　海底斜坡不稳定性类型划分

与海洋灾害地质因素一样，海底斜坡不稳定类型也有许多不同的划分方案，本节引用的是 Dott（1963）和 Prior（1982）的方案。

（1）海底坍塌

在海底坡度较大的地区，岩石、泥沙自由坍塌，如沿海底峡谷侧壁的砂质沉积物塌落。还有一些发生砂和岩石塌落的地方为海沟壁或海山的翼部，在珊瑚礁周围深度较大的地区也发现过类似山麓堆积的珊瑚块体，说明分离出来的块体能自由地塌落或向斜坡下面滚动。

（2）滑坡

海底斜坡不稳定性最普遍的类型就是岩石和松软沉积物块体的滑动，有些单独的滑坡和滑坡复合体是非常大的，并且覆盖非常宽阔的海底区域。表5-4列举了一些典型的例子。

表5-4　大型海底滑坡的特征

位置	长/km	宽/km	面积/km²	体积/km³	坡度/(°)
南非厄加拉斯	750	106	79 000	20 331	
孟加拉湾	108	37	4 000	900	1～6
纽芬兰格兰德滩	240	140	27 500	760	3
东北大西洋务罗卡尔	160	13.8	2 200	300	2
下加利福尼亚	35	8.6	300	20	3
新西兰	45	5.6	250	8	1

资料来源：Prior，1984。

Prior 和 Coleman（1980）根据滑坡体的形态、滑动面与海底斜坡的夹角、有无明显的旋转，将海底滑坡划分为：浅层旋转滑坡和平移滑坡两大类（图5-14）。旋转滑坡一般有一个圆弧形的滑动面或顺坡方向有一个非圆弧破坏面。平移滑坡的基底破坏面是一个平面，并且大致平行海底斜坡的表面，这种滑坡以其滑动面的低倾斜角和大长度值为主要特征。平移滑坡又可进一步分为浅层板状滑坡或流动滑坡，它只出现在沉积物的上部层位；块状滑坡常含有大块基岩单元体向斜坡下面的位移，这种滑坡出现较少，佛罗里达的海底滑坡就是这一例子。

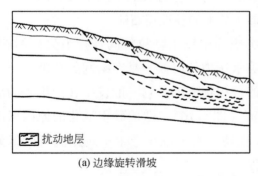

扰动地层

(a) 边缘旋转滑坡　　　　(b) 浅层平移滑坡

图5-14　浅层旋转滑坡和平移滑坡示意图

浅层旋转滑坡和浅层板状滑坡有可能在斜坡上形成似阶梯状的分布，如厄加拉斯的滑坡复合体（Prior，1984）。海底常见到的瓶颈状滑坡是浅层板状滑坡中的一种，在这种滑坡中，通过一个狭窄的颈口顺坡滑移，在下坡处形成一个小规模的沉积扇，这小型滑坡多发生在水下底坡的中上部，这里的坡度一般在 0.2°～0.3°，比较平缓，如发生在黄河水下三角洲前缘斜坡上的小型海底滑坡（图5-15），Prior（1981）也报道了密西西比河分流汊道间湾内的一些泥流滑坡。

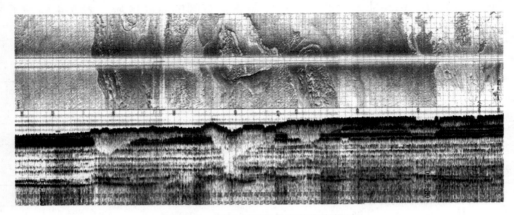

图5-15　黄河水下三角洲的海底滑坡

上图为声呐图像；下图为同步浅地层图像

（3）海底沉积物流

沉积物向海底下坡方向的流动包括四个主要过程：碎屑流动，液化流动，颗粒流动和浊流，这种海底流动不同于一般的沉积物搬运，而是像陆地上经常发生的泥石流，在水沙比中，碎屑沉积物占了很大的比例，否则不属于灾害地质的研究范畴。

1）碎屑流。一般定义为沉积物流，其中较粗的碎屑由基体所支撑，即由一种间隙流体和细粒沉积物的混合体所支持，细粒沉积物具有一定的屈服强度。有时将这种碎屑流描述为颗粒固体、黏土矿物和水混合物在重力影响下向下坡方向的缓慢运动，是滑坡和浊流之间的过渡情况，类似于陆上的黏性泥石流。

2）液化流。沉积物液化往往发生在沉积物中较粗颗粒粒间连接消失而崩解，或者当沉积物颗粒粒间接触压力转化为孔隙水压力的时候，是在瞬间超孔隙水压力诱发下，受向下坡方向的重力作用而引起的沉积物流动。它一般发生在粉细砂的底质中，如在黄河水下三角洲所发现的粉砂流（图5-16）。造成砂土液化的原因可能是地震、暴风浪，或者受斜坡不稳定过程扰动，或者自发产生。液化流可能像紊流，它和浊流之间存在一个连续的渐变过程。

液化能引起海底的区域不稳定性，如荷兰Zeeland滨外砂体中的海底流动滑坡、挪威峡湾沉积物以细砂为主海底破坏和黄河水下三角洲的粉砂流滑坡。

3）颗粒流。颗粒流是指斜坡上的沉积物当颗粒较粗时，颗粒与颗粒之间没有连接，在水流和重力的作用下发生的顺坡移动，类似于陆上的稀性泥石流。颗粒流一般只发生在较陡的海底斜坡上，其影响是局部的。只有在有沉积物质不停地供给，并且在其所堆积的斜坡上坡角大于砂的休止角时，这种流动才会继续下去，其

图 5-16　黄河水下三角洲的粉砂流

结果是把近岸区的砂携带到峡谷中去。

　　4）浊流。浊流是发生在大河河口外，高密度含沙羽状流顺坡向较深水中的运移的过程，在运移过程中泥沙靠水流向上的分量支撑。海底滑坡和地震扰动有可能触发浊流，如格兰德滩滑坡沉积物的高速搬运与浊流有关。在浊流产生之前，滑坡的发展一般经历碎屑流的形成阶段。浊流分布很广，是一种非常重要的海底流动。海底电缆的断裂、海底水道的形成、海底扇的建造和深海浊流岩的分布往往都与浊流有关。

　　海底斜坡不稳定性的主要类型（坍塌、滑坡和流动）是很好区分的，这三种类型彼此之间存在相互关联，一种不稳定类型的发生可能引起另一种类型，如平移滑坡可能在斜坡的上部边缘由于变陡和卸载引起溯源旋转滑坡，而旋转滑坡又可能由于不排水的加载和加载引起的孔隙水压力增大，触发斜坡更下部另一类型的滑坡的破坏作用。因此，很难制订一套严格的海底不稳定性分类系统。另外，滑坡和流动在发生期间可以转变，当沉积物向斜坡下部移动时，不稳定的沉积物常常会改变它的流变特性。

5.4.2　影响海底底坡不稳定性的因素、产生的时代及频率

影响底坡不稳定性的因素很多，归结起来有两个：一是应力增加，二是强度减小，或者是两者结合的结果。

造成应力增加的因素有：地壳的构造运动、地震或火山的喷发、海流的冲刷、波致切应力的作用，以及滨外三角洲和海底峡谷头部的快速沉积作用导致的自重应力增加。

造成强度减小的因素是快速沉积，沉积速率超过孔隙水排放速率时，超孔隙压力增大造成沉积物强度的减小。此外，沉积物中的孔隙气也会导致强度降低，波浪周期性荷载在沉积物中所产生的孔隙水压力增大也引起的沉积物强度减小，在近岸带砂中潮位变化所产生的渗透压力也会暂时提高沉积物中的孔隙压力，从而在强潮区引起局部斜坡不稳定性。

Prior（1984）用图示意造成海底斜坡不稳定性产生的因素和过程的相互关系（图5-17），从图中可以看出，有多条可以达到极限强度/应力不平衡的途径，还有许多相互联系和相互依存的因素。在具体地点各种破坏的临界点可由多种基本因素的不

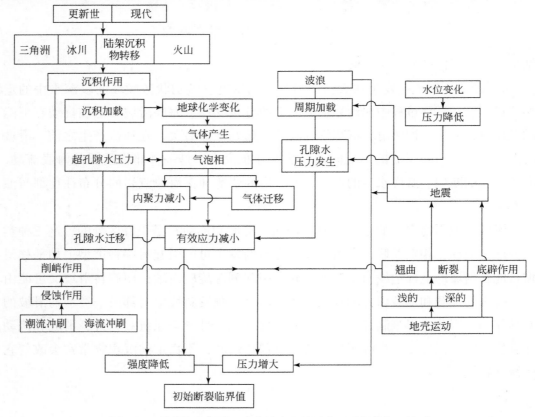

图5-17　导致海底斜坡不稳定性产生的因素和过程的相互关系

同组合产生。例如，在黄河水下三角洲、阿拉斯加湾和密西西比河三角洲这样的河口三角洲地区，巨大的波浪、飓风（或地震应力）产生的海底压力与快速沉积作用的组合对海底的影响可能最为突出；而在北极圈内，峡湾中的冰前三角洲边缘、异常陡的峡湾底部斜坡、春季冰川融化期三角洲前缘斜坡的快速推进所形成的多种不稳定因素的组合，导致斜坡暂时变陡及自重应力的增加，推动了由粗砾、中砾和砂组成的北极三角洲冰前冲积裙覆盖在早先形成的峡湾末端海底黏土层之上，在这种沉积加载条件下，低强度的黏土层产生过大的变形而引起海底产生不稳定性。

Prior（1984）的研究表明，在已有的资料中海底斜坡的规模大小已是相当惊人的（表 5-4），而在特定的地区，海底不稳定性的大小幅度和发生次数是难以估计的，各个斜坡破坏的时代也是极不相同的，在个别地区中已知不稳定特征产生的时代，从新近纪、更新世和晚更新世到现代都有。但现在活动的海底斜坡不稳定性大都发生在活动的地震区和继续快速沉积的地区。在已知的活动地区中，不稳定发生的周期随造成不稳定原因的主要因素重现期的出现而变化，如地震活动频率、大小、震中位置在地震活动区内都是周期性破坏的主要控制因素。同样，形成三角洲的河流水文状况也在发生周期性变化，河流水沙量控制了沉积加载的大小、发生次数及其坡度大小，如 Heezen 等（1954）报道了河流洪水期间发生马格达莱纳三角洲外斜坡的移动造成海底电缆断裂；密西西比河三角洲外重复的水深测量对比也表明，在大的洪水过后有新的滑坡和碎屑流产生（Prior and Suhayda，1979）。

海底斜坡破坏的大小和发生次数的相互关系是复杂的，对比重复的水深和旁侧声呐探测所取得的资料，有助于在已知的活动地区弄清海底运动的特征。

5.4.3　海底底坡不稳定性研究的方法

从工程地质角度至少有三种分析方法可以应用到在重力、水动力和地震力影响下的斜坡稳定性分析中。极限平衡法、连续介质分析和有限元分析，这些方法通常包含着平面应变条件的假设，以使问题简化。

5.4.3.1　极限平衡法

极限平衡法已在陆地斜坡稳定性分析中使用了几十年，是海底斜坡稳定性分析中应用最广的方法。Seed 和 Martin（1966）讨论了对地震荷载进行修正将其用到极限平衡法中。Henkel（1970）讨论了极限平衡法在波浪诱导的海底斜坡稳定性中的应用。

极限平衡法的基本原理是计算倾覆力矩或倾覆力以及抵抗力矩或抵抗力。在定性分析中，抗破坏的安全系数取决于恢复力与倾覆力或恢复力矩与倾覆力矩的比值，若安全系数超过 1，则认为斜坡是稳定的，但这种方法不能确定稳定或失稳的斜坡是否可能出现再次移动。在沉积物加载和抗剪强度不能准确测量的情况下，可以对位移进行随机分析。这些分析结果可以建立破坏势和破坏面的宽度、深度之间的相互关系。下面分别介绍极限平衡法在重力、水动力和地震力影响下斜坡稳定性分析中的应用。

（1）重力作用下海底土体滑动的可能性

在海底某一深度任取一个单元体，假设土体为均质各向同性，假设单体土条宽度 $b=1$，滑动面为平面或平行于海底的平面，按无限斜坡分析，其受力情况如图 5-18 所示，按无限土坡稳定性理论计算。

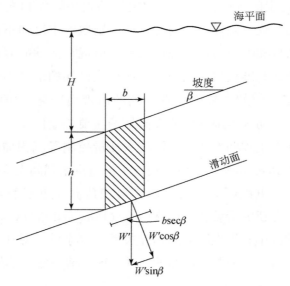

图 5-18　无限斜坡土体的极限平衡受力分析图

1）无黏性土坡。对于无黏性土坡，$C=0$，

$$T = W'\sin\beta = \gamma h\sin\beta \tag{5-1}$$

$$F = \gamma'h\cos\beta\tan\varphi' b\sec\beta \tag{5-2}$$

式中，γ' 为土的浮容重；h 为滑动面深度；β 为海底坡角；φ' 为土的内摩擦角。

安全系数 F_s 为

$$F_s = 抗滑应力/滑动应力 = \gamma'h\tan\varphi'/\gamma'h\sin\beta = \tan\varphi'/\sin\beta \tag{5-3}$$

2）黏性土坡。

$$滑动应力\ T = \gamma'h\sin\beta \tag{5-4}$$

$$抗滑应力\ F = (C+\gamma'h\cos\beta\tan\varphi) b\sec\beta \tag{5-5}$$

在不排水条件下，$C=S_u=$ 剪切强度，$\varphi=0$

则安全系数 F_s 为

$$F_s = S_u/\gamma'h\sin\beta\cos\beta = 2S_u/\gamma'h\sin2\beta \tag{5-6}$$

174

判别标准：$F_s>1$，稳定状态；$F_s=1$，临界状态；$F_s<1$，失稳状态。

（2）在重力和地震同时作用下的斜坡稳定性

假设土体为均质各向同性，在重力和地震的同时作用下，滑动面为平面或平行于海底表面的平面滑动。采用无限土坡分析法来计算其稳定性，其受力情况见图5-19。

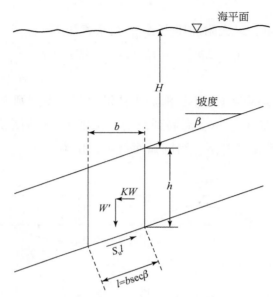

图5-19　重力和地震同时作用下无限斜坡极限平衡受力分析

1）重力和地震同时作用下无黏性土坡不稳定性分析。

$$滑动应力\ T=W'\sin\beta+KW\cos\beta \tag{5-7}$$

$$抗滑应力\ F=W'\cos\beta\tan\varphi'l \tag{5-8}$$

安全系数 F_s 为

$$F_s=W'\tan\varphi/(W'\sin\beta+KW\cos\beta) \tag{5-9}$$

进行变换，得

$$F_s=\tan\varphi'/(\sin\beta+K\cos\beta\gamma/\gamma') \tag{5-10}$$

式中，γ' 为土的浮容重；h 为滑动面深度；β 为海底坡角；φ' 为土的内摩擦角；K 为地震系数。

2）重力和地震同时作用下的黏性土坡不稳定性分析。黏性土坡需要考虑内聚力，原理同前。

安全系数 F_s 为

$$F_s=(C+\gamma'h\cos\beta\tan\varphi')/(\gamma'h\sin\beta\cos\beta+K\gamma h\cos^2\beta) \tag{5-11}$$

在不排水条件下，$C=S_u=$ 剪切强度，$\varphi=0$

则安全系数 F_s 为

$$F_s = S_u / (\gamma' h \sin\beta \cos\beta + K\gamma h \cos^2\beta) \qquad (5\text{-}12)$$

（3）波浪作用下斜坡的稳定性

波浪运动对海底产生正、负附加压力，附加压力对海底土体产生剪应力，可诱发土体滑动，附加压力的大小取决于波浪因素，如波长 L、波高 H、水深 h 及海水容重 γ_w 等。

在准静态的条件下，最大附加压力 Δp_{max} 关系式如下

$$\Delta p_{max} = \gamma_w H / 2\cosh(kh) \qquad (5\text{-}13)$$

其中，$k = 2\pi/L$。

假设在重力和波浪同时作用下，海底土体沿着某一系列圆弧面滑动（图5-20），该面的弧度角为 2θ，宽度为 $2X$，海底到滑动面深度为 Z，海底坡度角 β，土的浮容重为 γ'。假定在无限平衡条件下，沿圆弧面剪切力矩为

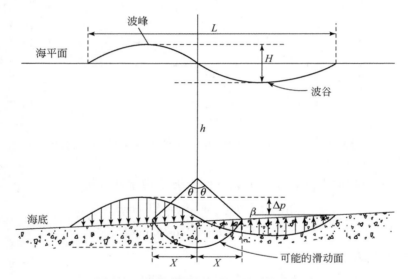

图 5-20　波浪作用下无限土坡受力分析图

$$M_d = 2X^3 \beta \gamma'/3 + L^3 2\Delta p(\sin\alpha - \alpha\cos\alpha)/2\pi^2 \qquad (5\text{-}14)$$

式中，M_d 为剪切力矩；X 为滑动圆弧半径；β 为海底坡度角或弧度；r' 为浮容重；Δp 为附加波压力；α 波浪相位角

$$\alpha = 2\pi X / L \qquad (5\text{-}15)$$

假设在极限平衡条件下，沿圆弧面的抗剪强度为常数 S_u，则抗剪切力矩为

$$M_r = 2X^3 (S_u/\gamma' z) \gamma' (\sin\theta - \theta\cos\theta)/\sin^3\theta \qquad (5\text{-}16)$$

式中，M_r 为抗剪切力矩；S_u 为不排水剪切强度；θ 为滑动圆弧的半角。

这里，θ 与 Z 之间的关系为

$$Z/X = (1-\cos\theta)/\sin\theta \qquad (5\text{-}17)$$

安全系数为

$$F_s = M_r / M_d \qquad (5\text{-}18)$$

5.4.3.2　连续介质分析

应变连续介质分析的主要规则是假定土是半无限空间均质弹性体或者有限厚度的单一均质弹性层，利用线弹性或黏弹性和连续介质力学分析解法计算由波浪或地震荷载在土中不同深度处产生的剪应力，并与相应深度处的土的抗剪强度比较。若考虑到周期荷载或者动荷载对抗剪强度的影响，则剪应力超过抗剪强度就认为破坏会发生。

5.4.3.3　有限元分析

有限元分析在计算土质沉积物对地震和波浪的响应中已被广泛地使用。

有限元法的基本思想是将岩土体视为连续力学介质，通过离散化，建立近似函数，把有界区域内的无限问题简化为有限问题。其分析步骤为：首先，采用传统的极限平衡法，找出最小安全系数的滑移面，或者已知滑移面；然后，进行有限元分析，将滑移面位置设置薄层单元或接触单元，不断降低薄层单元的力学参数，直至边坡失去平衡，边坡的安全系数就是强度指标（摩尔库仑模型的凝聚力 c 和摩擦系数 $\tan\varphi$）降低的倍数。该方法安全系数的定义与传统方法相同，即为滑移面上的总抗剪强度（算术和）与总剪力的比值。目前常用的有限元方法包括有限元强度折减法、有限元重度增加法和有限元圆弧搜索法。对波浪荷载下海底的响应分析来说，在特定波浪下土体下边界以延伸到预期运动的最大深度处的有限元边界为特征。有限元模型的侧向边界被指定为与均匀平面波的无限系列假定一致的边界条件。由海底压力变化引起的荷载可视为作用在有限元网络表面的静荷载，并把土中相应的应力和位移计算出来。实际上，波浪被固定在作为静止的表面荷载的位置上。

利用有限元分析进行海底斜坡稳定性评价时，土体模型必须采用非线性应力-应变关系，应用时将非线性应力-应变曲线与递增法和迭代法一起用来计算与波至剪应力同时产生的每一个土体单元的等效线弹性模量。目前土体的应力-应变关系普遍使用的模型是由 Duncan 和 Chang（1970）提出的模型。这一模型使用双曲线的应力-应变曲线来描述土在单一荷载下的性能。然而，这种非线性的弹性模型对于土中有潜在破裂带的分析往往不适用，因为它们不能确切地描述破坏时土的塑性性质。在理想的情况下，土的模型应包括塑性和周期荷载影响。但这类模型一般太复杂，对常规分析用处不大。

有限元分析的主要特点是不仅给出了总体稳定性的表示，而且还预测了海底的运动。与其他方法相比，其优点是能以一种简单的方法来处理非均质或各向异性土的性状，但这种方法在数据准备和选定符合分析精度等级的土质参数时存在困难。

第6章 | 海洋工程地质调查方法

海洋工程地质调查方法是获得海域地质条件和土性条件的必要手段,包括海洋地球物理调查、海上土工调查与原位测试技术。海洋地球物理调查包括回声测深、旁侧声呐调查、浅地层剖面调查、单道地震调查、高频多道数字地震调查和磁法调查;海上土工调查方法包括底质取样、工程地质钻探;原位测试方法包括静力触探试验、标准贯入试验、十字板剪切试验和剪切波速测试。

6.1 海洋工程调查方法与分类

海洋工程地质调查方法采用地质地球物理综合方法,以高分辨率地球物理调查和底质取样为基础,是海洋工程地质调查的一大特点。

随着海洋资源的勘探与开发,高分辨率海洋地球物理调查在近海现场调查中起着越来越重要的作用,这是因为它能提供海底及海底以下自然状态的基本信息。在某种意义上,它是一种间接的现场测试手段。高分辨率海洋地球物理勘测与区域地质、土质取样、钻探取心和原位测试等调查方法相结合,构成一个综合的近海现场调查系列,可以提供有关海底浅层地质与土工条件或参数,是选择海上石油钻井的数量与最佳位置、锚地选址所必须考虑的因素,是设计、布置与构筑海洋石油平台、输油管线及海底动力电缆敷设和其他海洋工程设施作业过程所必须参考的依据。

按调查方式海洋工程地质调查可分为:地球物理调查和土工调查。

按调查内容海洋工程地质调查可分为:①水深地形调查,包括单波束调查和多波束调查;②底质类型调查,包括表层取样和柱状取样调查;③沉积物动态调查,包括悬移质调查和推移质调查;④地质灾害调查,包括浅地层调查、单道地震、多道地震和旁侧声呐调查;⑤地基承载力调查,包括原位测试、钻探取心和室内土工试验。所有的海上调查都离不开调查位置的准确获取,即海上定位。

现将调查方法、设备组成、基本工作原理及在实际工作中的应用扼要阐述如下。

6.2　海洋地球物理调查

6.2.1　海上定位

导航定位是海洋工程地质调查的基础工作，其主要任务是保证调查船只准确地沿预定测线航行或到达指定站位进行地质调查，并准确地绘制实际作业位置图。定位是海上作业的重要组成部分，任何有价值的资料都必须有规定精度的地理坐标。

目前常用的导航定位系统有：GPS、BDS、GLONASS 和 GALILEO 四大卫星导航系统。最早出现的是美国的 GPS（global positioning system），现阶段技术最完善的也是 GPS。近年来 BDS、GLONASS 系统在亚太地区全面服务的开启，BDS 系统在民用领域发展越来越快。

6.2.2　回声测深

在近岸工程的调查及评价过程中，回声测深仪是使用最广、最有效的水下声探系统。它利用其测深仪的换能器向海底发射一束声脉冲，而后接收来自海底的回波，通过时间函数的转换，在记录纸上直接显示测线上连续起伏变化的海底剖面，而不只是某点的水深值。这可以使我们获得海底表面形态的凸凹性质、高差大小和延伸范围。利用计算机处理和绘图技术，可制成所测海区海底的三维地形图，了解海底形态变化和地形地貌特征，进行地形分区及结合声呐资料编制海底地貌图。如果能在一定时间内多次重复观测，则可了解海底地形的动态变化。

在选择测深仪时，要注意工作频率、脉冲功率、脉冲宽度、波束角度及记录扫描串等参数。常用的水深测量方式有单波束测深和多波束测深。

6.2.2.1　单波束测深

仪器组成：单波束测深系统一般由换能器、主机（含数字记录和打印机）两大部分组成，必要时可配备涌浪滤波器等辅助设备。

工作原理：测深仪的传感器向海底发射 200kHz 以上的声波，并接收返回的反射波，将其记录在图式仪上，通过测定声波脉冲往返的时间和声速计算水深。

工作要求：测深仪测量的精度必须符合规范要求，测深仪记录的模拟数据和数字记录必须一致。换能器（传感器）或装置在船尾或装置在船舷，但必须呈铅直方向，沉放深度要大于 1m。仪器记录的零点校正到换能器的吃水深度。注意船只的横摇情况以便水深校正时注意海水温度、盐度的变化,并进行声速校正。必要时应实测声速。在近海浅水区要进行潮位校正。在主测线与检查测线相交处两次测深误差应不大于1%的实测水深。

野外调查获得的测深资料是以海面作标准的,因此,首先需要进行潮汐校正,同时需要声速(温度、盐度、深度)的校正。将校正后的每一个水深点标绘到实际材料图上,采用内插法将水深点勾绘成等值线的海底地形图。

6.2.2.2 多波束测深

多波束测深系统,又称为多波束测深仪、条带测深仪或多波束测深声呐等,是一种多传感器的复杂组合系统,是现代信号处理技术、高性能计算机技术、高分辨显示技术、高精度导航定位技术、数字化传感器技术及其他相关高新技术等多种技术的高度集成。与传统的单波束测深系统每次测量只能获得测量船垂直下方一个海底测量深度值相比,多波束探测能获得一个条带覆盖区域内多个测量点的海底深度值,实现了从"点—线"测量到"线—面"测量的跨越,具有测量范围大、测量速度快、精度和效率高的优点。它把测深技术从点、线扩展到面,并进一步发展到立体测深和自动成图,特别适合进行大面积海底地形探测。正因为多波束条带测深仪与其他测深方法相比具有很多无可比拟的优点,二十多年来,世界各国开发出了多种型号的多波束测深系列产品,最大工作深度可达12 000m,横向覆盖宽度可达深度的3倍以上。

多波束测深系统工作原理图如图6-1所示。

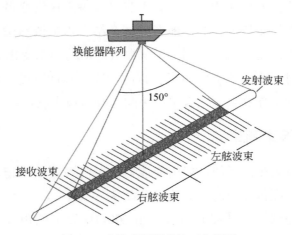

图6-1　多波束测深系统工作原理

利用发射换能器阵列向海底发射宽扇区覆盖的声波,利用接收换能器阵列对声波进行窄波束接收,通过发射、接收扇区指向的正交性形成对海底地形的照射脚印，对这些脚印进行恰当处理，一次探测就能给出与航向垂直的垂面内上百个甚至更多的海底被测点的水深值，从而能够精确、快速地测出沿航线一定宽度内水下目标的大小、形状和高低变化，比较可靠地描绘出海底地形的三维特征。

多波束系统由以下 3 个子系统（图 6-2）构成。

1）多波束声学系统包括多波束发射接收换能器阵（声呐探头）和多波束信号控制处理电子系统。

2）辅助设备：提供大地坐标的 DGPS 差分卫星定位系统，用以提供测量船横摇、纵摇、艏向、升沉等姿态数据的姿态传感器，用以提供所测海区潮位数据的验潮仪，用以提供所测海区声速剖面信息的声速剖面仪等。

3）数据后处理软件（典型如 Hypack）及相关软件和数据显示、输出、储存设备。

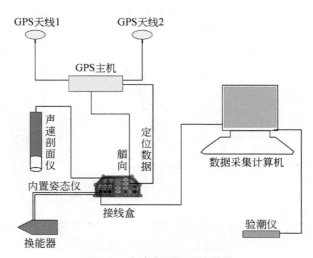

图 6-2　多波束测深系统结构

工作时多波束测深系统利用安装于船底或者拖体上的声基阵向与航向垂直的海底发射超宽声波束，接收海底反向散射信号，经过模拟/数字信号处理，形成多个波束，同时获得几十个甚至上百个海底条带上采样点的水深数据，其测量条带覆盖范围为水深的 2～10 倍，为了保证测量精度，必须消除船在航行时纵横摇摆的影响，一般采用姿态传感器进行姿态修正。与现场采集的导航定位及姿态数据相结合，绘制出高精度、高分辨率的数字成果图。

6.2.3　旁侧扫描声呐

旁侧扫描声呐是近几十年发展起来的可提供水下底床二维海底平面图的水下声

探系统。它如同水下摄影一样呈现海底所有的表面形貌特征。

　　工作原理：旁侧扫描声呐与回声测深仪在原理上有一些相似之处，它所发射的波束垂直于船的走向，主波束的轴与海底有一定的角度（掠射角），向船两侧扩展的宽度随量程不同可达数百米（这里指的是短测程设备）。它通过拖曳于水中的换能器将高频声波向船舷两侧发射，接收来自海底表面一定范围内的反射信号，并转化成图像的形式记录下来，可直观地表现诸如岩石露头、沙波及底床粗糙度等几乎所有的海底表面形态特征，是进行海底表面灾害地质现象形态及规模研究的重要仪器（图6-3）。目前已出现了全方位扇形变焦扫描声呐，使研究得到了进一步的发展。

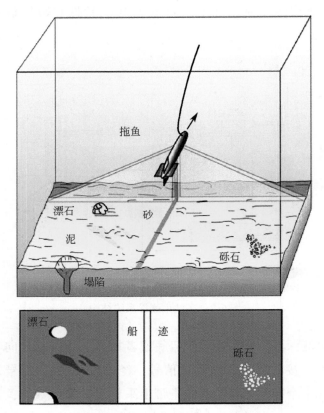

图6-3　旁侧扫描声呐系统工作原理

　　系统组成：旁侧扫描声呐主要由三部分组成（图6-4）：在水下拖曳的换能器，即"拖鱼"；起电气信号传输与拖曳作用的多芯铠装电缆，以及包括信号处理与图像显示在内的双通道记录器。换能器由压电元件线形排列组成，频率在 9～500kHz。

　　工作时安装在船底或者拖曳在船侧，换能器入水深度应超过船底并避开船行尾流，距离海底的距离应大于水深的 10%，浅水区避免触底。距底的距离是所要作为一种用来确定海底地貌类型和沉积物颗粒粒度的仪器，声呐勘测范围和分辨率由主波束

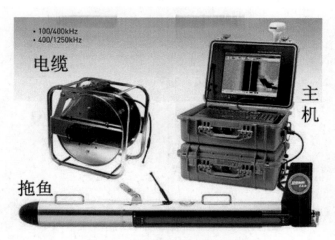

图 6-4　旁侧扫描声呐系统组成

角和换能器距底的高度决定。波束宽度一般在 2°～4°，水深为 200m 时，换能器拖曳在水表面，测得的范围为 0.35～0.75km。拖曳的稳定性是影响声呐信号变形的主要因素，声呐波束在返回时会产生大范围起伏。当勘测较大范围的时候，拖鱼位于水体表面；当对海底地形有很高分辨率要求时，拖鱼应位于离底部较近的地方。

资料分析：旁侧扫描声呐记录仪上显示出来的图像与下列两种因素有关：是海底声学反向散射特性，这些特性随掠射角的变化而发生变化；二是反射波回程距离。从平坦海底反射回来的信号主要是随沉积物的反射特征不同而变化。一般来说，粗粒沉积物的反射比细粒沉积物的反射要强。如果海底起伏不平，扫描波束掠射角度变化的影响将更明显。这种变化与海底沉积物特征变化在记录图像上所引起的色调变化相同。因而旁侧扫描声呐是一项快速有效的海底填图技术，其所获得的记录能清楚地显示分辨出河道、岩石露头、洼坑、浅滩及沙坡等，同时还能圈出具有各种散射特征的平缓海底区，从而有可能指出沉积特征的局部变化。

在航迹足以进行声呐资料覆盖时，可以将修正的资料拼合成一个镶嵌图。利用旁侧扫描声呐可以获得地质岩床成图、海底矿产资源的评估和地质灾害调查等资料。

旁侧扫描声呐主要用于海底地貌和海底障碍物调查，可揭示海底起伏变化、海底沉积物差异（图 6-5）、海底障碍物（包括沉船、电缆、管线和其他海底障碍物）分布及其空间特征等。根据声呐图像的判读解释结果，可编制海底地貌图。

在海底不稳定性调查中，旁侧扫描声呐是一重要的工具，其目的是绘制海底地貌图，识别海底的微观与宏观特征，如海底沟谷、泥火山、溺谷、沙坡、海底滑动等，在和测深、海底取样、浅地层剖面等资料进行综合解释后，还可以判别海底沉积的岩性。如在特定区域加密测线，可以做出旁侧声呐镶嵌图，直观地了解海底的地形地貌。

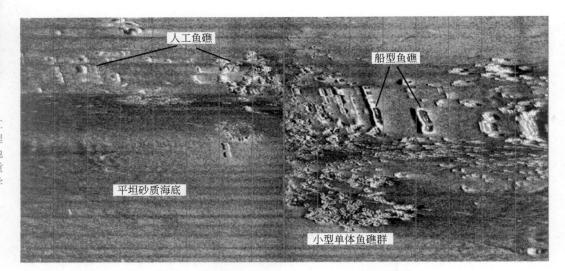

图6-5　黄海某区域海洋牧场的典型地貌声呐图像

图像显示人工鱼礁与平坦砂质海底有较大的差别

6.2.4　浅层剖面测量

浅层剖面测量可获得走航过程中测线下方地层的信息。

工作原理：它所发射的低频声波对海底有一定的穿透深度，能准确反映出海底下不同深度的海底沉积物的结构构造特征。高能发射的低频声波穿入海底，部分能量由深部各声学反射界面反射回来被换能器所接收，反射信号转化成图像后依次以时间函数的形式记录下来，构成一幅连续地层剖面。它可以准确地反映出近岸工程所要求的地层厚度内可能存在的浅层气、浅断层和古河道等灾害性物体或因素。在和柱状取样及浅钻资料进行综合分析后，可推测浅层沉积物、沉积环境及土工特性，而且还可能发现底辟构造。

系统分类：在区域工程地质与场址调查中，浅层剖面仪是基本的工具之一。一般把工作频率为 1～14kHz 的高分辨率地震反射系统都归结在浅地层剖面范围内。除近岸工程调查中经常使用的高分辨率的各种型号的浅地层剖面仪（穿透深度<50m，分辨率0.10～1.0m）外，还有中层（穿透深度<200m，分辨率1～2m）和深层（穿透深度可达1000m，分辨率>2m）系统可以使用。

6.2.4.1　浅地层剖面仪

为了提供以米为单位地层变化详细情况的高分辨率勘测系统称为浅地层剖面仪。这种剖面仪的声波发射器发射的频率较中深地层剖面仪高，比旁侧扫描声呐要低，其频率一般在 500Hz 至 15kHz。该系统的声源多利用电磁脉冲或电声换能产生，声源级为 86 ~ 90dB；其陶瓷压电晶体发射能量输出大约为 2J，使用这种频率和能量输出在软土中能取得 30 ~ 50m 的地层记录。工作时声波直达海底，碰到海底或地层界面时一部分声波返回海面，一部分声波继续穿透沉积物。来自不同层次的回波被换能器变换成信号并被图像记录器记录下来，呈现出沉积层的面貌。

6.2.4.2　中地层剖面仪

中地层剖面仪是指声源为轰鸣器（boomer）或小型电火花（minisarker）的中等穿透系统，能提供海底以下 60 ~ 150m 以上沉积物的分布情况，其垂向记录分辨率为 1 ~ 3m。这种剖面仪的声波发射器发射频率为 200 ~ 5000Hz。轰鸣器用机电装置发射能穿透海底 60 ~ 90m 深度的电磁脉冲。小型火花放电器则是通过许多金属电极释放电荷，把海水加热产生水泡，水泡逐步压扁产生一系列电磁脉冲（又称为水泡脉冲）。这种小型火花放电器能提供穿透深度高达 150m 的地层记录。

轰鸣器的声呐可安装在船上也可安装在拖航的筏子上。拖航的运载器可在水面拖航，也可在水面下拖航。在与浅地层剖面仪同时使用时，轰鸣器和小型电火花可以扩大资料的判读深度。

6.2.4.3　深地层剖面仪

几种深层的穿透系统，声源分为火花放电器（sparker）、小型筒爆装置（mini-sleere exploder）、水枪（water gun）和气枪（air gun），都能发射出 60 ~ 2000kHz 的低频率脉冲，提供海底以下 900m 深度以内的连续高分辨率地层剖面。尽管所用的声源不同，但都使用相同的接收仪和记录仪。

分辨率与穿透能力是使用深层剖面系统时应注意的参数。分辨率与频率和脉冲宽度有关。在理想的情况下，地层厚度的分辨能力大约为所用频率的 1/4 波长。但由于海底地层声阻抗等诸多原因，实际分辨率要比理想值小得多，约为波长的 1/3 或 1/2，而穿透能力则与发射功率、频率、海底沉积物的性质有关。

6.2.5　单道地震调查

单道地震调查以浅层油气、浅层地质灾害调查为主要目的。

工作原理：海洋单道地震勘探过程中，将激发震源和接收电缆拖曳于船后一定深度的海水中，调查船以一定速度沿设计的测线航行，震源按一定时间间隔激发，一次激发形成一个地震道，震源与检波器组中心点距离较短，得到的地震记录近似于自激自收剖面，通常能够较为直观地反映地下地层结构。正是由于海洋特殊的勘探条件，使得单道地震得以在海洋地震勘探中发展。

单道地震测量系统一般由震源系统、接收电缆和记录系统三部分组成。目前国际上常用的震源系统有英国 AAE（Applied Acoustic Engineering）公司的 CSP 震源系统（包括 CSP300P，CSP1500，CSP2200，CSP3000）、SIG800J 震源系统、Geo-Pulse 5420A 震源系统，荷兰 GEO-RESOURCES 公司的 GEO-Spark 10kJ 震源系统等；接收电缆有 SIG16 型信号接收电缆，AAE20 单道信号接收电缆，Geo Sense 信号接收电缆等；记录系统有法国 IXSEA 公司的 IXSEA Delphi Seismic 数字单道地震记录系统，美国 CODA OCTOPUS 公司的 Geo Survey RE50 Seismic 和 Geo Survey Re200 Seismic 等。

单道地震的穿透深度与震源的发射频率与能量有密切的关系。电火花震源发射低频（频率 50~1000Hz）高能量脉冲（500~1000J）的穿透深度超过 150m，使用 50Hz 频率，垂向分辨率为 3~4m，若使用较高的频率，分辨率可达 2~3m。此震源主要在勘探较厚的第四纪沉积覆盖的基岩面时使用，其他领域较少应用。气枪震源使用更高的频率（1500~15 000Hz），分辨率在 1m 以内，甚至在某些环境中可达 0.2m，受限于穿透能力，主要用于进行某些特殊的任务，如勘探海底管线或沟道。布麦尔震源一般采用 100~250J 能量，频率范围在 250~3000Hz，炮频可达 4~6 次/s，穿透深度为 80~100m，分辨率为 0.3~1m，它是第四纪地层学研究中的最优配置，应用最为广泛。

从理论上讲，地震反射是因不同反射界面上声阻抗的变化所致。反射波振幅与入射波振幅之比可用瑞利反射系数描述，并把发射频率的 1/4 波长作为系统的垂直分辨率。然而，在实际工作中为了获得好的记录，还应当有具体的施工要求，如水听器应尽可能避开船的尾流，水听器可吊在从船舷伸出一根长 6m 的吊杆上。此外，在工作中要使电缆保持在水面以下 10~50cm 的拖曳深度。拖曳电缆的深度直接影响噪声、水平反射幅度与分辨率。电火花换能器的沉放深度则为输出脉冲最高频率的 1/2 波长，太深或太浅都将影响记录的质量。

单道地震调查可以实现以下调查目的：①揭示海底的地层结构，包括海底下地层的分布、厚度和沉积相等；②揭示海底构造情况，包括断层分布、规模、断层性质，洼陷与隆起等；③揭示潜在的地质灾害因素，包括断层、埋藏古河道、浅层气、底辟等；④揭示海底以下 100m 以浅的基岩埋藏深度。

6.2.6 多道数字地震调查

在海底不稳定性调查中，多道数字地震调查用于探测海底以下约 1000m 深度范围内沉积物的层序、结构、厚度变化及断层、浅层气等，为布置石油勘探与开发井位提供重要的地质资料。

工作原理：多道地震分为二维地震勘探与三维地震勘探。二维地震勘探是指沿一条测线进行观测，获得的地下反射点也是沿直线均匀分布的，处理后的地震资料为二维地震剖面；三维地震勘探是指沿线间距较小的测线进行面积观测，得到的地下反射点有规律地分布在一定面积之内，处理后的地震资料为具有三维空间特征的三维数据体。三维地震勘测是一种面积地震勘探，高密度的采集和高精度的处理提供了精细的三维数据体资料。利用该数据体，可以提取各种剖面图和立体图像，以满足解释工作的需要。

海洋地震勘探作业时将地震勘探仪器安装在船上，使用海上专用的震源和拖缆，在测量船航行中连续进行地震波的激发和接收（图6-6）。海洋地震勘探系统包括以下三个主要组成部分：地震数据记录系统、震源系统和地震信号接收系统，另外还需要有辅助的导航定位系统。

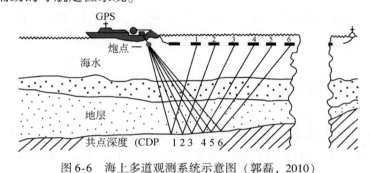

图6-6 海上多道观测系统示意图（郭磊，2010）

6.2.6.1 数据地震记录系统

数据记录系统是数据采集设备，它能将由水听器接收到的声波信号转化为数字信号传输到数字采集系统，数字化的信号经相应的处理后被记录到磁带或磁盘阵列上。模拟记录一般使用磁带记录，数字信号一般记录在磁盘上，数据文件为标准SEG格式。

6.2.6.2 震源系统

震源系统包括位于测量船上的震源能量供给单元和拖于水中的震源水下激发单元。震源系统基本决定着海洋地震勘探的穿透深度和分辨率。震源激发能量大，那么地层穿透能力相应会较强。但如果激发能量太大，会降低地震信号的频率，从而降低地层分辨率，因此要慎重选择震源的激发能量。在实际工作中，可以在海上试验阶段进行震源能量测试，从而选择合适的激发能量。

海上地震勘探目前主要使用气枪、电火花等非炸药震源。多道地震勘探作业一般采用大能量电火花或GI气枪作为震源。气枪震源激发子波频率低、穿透深度大，主要用于深层地震勘探；电火花震源子波频率较高、穿透深度较小，主要用于浅层高分辨率地震勘探。例如，中国地质调查局在渤海海峡跨海通道地壳稳定性调查中考虑到渤海海区作业水深普遍较浅，海底基岩埋深较浅，参照以往施工经验，采用电火花震源。电火花震源为英国 AAE 公司生产的 Delta Sparker，发射能量为 1500 ~ 6000J。

6.2.6.3 地震信号接收系统

地震信号接收系统包括位于测量船上的拖缆控制器和拖于水中的水听器拖缆两部分。常规的水下拖缆用于接收地震反射信号，将声压信号转变为电信号并传输至水听器拖缆控制器。应用最早的是单道水听器拖缆，虽然通过采用多只水听器组合能够提高信噪比，但随着组合个数的增多，地震信号的高频成分被较大压制，地震信号发生畸变，地震分辨率降低。因此，目前使用更多的是多道水听器拖缆及多次覆盖观测方法。

6.2.7 磁法调查

磁法调查一直是海洋地球物理调查的一项传统内容，过去主要应用于圈定岩体、划分岩性区、推断构造形态和位置等海洋科学研究领域。近年来，随着磁力仪精度、灵敏度大大提高，磁法调查在光缆路由调查、井场及海底油气管线调查、找寻海底磁性物体、海湾大桥、隧道工程、电厂选址工程的可行性研究等海洋工程中得到广泛的应用。另外磁法调查也可用于海洋污染调查。

6.2.7.1 海洋磁力仪的工作原理及特点

现代海洋磁力仪按工作原理可以分为质子旋进式、欧弗豪塞（Overhauser）式和光泵式等 3 种不同类型。

质子旋进式磁力仪工作原理：质子旋进式磁力仪是利用质子旋进频率和地磁场的关系来测量磁场的。$T = 23.4874f$，这里 f 是质子旋进频率，T 是地磁场，单位为 nT。只要测量出质子旋进频率 f，就可以得到地磁场 T 的大小。质子旋进式磁力仪是发展较早的一种磁力仪，其灵敏度可达 0.1nT，一般无死区，有进向误差，采样率较低，但现在也已经可以达到 3Hz，价格低廉，适合对灵敏度要求不高的工程和科研地球物理调查。

Overhauser 磁力仪工作原理：Overhauser 磁力仪是在上述质子旋进式磁力仪基础上发展而来的一种磁力仪，尽管它仍基于质子自旋共振原理，但 Overhauser 磁力仪在多方面与标准质子旋进式磁力仪相比有很大改进。Overhauser 磁力仪带宽更大，耗电更少，灵敏度比标准质子磁力仪高 1 个数量级。Overhauser 磁力仪的灵敏度可达 0.01nT，无死区，无进向误差，采样率可达 4Hz，耗电很低，操作简单，价格低廉，适合大多数工程和科研地球物理调查。但在磁场梯度很大的情况下，质子旋进信号可能急剧下降从而导致仪器读数错误。

光泵磁力仪基本原理：光泵磁力仪建立在塞曼效应基础之上，是利用拉莫尔频率与环境磁场间精确的比例关系来测量磁场的。$T = Kf$，这里 f 为拉莫尔频率；K 为比例系数；T 为地磁场，单位为 nT。只要测量拉莫尔频率 f，就可以得到地磁场 T 的大小。光泵磁力仪灵敏度可达 0.01nT 或更高，梯度容忍度远大于质子旋进式磁力仪，采样率可达 10Hz 或更高，但由于工作原理的限制一般有死区和进向误差，主要应用于对灵敏度要求较高的海洋磁力梯度调查等领域。

6.2.7.2 工程应用

（1）在光缆路由调查中的应用

海缆中有金属将产生弱小的磁场，只要在磁力仪的精度范围内就能被感应。海缆在海底处于埋藏状态，如果处于水深较大的位置，为了得到较好的探测效果，工作过程中将采用如图 6-7 所示的方法。图中在离磁力仪探头（拖鱼）10m 处加一重物铅锤（约 25kg），系铅锤的尼龙绳长 6m。在探测过程中铅锤拖着海底，拖鱼由于空腔中有气体，不会沉于海底，这样拖鱼能保持在离海底的高度约 5m 处，此时灵敏度最高，噪声最低。测线的布设与已知海缆的走向垂直，一般布设测线 3~5 条。探测过程中调查船的速度较慢，确保磁力仪探头接近海底。当磁力仪探头越过海缆上方时将产生如图 6-8 所示的磁异常，磁异常的幅值与海缆的种类和磁力仪探头的深度有关，一般可达几十到上百纳特（nT）。通过此方法可以对海缆进行精确定位。

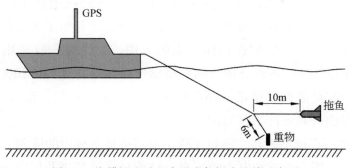

图 6-7　海缆调查过程中磁力仪探头施放示意图

（2）磁法勘察在井场及海底油气管道调查中的应用

海底管道基本上都是较粗的铁质管，产生的磁场要比海缆大很多，探测过程中要求调查船速较慢。当磁力仪探头经过海底管道时，根据海底管道种类的不同及探

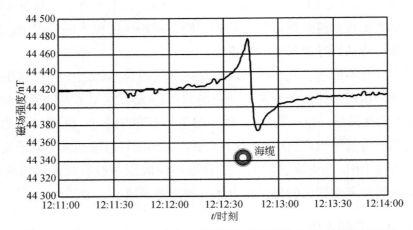

图 6-8　调查中 Sea SPY 磁力仪探测到的海缆磁异常（裴彦良等，2005）

头离海底距离的不同，可以探测到数十到数百纳特的磁异常，如图 6-9 所示。

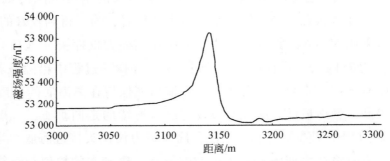

图 6-9　调查中 Sea SPY 磁力仪探测到的海底管道磁异常曲线（裴彦良等，2005）

（3）磁法勘察在找寻海底废弃军火及其他磁性物体方面的应用

在第二次世界大战及沿海军事演习和训练中，近海被遗弃了一些未爆炸的炮弹，这给海洋工程安全造成了隐患。因此，国内外已经开始了磁力仪在找寻遗弃的炮弹等海底废弃军火及其他磁性物体方面的应用。工作时一般采用面积测量的方法，在测量区布设较密的测网，测线间距根据所要找寻物体的体积大小确定，一般几米到十几米。测量数据经过正常场改正和日变改正等处理，最后绘出磁异常 ΔT 等值线图，圈定出海底磁性物体的位置。

（4）磁法勘察在海湾大桥、隧道工程、电厂选址工程中的应用

随着经济的发展，交通和电力的压力日益明显，近年来我国跨海大桥、海底隧道工程及核电站工程日益增多，这些工程在可行性研究阶段面临的主要问题之一就是区域的稳定性问题，需要重点了解工程区域内的断层及其他构造的存在情况以及活动性。在此类工程中，磁法勘察一般与浅地层地震勘察配合进行。工作中，根据工程要求不同，垂直构造线方向布设多条测线，或者在测区内布设测网。资料处理

时，对磁力数据进行正常场改正和日变改正，绘制磁异常 ΔT 剖面图和等值线图，结合地震资料和钻孔资料进行综合地质解释。

（5）磁法勘察在污染防治方面的应用

在近海港口和水道中污染沉积物的磁化率要比未受污染沉积物的磁化率高1到2个数量级，这就使得磁法勘探在此方面的应用成为可能。应用海洋磁力仪进行密集测网的磁法调查，结合取样结果和水深测量，可以成功给出污染沉积物的范围和厚度信息。

6.3 底质调查与工程地质钻探

6.3.1 底质取样

用各种取样设备获得海底底质样品，通过实验分析得到沉积物类型、粒度成分、矿物成分和土的物理力学性质，可为确定底质类型和土的工程性质提供依据。

底质取样一般在地球物理调查之后进行，要求样品合格率在90%以上。

取样站位设在主测线和联络测线交汇处，或沉积物类型发生变化处。

取样工具可用重力活塞取样管、振动活塞取样管、重力取样管、开斯顿取样管、挖泥斗、拖网。黏性土表层取样应主要采用箱式取样器，其次为蚌式取样器，底质为基岩或碎石的区域宜采用拖网取样。柱状取样以重力取样为主，振动取样辅之。柱状样长度：软（黏）底质不小于3m，中等底质1～3m，硬（砂）底质不小于0.5m；硬（砂）底质区采用振动取样方法，样品长度不小于2m；样品直径不小于72mm；取样管内应放塑料衬管。

现场记录要求如下。

1）样品取出后立即进行现场编录，现场编录采用表格，一律用2H/H铅笔填写。编录包括以下内容：①颜色和气味；②状态和黏性；③物质组成；④结构构造；⑤土类名称。

2）对样品进行照相等。

3）样品处理：①扰动样装入样品袋，再套2层至3层塑料袋密封，塑料袋之间放样品标签；②柱状样品，按30～50cm间距截取，样品两端加盖密封盖，然后用胶带缠裹并蜡封，自上而下编号和标记，按上下直立状态（原始）装入专用样品箱，严禁倒放或平放；③箱式插管原状样的处理与柱状样相同；④样品应妥善装箱，样品与样品之间和样品与箱壁之间充填缓冲材料（如塑料泡沫），箱面标注"此面向上""防碰"等醒目字样，样品箱置于安全地点，运输途中严格避免震动；⑤样品标注内容，如项目名称、作业海区、取样站位、样品编号、取样时间、取样深度及上下端等。

6.3.2　工程地质钻探

6.3.2.1　工程地质钻探目的与钻孔类型

工程地质钻探主要用于验证物探资料,查明海区的地层层序、岩性、岩相、厚度、时代及土工性质,可分浅孔钻探和深孔钻探两类。

浅孔钻探适用于海底砂层的下部取样,钻孔深度一般视砂层厚度而定,1~30m,钻孔直径10~90cm。使用的都是空心钻,以便提取岩心,供定量分析用。一般取样钻机安装在固定式平台及坐底平台以及特制的船上,有些国家还利用潜艇打钻孔。浅孔岩心取样一般用于富集于浅海砂层下部的金刚石、锡石和砂金等取样。

深孔钻探适用于海底坚硬岩层勘探,一般在对海底石油、天然气、煤、铁等矿床进行详细勘探时使用。近年来深孔钻探的技术发展很快,现在陆地上最大钻孔深度已超过万米深,在海底也达到6966m深。海上深孔钻探比陆地上困难得多,它必须具备两个条件:一是把钻孔及附属设备支托在海面上;二是要在钻机和海底钻孔之间形成一个引入钻头和导出冲洗液的通孔。

6.3.2.2　钻探过程和钻进方法

钻探过程中有以下三个基本程序。

(1)破碎岩土

在工程地质钻探中广泛采用人力和机械方法,使小部分岩土脱离整体而成为粉末、岩土块或岩土心的现象,称为破碎岩土。岩土破碎是借助冲击力、剪切力、研磨和压力来实现的。

(2)采取岩土

用冲洗液(或压缩空气)将孔底破碎的碎屑冲到孔外,或者用钻具(抽筒、勺形钻头、螺旋钻头、取土器、岩心管等)靠人力或机械将孔底的碎屑或岩心取出于地面。

(3)保全孔壁

为了顺利地进行钻探工作,必须保护好孔壁,不使其坍塌。一般采用套管或泥浆来护壁。

工程地质钻探可根据岩土破碎的方式,钻进方法有以下4种。

第一种,冲击钻进。此法采用底部圆环状的钻头。钻进时将钻具提升到一定高度,利用钻具自重,迅猛放落,钻具在下落时产生冲击动能,冲击孔底岩土层,使岩土达到破碎而加深钻孔。

第二种，回转钻进。此法采用底部嵌焊有硬质合金的圆环状钻头进行钻进。钻进中施加钻压，使钻头在回转中切入岩土层，达到加深钻孔的目的。在土质地层中钻进，有时为有效地、完整地揭露标准地层，还可以采用勺形钻钻头或提土钻钻头进行钻进。

第三种，综合式钻进。此法是一种冲击回转综合式的钻进方法。它综合了前两种钻进方法在地层钻进中的优点，从而达到提高钻进效率的目的。其工作原理是：在钻进过程中，钻头钻取岩石时，施加一定的动力，对岩石产生冲击作用，使岩石的破碎速度加快，破碎粒度比回转剪切粒度增大。同时由于冲击力的作用使硬质合金刻入岩石深度增加，在回转中将岩石剪切掉，这样就大大地提高了钻进的效率。

第四种，振动钻进。此法采用机械动力所产生的振动力，通过连接杆和钻具传到圆筒形钻头周围土中。由于振动器高速振动，圆筒钻头依靠钻具和振动器的重量使得土层更容易被切削而钻进，且钻进速度较快。这种钻进方法主要适用于粉土、砂土、较小粒径的碎石层以及黏性不大的黏性土层。

上述各种钻进方法的适用范围列于表6-1中。

表6-1　钻进方法的适用范围

钻进方法		钻进地层					勘察要求		
		黏性土	粉土	砂土	碎石土	岩石	直观鉴别，采取不扰动试样	直观鉴别，采取扰动试样	不要求直观鉴别，不采取试样
冲击	冲击钻探	—	△	○	○	△	—	—	○
	锤击钻探	△	△	△	△	—	△	○	○
回转	螺纹钻探	○	△	△	—	—	○	○	○
	无岩心钻探	○	○	○	△	△	—	○	○
	岩心钻探	○	○	○	○	○	○	○	○
综合式钻进		-	△	△	○	○	○	○	○
振动钻探		○	○	○	△	—	○	○	○

注：○代表适用，△代表部分情况适用，—代表不适用。

样品编录按下列程序进行：①岩性描述；②岩心素描；③彩色照相；④现场测试记录；⑤取样分析记录；⑥保存样品标明站位和上下位置；⑦钻孔施工结构图。

6.3.2.3　土试样的采取

（1）原状土样的概念

工程地质钻探的主要任务之一是在岩土层中采取岩心或原状土试样。在采取试样过程中应该保持试样的天然结构，如果试样的天然结构已受到破坏，此试样已受到扰动，这种试样称为"扰动样"，在工程地质勘察中是不容许的。除非有明确说明另有所用，否则此扰动样作废。由于土工试验所得出的土性指标要保证可靠，因此工程地质勘察中所取的试样必须是保留天然结构的原状试样。原状试样有岩心试样和土试样。岩心试样由于坚硬，其天然结构难以破坏，而土试样则不同，它很容易被扰动。因此，采取原状土试样是工程地质勘察中的一项重要技术。但是在实际工程地质勘察的钻探过程中，要取得完全不扰动的原状土试样是不可能的。造成土样扰动有以下三个原因。

一是外界条件引起的土试样的扰动，如钻进工艺、钻具选用、钻压、钻速、取土方法选择等。若在选用上不够合理，能造成其土质的天然结构被破坏。

二是采样过程造成土体中应力条件发生了变化，引起土样内质点间的相对位置位移和组织结构的变化，甚至出现质点间的原有黏聚力破坏。

三是采取土试样时，需用取土器采取。但不论采用何种取土器，它都有一定的壁厚、长度和面积。当切入土层时，会使土试样产生一定的压缩变形。壁越厚所排开的土体越多，其变形量越大，造成土试样更大扰动。可见，所谓原状土试样实际上都不可避免地遭到了不同程度扰动。为此，在采取土试样过程中，应力求使试样的被扰动量缩小，尽力排除各种可能增大扰动量的因素。

按照取样方法和试验目的，岩土工程勘察规范对土试样的扰动程度分成如下的质量等级。

Ⅰ级为不扰动，可进行试验项目有：土类定名、含水量、密度、强度参数、变形参数、固结压密参数。

Ⅱ级为轻微扰动，可进行试验项目有：土类定名、含水量、密度。

Ⅲ级为显著扰动，可进行试验项目有：土类定名、含水量。

Ⅳ级为完全扰动，可进行试验项目有：土类定名。

在钻孔取样时，采用薄壁取土器所采得的土试样定为Ⅰ～Ⅱ级；于采用中厚壁或厚壁取土器所采得的土试样定为Ⅱ～Ⅲ级，对于采用标准贯入器、螺纹钻头或岩心钻头所采得的黏性土、粉土、砂土和软岩的试样皆定为Ⅲ～Ⅳ级。

可见，为取得Ⅰ级质量的土试样，普遍采用薄壁取土器来采取，以满足土工试验全部物理力学参数的正确获得。

（2）减少土试样扰动的注意事项

为保证土样少受扰动，根据国内外的经验，采取土试样的前后及过程中应注意如下事项。

1）在结构性敏感土层和较疏松砂层中需采用回转钻进，而不得采用冲击钻进。

2）以泥浆护孔，可以减少扰动，并注意在孔中保持足够的静水压力，防止因孔内水位过低而导致孔底软黏性土或砂层产生松动或涌起。

3）取土钻孔的孔径要适当，取土器与孔壁之间要有一定的间距，避免下放取土器时切削孔壁，挤进过多的废土。尤其在软土钻孔中，时有缩径现象，则更需加大取土器与孔壁的间隙。钻孔应保持孔壁垂直，以避免取土器切刮孔壁。

4）取土前的一次钻进不宜过深，以免下部拟取土样部位的土层受扰动。在正式取土前，要把已受一定程度扰动的孔底土柱清理掉，避免废土过多而取土器顶部挤压土样。

5）取土深度和进土深度等尺寸，在取土前都应丈量准确。

取土过程中，如提升取土器、拆卸取土器等每个操作工序，均应细致稳妥，以免造成扰动。

取出的土应及时用蜡密封，并注明上下、贴上标签，做好记录。

另外（即除了钻探过程的问题以外），在土样封存、运输和开土做试验时，都应注意避免扰动。严防振动、日晒、雨淋和冻结。

6.3.2.4 现场测试

1）样品取上后，首先进行现场鉴定和描述，然后在截取的岩心样段的顶/底部或箱式原状样中间部位，进行微型十字板剪切和微型贯入等试验。

2）现场进行样品的含水率（w）、密度（ρ）测试。

3）测试应避开试样中的硬质包含物和裂隙部位；微型贯入点与试样边缘之间的距离和平行试验贯入点之间的距离应不小于3倍测头直径；测头应匀速地压入土中至测头上刻划线与土面接触为止；压入时测杆与土样应垂直；平行试验不小于3次，剔除偏差较大的值后，取其平均值，作为测试结果。微型十字板剪切试验用切土刀修平被测土样表面；将剪力板垂直插入被测土样至剪力板冀片的高度；将指针拨至零点，以每分钟1圈的速度匀速旋转剪力仪的扭筒，直至样品被剪断，试验结束。若样品剪切强度超过仪器量程，试验结束。

4）根据土质的软硬程度，选取不同类型的测头和不同测力范围的仪器。测试数据记录于表格中，同时记录仪器型号和剪切板规格。

6.4 海上原位测试

所谓原位测试就是在土层原来所处的位置基本保持土体的天然结构、天然含水量以及天然应力状态下，测定土的工程力学性质指标。

海洋工程地质勘察中，试验工作非常重要，因为在进行海洋工程地质评价和海洋工程设计、施工时必须有定量指标作为依据，试验工作是取得这些指标的重要工作。试验工作包括在建筑地点进行现场试验和室内土工试验。野外现场试验较室内试验有很大的优越性，其主要表现为：①可在拟建工程场地进行测试，不用取样，可在真实的有效应力条件下测定土的参数。众所周知，海上钻探取样，特别是取原状土样，不可避免地会使土样产生不同程度扰动和失水。扰动原因包括取样时的应力解除、样品运输中的碰撞及制样中的扰动等。因此，室内试验所测的"原状土"的物理力学性质指标往往不能代表土层的原始状态指标，大大降低了所测指标的工程应用价值；②海上原位测试涉及的土体积比室内试验样品要大得多，因而更能反映土体的宏观结构（如裂隙、夹层）对土体的性质的影响；③很多土的原位测试技术方法可连续进行，因而可以得到完整的土层剖面及其物理力学性质指标，因此它是一门自成体系的实验科学；④土的原位测试，一般具有快速、经济的优点；⑤在相同的操作下，能够测量多个工程地质参数。

但是，原位测试也有不足之处。例如，各种原位测试都有其适用条件，若使用不当则会影响其效果；有些原位测试所得参数与土的工程力学性质间的关系往往是建立在统计经验关系上；影响原位测试成果的因素较为复杂，使得对测定值的准确判定造成一定的困难；原位测试中的主应力方向往往与实际岩土工程中的主应力方向并不一致等。因此，土的室内试验与原位测试，两者各有其独到之处，在全面研究土的各项性状中，两者不能偏废，而应相辅相成。

常用的海洋工程地质原位测试方法有：静力触探试验，标准贯入试验，十字板剪切试验和地基土的波速测试试验等。

6.4.1 静力触探试验

海上静力触探试验（CPT）原理与陆地相同，就是利用机械或液压装置将一定规格的金属探头按一定速率由静力压入土层，同时用传感器或直接量测仪表测试土层对触探头的贯入阻力（锥尖阻力、侧壁阻力）和贯入时的孔隙水压力，以此来判断、分析、确定地基土的物理力学性质。静力触探试验适用于黏性土、粉土和砂土。

静力触探具有简便、快速、灵敏、准确及资料连续直观等特点，对于不易取得原状土的松散饱和砂与淤泥质土的物理力学性质和了解地层岩相变化方面尤为有效。与其他原位试验相比较，静力触探其优点是勘察效率高，减少钻探工作量，减轻劳动强度，降低勘察费用，缩短勘察周期，加速勘察进程，因此，静力触探是工程地质勘察中有效的原位测试方法并得到广泛应用。

静力触探仪主要由三部分组成：第一部分是贯入装置（包括反力装置），其基本功能是可控制等速压贯入；第二部分是传动系统，目前国内外使用的传动系统有液压和机械两种；第三部分是量测系统，这部分包括探头、电缆和电阻应变仪（或电位差计自动记录仪）等。静力触探的探头按结构和功能可分为单桥探头、双桥探头和带孔隙水压力量测探头。静力触探仪按其传动系统可分为电动机械式静力触探仪、液压式静力触探仪和手摇轻型链式静力触探仪。

静力触探试验操作规程内容请参阅《水运工程岩土勘察规范》(JTS 133—2013)。

静力触探试验可以用于下列目的：①根据贯入阻力曲线的形态特征或数值变化幅度划分土层；②估算地基土层的物理力学参数；③评定地基土的承载力；④选择桩基持力层估算单桩极限承载力，判定沉桩可能性；⑤判定场地地震液化势。

静力触探试验的主要成果有：比贯入阻力–深度（P_s–h）关系曲线、锥尖阻力–深度（q_c–h）关系曲线、侧壁摩阻力–深度（f_s–h）关系曲线和摩阻比–深度（R_f–h）关系曲线。

根据目前的研究与经验，静力触探试验成果的应用主要有下列几个方面。

6.4.1.1　划分土层界线和判断场地土的类别

（1）划分土层界线

根据静力触探曲线对地基土进行力学分层，主要依据比贯入阻力比 p_s 或锥尖阻力及侧壁摩阻力 f_s 随深度的变化曲线形态特征划分土层界线。确定土层界线位置的方法有：

1）孔压静力触探时，取超孔隙水压力 u_1（或 u_2）和超孔压比 B_q 的突变点位置定为土层界面。

2）单桥或双桥静力触探时，一般情况下，可将超前、滞后总深度段中点偏向低端阻值（q_c 或 p_s）层（软层）10cm 处定为土层界面；如果上、下土层的端阻值相差 1 倍以上，且其中软层的平均端阻 q_c（或 p_s）<2MPa 时，可将软层的最后 1 个（或第一个）q_c（或 p_s）小值偏向硬层 10cm 处定为土层界面。如果上、下土层端阻值差别不明显时，则应结合摩阻比 R_f、侧摩阻力 f_s 值确定土层界面。

（2）划分土类

静力角探是根据各种阻力大小和曲线形状来进行地层划分的。例如，阻力较小、摩阻比较大、超孔隙水压力大、曲线变化小的曲线段所代表的土层多为黏土层；而阻力大、摩阻比较小、超孔隙水压力很小、曲线呈急剧变化的锯齿状则为砂土。使用双桥静力触探时，可按图 6-10 划分土类（TB 10018—2018）。

使用过滤器位于锥面的孔压探头试验时，在地下水位以下的土层可按图 6-11 划分土类。

使用过滤器置于锥肩的孔压探头试验时，在地下水位以下的土层可按图 6-12 划分土类。

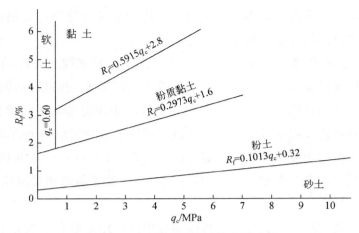

图 6-10 双桥静力触探参数判别土类

R_f，摩阻比；q_c，锥尖阻力，单位 MPa

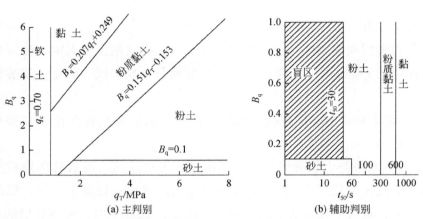

(a) 主判别　　　　(b) 辅助判别

图 6-11 孔压静力触探参数划分土类（过滤器在锥面处）

B_q，超孔压比；q_T，总锥尖阻力，单位 MPa；t_{50}，土体固结完成 50% 的时间

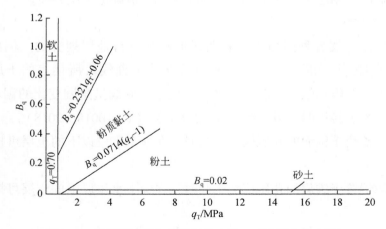

图 6-12 孔压静力触探参数划分土类（过滤器在锥肩处）

B_q，超孔压比；q_T，总锥尖阻力，单位 MPa

6.4.1.2　评定地基土的强度参数

（1）估算饱和黏性土的不排水抗剪强度

由于静力触探试验的贯入速率较快，因此对量测黏性土的不排水抗剪强度 C_u 是一种可行的方法。经过大量试验和研究，探头锥尖阻力 q_c 基本上与黏性土的不排水抗剪强度呈某种确定的函数关系

$$C_u = \frac{q_c - \sigma_0}{N_k} \tag{6-1}$$

式中，σ_0 为原位总上覆压力；N_k 为锥头系数。

《铁路工程地质原位测试规程》（TB 10018—2018）规定，对于灵敏度 $S_t = 2 \sim 7$，塑性指数 $I_P = 12 \sim 40$ 的软黏性土，不排水抗剪强度 C_u 可按下列公式计算

$$C_u = \frac{0.9 \ (p_s - \sigma_{v0})}{N_k} \tag{6-2}$$

其中，$N_k = 25.41 - 0.75S_t - 2.25\ln I_P$

缺乏 S_t、I_P 数据时，可按下式估算 C_u 值

$$C_u = 0.04p_s + 2 \tag{6-3}$$

式中，p_s 单桥探头的比贯入阻力，单位为 kPa。

（2）评价砂土的内摩擦角

砂土的重要力学参数是内摩擦角 φ，《铁路工程地质原位测试规程》（TB 10018—2018）提出可按表 6-2 估算砂土的内摩擦角 φ。

表 6-2　用静力触探比贯入阻力 p_s 估算砂土的内摩擦角 φ

p_s/MPa	1.0	2.0	3.0	4.0	6.0	11.0	15	30
φ/(°)	29	31	32	33	34	36	37	39

6.4.1.3　评定地基土的变形参数

（1）估算黏性土的压缩模量 E_s

$$E_s = \xi q_c \tag{6-4}$$

式中，ξ 为经验系数；q_c 为探头推尖阻力，按表 6-3 取值。

表 6-3　计算黏性土压缩模量时不同土的经验系数取值

土类	q_c/MPa	w/%	ξ
低塑性黏土	<0.7	—	3~8
	0.7~2.0	—	2~5
	>2.0	—	1~2.5
低塑性粉土	>2.0	—	3~6
	<2.0	—	1~3
高塑性黏土和粉土	<2.0	—	2~6
有机质粉土	<1.2	—	2~8
	—	50<w<100	1.5~4
泥炭和有机质黏性土	—	100<w<200	1~1.5
	—	>200	0.4~1

《铁路工程地质原位测试规程》（TB 10018—2018）提出了估算黏性土的压缩模量的经验取值（表6-4）。

表 6-4　用 p_s 评定黏性土的压缩模量的经验值

土层名称	p_s/MPa												
	0.1	0.3	0.5	0.7	1	1.3	1.8	2.5	3	4	5	6	7
软土及一般黏性土	0.9	1.9	2.6	3.3	4.5	5.7	7.7	10.5	12.5	16.5	20.5	24.4	—
新黄土（Q_4、Q_3）	—	—	—	—	1.7	3.5	5.3	7.2	9.0	12.6	16.3	20.0	23.6

（2）估算黏性土的变形模量 E_0

《铁路工程地质原位测试规程》（TB 10018—2018）提出了估算黏性土的变形模量的经验公式（表6-5）。

表 6-5　用 p_s 评定黏性土的变形模量 E_0 的经验公式

土层名称		E_0算式	p_s值域/MPa
老黏性土（Q_1~Q_3）		$E_0 = 11.77p_s - 4.69$	3~6
软土及饱和黏性土（Q_4）		$E_0 = 6.03p_s^{1.45} + 0.8$	0.085~2.5
新黄土（Q_4、Q_3）	西北带	$E_0 = 5.95p_s + 1.4$	1~5.5
	东南带	$E_0 = 13.09p_s^{0.64}$	0.5~5
	北部边缘带	$E_0 = 5p_s$	1~6.5

（3）估算砂类土的压缩模量 E_s

《铁路工程地质原位测试规程》（TB 10018—2018）提出根据比贯入阻力估算砂类土 E_s 的经验值（表6-6）。

表6-6　根据比贯入阻力估算砂类土压缩模量对照　　　（单位：MPa）

p_s	0.5	0.7	1.0	1.3	1.8	2.5	3	4
E_s	2.6~5.0	3.2~5.4	4.1~6.0	5.1~7.5	6.0~9.0	7.5~10.2	9.0~11.5	11.5~13.0
p_s	5	6	7	8	9	11	13	15
E_s	13.0~15.0	15.0~16.5	16.5~18.5	18.5~20.0	20.0~22.5	24.0~27.0	28.0~31.0	35.0

注：1. E_s 为压缩曲线上 p_1（0.1MPa）~p_2（0.2MPa）压力段的压缩模量。

2. 粉土可按表列砂类土 E_s 值的70%取值。

3. Q_3 及其以前的黏性土和新近堆积土应根据当地经验取值或采用原状土样作压缩试验。

4. 表内数值可以线性内插，不可外延。

（4）估算砂类土的变形模量 E_0

《铁路工程地质原位测试规程》（TB 10018—2018）计算砂类土变形模量的经验公式见表6-7。

表6-7　用比贯入阻力估算砂类土变形模量

土层名称	E_0 算式	p_s 值域/MPa
细砂、粉砂、粉土	$E_0 = 3.57 p_s^{0.6836}$	1~20

（5）评定地基土的承载力

由于不同地区土的差异性很大，不能用统一的公式来确定各地区的地基承载力，《铁路工程地质原位测试规程》（TB 10018—2018）通过研究获得一些实用的经验公式（表6-8和表6-9）。

表6-8　用 p_s 确定天然地基土承载力基本值 f_0

土层名称		经验关系	p_s 值域/kPa
黏性土（Q_1~Q_3）		$f_0 = 0.1 p_s$	2700~6000
黏性土		$f_0 = 5.8\sqrt{p_s} - 46$	≤6000
软土		$f_0 = 0.112 p_s + 5$	85~800
砂土及粉土		$f_0 = 0.055 p_s^{0.63} + 14.4$	≤24000
新黄土（Q_4、Q_3）	东南带	$f_0 = 0.05 p_s + 65$	500~5000
	西北带	$f_0 = 0.05 p_s + 35$	650~5500
	北部边缘带	$f_0 = 0.04 p_s + 40$	1000~6500

表 6-9　用 p_s 确定天然地基土极限承载力 p_u

土层名称		经验关系	p_s 值域/kPa
黏性土（$Q_1 \sim Q_3$）		$p_u = 0.14p_s + 265$	$2700 \sim 6000$
黏性土		$p_u = 0.94p_s^{0.8} + 8$	$700 \sim 3000$
软土		$p_u = 0.196p_s + 15$	<800
粉砂、细砂		$p_u = 3.89p_s^{0.56} - 65$	$1500 \sim 24000$
中砂、粗砂		$p_u = 3.6p_s^{0.6} + 80$	$800 \sim 12000$
砂类土		$p_u = 3.74p_s^{0.58} + 47$	$1500 \sim 24000$
粉土		$p_u = 1.78p_s^{0.63} + 29$	$\leqslant 8000$
新黄土（Q_4、Q_3）	东南带	$p_u = 0.1p_s + 130$	$500 \sim 4500$
	西北带	$p_u = 0.1p_s + 70$	$650 \sim 5300$
	北部边缘带	$p_u = 0.08p_s + 80$	$1000 \sim 6000$

注：1. 对于扩大基础，p_s 值取基础底面下 $2b$（b 为矩形基础短边长度或圆形基础直径）深度范围内的比贯入阻力平均值。

2. 层状地基的 p_s 取值规定：由粉砂（或粉土）与粉质黏土（或黏土）组成的交错层，应根据大值平均值和小值平均值，在表 6-9 中分别按其所属土类计算地基承载力，然后根据建筑物特点和重要程度，酌取小值、中小值或中值。

（6）预估单桩承载力

用静力触探试验成果估算单桩承载力比较普遍，上海、天津、西安、海口等城市的应用均取得良好效果。计算结果与桩的荷载试验结果或较接近或相差不大。

用静力触探法预估单桩承载力，各地公式很多。例如，TB 10018—2018 用静力触探法计算混凝土打入桩承载力：

$$Q_u = a_b \bar{q}_{cb} A_b + U_p \sum_{i=1}^{n} \beta_f f_{si} l_i \qquad (6-5)$$

式中，Q_u 为单桩极限承载力，kN；a_b、β_f 分别为桩端阻力、桩侧摩阻力的综合修正系数，按表 6-10 选用；$\bar{q}_{cb}$ 为桩底以上、以下 $4D$（D 为桩径或桩边长）的平均值，kPa。如果桩底以上 $4D$ 的 q_c 平均值大于桩底以下 $4D$ 的 q_c 平均值，则 $\bar{q}_{cb}$ 取桩底以下 $4D$ 的 q_c 平均值。A_b 为桩端横截面山积（m^2）；U_p 为桩身截面周长（m）；f_{si} 为用静力触探比贯入阻力估算的桩周各层土的极限摩阻力（kPa）；l_i 为第 i 层土的厚度（m）。

其余符号同上。

表 6-10　混凝土打入桩桩端、桩侧摩阻力综合修正系数 a_b 和 β_f

a_b	β_f	条件
$3.975(\bar{q}_{cb})^{-0.25}$	$5.07(f_{si})^{-0.45}$	同时满足 $\bar{q}_{cb} > 2000\text{kPa}$、$f_{si}/q_c \leqslant 0.14$
$12.00(\bar{q}_{cb})^{-0.35}$	$10.04(f_{si})^{-0.55}$	不同时满足 $\bar{q}_{cb} > 2000\text{kPa}$、$f_{si}/q_{si} \leqslant 0.14$
备注	$\beta_f f_{si} \leqslant 100\text{kPa}$	

再如,《上海市地基基础设计规范》(DBJ08-11—89)的方法。

该规范的方法适用于计算我国沿海软土地区预制打入桩的单桩承载力标准值 R_k,其公式如下

$$R_k = \frac{1}{K}\left(a_b p_{sb} A_p + U_p \sum_{i=1}^{n} f_i l_i\right) \quad (6\text{-}6)$$

式中,R_k 为预制桩单桩承载力标准值,kN;A_p 为桩端横截面面积,m²;U_p 为桩身截面周长,m;K 为安全系数,应根据工程的性质、使用要求、荷载特性、上部结构对变形的敏感程度、地基土的均匀程度、桩的入土深度和实际沉桩施工质量等因素确定,一般 $K=2$;a_b 为桩端阻力修正系数,按表6-11取用;p_{sb} 为桩端附近的静力触探比贯入阻力平均值,kPa,并按式(6-7)或式(6-8)计算;f_i 为用静力触探比贯入阻力估算的桩周各层土的极限摩阻力,kPa;l_i 为第 i 层土的厚度,m。

表6-11 桩端阻力修正系数 a_b 值

桩长 L/m	$L \leqslant 7$	$7 < L \leqslant 30$	$L > 30$
a_b	2/3	5/6	1

当

$$p_{sb1} \leqslant p_{sb2} \text{时},\ p_{sb} = \frac{p_{sb1} + p_{sb2}\beta}{2} \quad (6\text{-}7)$$

当

$$p_{sb1} > p_{sb2} \text{时},\ p_{sb} = p_{sb2} \quad (6\text{-}8)$$

式中,p_{sb1} 为桩端全端面以上8倍桩径范围内的比贯入阻力平均值,kPa;p_{sb2} 为桩端全端面以下4倍桩径范围内的比贯入阻力平均值,kPa;β 为折减系数,按 p_{sb1}/p_{sb2} 的比值查表6-12。

表6-12 折减系数 β 值

p_{sb1}/p_{sb2}	<5	5~10	10~15	>15
β	1	5/6	2/3	1/2

用静力触探比贯入阻力估算桩周各土层的极限摩阻力时,应结合土工试验资料,土层的埋藏深度及性质按下列情况考虑。

1)地表以下6m范围内的浅层土,可取 $f_i = 15\text{kPa}$。

2)黏性土。当 $p_s \leqslant 1000\text{kPa}$ 时,$f_i = p_s/20$;当 $p_s > 1000\text{kPa}$ 时,$f_i = 0.025 + 25$。

3)粉土及砂土。$f_i = p_s/50$。

上述为 p_s 桩身所穿越土层的比贯入阻力平均值(kPa)。

（7）判定饱和砂土和粉土的液化

《铁路工程地质原位测试规程》（TB 10018—2018）中规定，当采用静力触探试验对地面以下 15m 深度范围内的饱和砂土或饱和粉土进行液化判别时，可按下式计算。当实测值小于临界值时，可判为液化土。

$$p_{scr} = p_{s0} \alpha_1 \alpha_3 \alpha_4 \qquad (6\text{-}9)$$

$$q_{ccr} = q_{c0} \alpha_1 \alpha_3 \alpha_4 \qquad (6\text{-}10)$$

$$\alpha_1 = 1 - 0.065 (d_w - 2) \qquad (6\text{-}11)$$

$$\alpha_3 = 1 - 0.05 (d_u - 2) \qquad (6\text{-}12)$$

式中，p_{scr}、q_{ccr} 分别为饱和土液化静力触探比贯入阻力和锥尖阻力临界值，MPa；p_{s0}、q_{c0} 分别为 $d_w = 2m$，$d_u = 2m$ 时，饱和土液化判别比贯入阻力和液化判别锥尖阻力基准值，MPa，可按表 6-13 取值；α_4 为与静力触探摩阻比有关的土性修正系数，按表 6-14 取值；α_1 为地下水位埋深修正系数，地面常年有水且与地下水有水力联系时，取 1.13；α_3 为上覆非液化土层厚度修正系数，对于深基础，$\alpha_3 = 1$；d_w 为地下水位深度，m；d_u 为上覆非液化土层厚度，m，计算时应将淤泥和淤泥质土层厚度扣除；α_4 为黏粒含量百分比修正系数，按表 6-14 取值。

表 6-13　液化判别 p_{s0}、q_{c0} 值

烈度	7 度	8 度	9 度
p_{s0}	5.0 ~ 6.0	11.5 ~ 13.0	18.0 ~ 20.0
q_{c0}/MPa	4.6 ~ 5.5	10.5 ~ 11.8	16.4 ~ 18.2

表 6-14　α_4 取值

土类	砂土	粉土	
静力触探摩阻比 R_f	$R_f \leq 0.4$	$0.4 < R_f \leq 0.9$	$R_f > 0.9$
α_4	1.0	0.6	0.45

6.4.2　标准贯入试验

标准贯入试验就是利用一定的锤击动能，将一定规格的对开管式贯入器打入钻孔孔底的土层中，根据打入土层中的贯入阻力，评定土层的变化和土的物理力学性质。贯入阻力用贯入器贯入土层中 30cm 的锤击数 $N_{63.5}$ 表示，也称标贯击数。

标准贯入试验开始于 20 世纪 40 年代，在国外有着广泛的应用，在我国也于1953 年开始应用。标准贯入试验结合钻孔进行，国内统一使用直径 42cm 的钻杆，

国外也有使用直径 50cm 或 60cm 的钻杆。标准贯入试验的优点在于：操作简单，设备简单，土层的适应性广，而且通过贯入器可以采取扰动土样，对它进行直接鉴别描述和有关的室内土工试验，如对砂土进行颗粒分析试验。本节试验特别对不易钻探取样的砂土和砂质粉土物理力学性质的评定具有独特的意义。

6.4.2.1 标准贯入试验设备规格

标准贯入试验设备规格要符合表 6-15 的要求。

表 6-15 标准贯入试验设备规格

组成部分	技术要求	标准
落锤	落锤质量/kg	63.5±0.5
	落距/mm	76±2
贯入器	长度/mm	500
	外径/mm	51±1
	内径/mm	35±1
管靴	长度/mm	76±1
	刃口角度/(°)	18~20
	刃口单刃厚度/mm	1.6
钻杆（相对弯曲<1%）	直径/mm	42

资料来源：《岩土工程勘察规范》（GB 50021—2001）（2009 年版）。

6.4.2.2 标准贯入试验的目的和范围

标准贯入试验可用于砂土、粉土和一般黏性土，最适用于 $N=2~50$ 击的土层。其目的有：采取扰动土样，鉴别和描述土类，按颗粒分析结果定名；根据标准贯入击数 N，利用地区经验，对砂土的密实度和粉土及黏性土的状态、土的强度参数、变形模量、地基承载力等做出评价；估算单桩极限承载力和判定沉桩可能性；判定饱和粉砂、砂质粉土的地震液化可能性及液化等级。

6.4.2.3 标准贯入试验成果的应用

标准贯入试验的主要成果有：标贯击数 N 与深度的关系曲线，标贯孔工程地质柱状剖面图。标贯击数 N 主要应用在以下几方面（在应用标贯击数 N 评定土的有关工程性质时，要注意 N 值是否做过杆长修正，杆长修正请参阅有关规范）。

（1）评定砂土的密实度和相对密度 D_r

直接用 N 或者用经过上覆压力修正后的 N_1 来评价（表 6-16）。

表 6-16　用 N_1 确定砂类土密实度和相对密度

标贯击数 N_1	$N_1 \leq 10$	$10 < N_1 \leq 15$	$15 < N_1 \leq 30$	$N_1 > 30$
D_r 值	<0.33	$0.33 \leq D_r \leq 0.40$	$0.40 < D_r < 0.67$	≥ 0.67
密实度	松散	稍密	中密	密实

资料来源：《建筑地基基础设计规范》（GB 50007—2011）。

（2）评定黏性土的稠度状态

用 N 或者用经过上覆压力修正后的 N_1 来评价与黏性土稠度状态之间的关系，见表 6-17。

表 6-17　标贯击数 N 与黏性土液性指数 I_L 的关系

标贯击数 N_1	≤ 2	$2 < N_1 \leq 8$	$8 < N_1 \leq 32$	>32
I_L	>1	$1 \geq I_L > 0.5$	$0.5 \geq I_L > 0$	≤ 0
稠度状态	流塑	软塑	硬塑	坚硬

（3）评定土的抗剪强度指标

用标准贯入试验可评价土的抗剪强度指标 c、φ 的公式在过去的规范、规程或工程地质书籍上有很多，由于标准贯入试验击数离散性大，依据少量标贯试验资料提供场地的设计参数是不可靠的，因此国内各行业的勘察规范中用标贯击数确定强度参数的对应表或者经验关系在规范修订时都进行了删除。只有在专业书籍或旧规范上还能见到某些经验公式，如《工程地质手册》（第四版）上选用的佩克经验公式，对于粉、细砂采用 $\varphi = 6N + 15$；对于中、粗、砾砂采用 $\varphi = 0.3N + 27$。根据计算成果，N 与粗粒土强度指标 φ 的对应关系见表 6-18。

表 6-18　标贯击数 N 与无黏性土强度指标 φ 的经验关系

土类	标贯击数 N										
	4	6	8	10	12	15	20	25	30	40	50
粉砂、细砂 $\varphi/(°)$	21.9	23.5	24.8	26.0	27.0	28.4	30.5	32.3	34.0	36.9	39.5
中砂、粗砾砂 $\varphi/(°)$	28.2	28.8	29.4	30.0	30.6	31.5	33.0	34.5	36.0	39.0	42.0

《最新工程地质手册》还介绍了标贯击数与黏性土强度之间的经验关系，见表 6-19。

表 6-19　标贯击数 N 与黏性土强度指标 c、φ 的关系

土类	粉土			黏土			粉土夹砂			黏土夹砂		
N	2	4	6	2	4	6	2	4	6	2	4	6
c/kPa	12	14.5	19.5	8	12	12	7	10	12	8	11	13
$\varphi/(°)$	10	14	16	6	8	12	12	15	17	10	12	17

（4）评定黏性土的不排水抗剪强度

《工程地质手册》（第四版）上选用的用 N 评定黏性土不排水抗剪强度 S_u 的经验关系如下

$$S_u = (6 \sim 6.5) N \tag{6-13}$$

标贯击数 N 与一般黏性土的无侧限抗压强度的关系见表 6-20。

表 6-20 标贯击数 N 与一般黏性土的无侧限抗压强度的关系

标贯击数 N	$N<2$	$2 \leqslant N<4$	$4 \leqslant N<8$	$8 \leqslant N<15$	$15 \leqslant N<30$
无侧限抗压强度 S_u/kPa	$S_u<25$	$25 \leqslant S_u<50$	$504 \leqslant S_u<100$	$100 \leqslant S_u<200$	$200 \leqslant S_u<400$

资料来源：《水运工程岩土勘察规范》（JTS 133—2010）。

（5）评定土的变形模量 E_0 和压缩模量 E_s

我国标贯击数 N 确定土的变形模量和压缩模量的经验关系见表 6-21。

表 6-21 N 与土的变形模量和压缩模量的经验关系

关系式	适用条件	来源
$E_s = 4.8N^{0.42}$	粉细砂埋深 $H \leqslant 15$m	上海《岩土工程勘察规范》
$E_s = 2.5N^{0.75}H^{-0.25}$	粉细砂埋深 $H>15$m	
$E_s = 1.04N+4.89$	中南、华东地区黏性土	原冶金工业部武汉勘察研究院
$E_s = 0.276N+10.22$	唐山粉细砂	原中国建筑西南勘察设计研究院
$E_0 = 1.066N+7.431$	黏性土、粉土	湖北省水利水电规划勘测设计院

（6）估算地基土承载力

我国《建筑地基检测技术规范》（JGJ 340—2015）规定，标贯击数 N 与砂土承载力特征值 f_{ak} 的关系如表 6-22 所示，与黏性土承载力特征值 f_{ak} 的关系如表 6-23。

表 6-22 N 与砂土承载力特征值 f_{ak} 的关系

标贯击数 N	10	20	30	50
中砂、粗砂	180	250	340	500
粉砂、细砂	140	180	250	340

表 6-23 N 与粉土承载力特征值 f_{ak} 的关系

N	3	4	5	6	7	8	9	10	11	12	13	14	15
f_{ak}	105	125	145	165	185	205	225	245	265	285	305	325	345

（7）估算单桩承载力

对于单桩承载力，一般包括桩尖和桩周两个部分的承载力。将标贯击数 N 换算成桩侧、桩端土的极限摩阻力和极限端承载力，再根据当地的土层情况，就可以估算单桩的极限承载力。对于桩身同时穿过砂土和黏性土两种地层者，其桩周承载力又可分为两部分。

1）对于打入桩的单位极限端阻采用

$$q_p = \frac{0.4ND_b}{B} \leq 4N \tag{6-14}$$

式中，q_p 为桩的单位极限端阻，t/m^2；N 为桩尖附近的标贯击数平均值，击/30cm；D 为进入砂层的深度，m；B 为单桩直径，m。

打入桩的极限侧摩阻力为

$$f_s = N/50 \tag{6-15}$$

式中，N 为桩的埋置深度范围内的平均标贯击数值，击/30cm。

2）对于钻孔桩，建议取 $q_p \leq 1.2N$、$f_s = \dfrac{N}{100}$。

另一个在国际上较有影响的经验值是 1967 年斯默特曼建议的预估打入式混凝土桩承载力的用表，如表 6-24 所示。

表 6-24　预估单桩承载力

土名	桩尖阻力/kPa	桩身阻力/kPa
可塑黏土	$70N$	$5N$
黏土、粉砂、砂混合物	$160N$	$4N$
净砂	$320N$	$1.9N$
含贝壳砂、软石灰岩	$360N$	$1.0N$

注：适用范围 $N = 5 \sim 60$（击/30cm）。

利用标贯击数可选择桩尖持力层：利用 SPT 来选择桩尖持力层，从而确定桩的长度，是一个比较简便和有效的方法，特别是地层变化较大的情况下，更能显示出其勘测设计周期短、质量高、工程省的优点。

根据国内外的实践，对于打入式预制桩，常选择 $N = 30 \sim 50$ 作为持力层。例如，广州地区的红砂岩、黏土岩的残积层，一般在 $N = 30$ 时就可以满足桩长 15~20m 对持力层的要求。但是必须强调与地区建筑经验的结合，不可生搬硬套。

（8）判定饱和砂土的地震液化问题

根据《建筑抗震设计规范》（GB 50011—2010）有关规定，当初步判别认为需进一步进行液化判别时，应采用标准贯入试验判别法判别地面下 20m 深度范围内的液化，当饱和砂土标准贯入试验锤击数小于液化判别标准贯入锤击数临界值时，应判为液化土。

在地面下 20m 深度范围内，符合下式要求，则认为是可液化的。

$$N < N_{cr} \quad\quad (6\text{-}16)$$

$$N_{cr} = N_0\beta\left[\ln\left(0.6\,d_s + 1.5\right) - 0.1\,d_w\right]\sqrt{3/\rho_c} \quad\quad (6\text{-}17)$$

式中，N 为饱和土标贯击数实测值（未经杆长修正）；N_{cr} 为液化判别标贯击数临界值；N_0 为液化判别标贯击数基准值，应按表 6-25 采用；d_s 为饱和土标准贯入点深度，m；d_w 为地下水位，m；ρ_c 为黏粒含量百分比，当小于 3 或为砂土时，采用 3；β 为调整系数，设计地震第一组取 0.80，第二组取 0.95，第三组取 1.05。

表 6-25 标贯击数基准值 N_0

设计基本地震加速度（g）	0.10	0.15	0.20	0.30	0.40
液化判别标贯击数基准值 N_0	7	10	12	16	19

如存在液化土层，根据各液化土层的深度和厚度，按下式计算液化指数

$$I_{LE} = \sum_{i=1}^{n}\left(1 - \frac{N_i}{N_{cri}}\right)d_i W_i \quad\quad (6\text{-}18)$$

式中，I_{LE} 为液化指数；n 为判别深度范围内每一个钻孔标准贯入试验点总数；N_i、N_{cri} 分别为 i 点标贯击数的实测值和临界值；d_i 为 i 点所代表的土层厚度，m，可采用与该标准贯入试验点相邻的上、下两标准贯入试验点深度差的一半，但上界不小于地下水位深度，下界不大于液化深度；W_i 为 i 土层考虑单位土层厚度的层位影响函数值，m^{-1}，当该层中点深度不大于 5m 时 W_i 应采用 10，等于 20m 时应采用零值，5～20m 时按线性内插法取值。

存在液化土层的地基，应根据其液化指数按表 6-26 划分液化等级。

表 6-26 液化等级

液化指数	$0 < I_{LE} \leq 6$	$6 < I_{LE} \leq 18$	$I_{LE} > 18$
液化等级	轻微	中等	严重

勘探场地基岩面存在砾砂层，但地质时代为第四纪晚更新世（Q_3）及其以前的地层，经初步判别为不液化土层。

6.4.3 十字板剪切试验

十字板剪切试验用来原位测定饱和软黏土的抗剪强度。对于难以采取不扰动土样的饱和软黏土来说，用这种方法所测定的抗剪强度值是评价地基土稳定性的重要

依据。十字板剪切试验的原理是用插入软土中的十字板头以一定的速度旋转，依据所测得的扭力计算其抗剪强度，它相当于摩擦角 $\varphi_{uu}=0$ 时的 S_u 值。十字板剪切试验按力的传递方式可分为电测式和机械式两种，该试验方法适用于原位测试饱和软黏土的不排水总强度和灵敏度。

十字板剪切试验的优点是能保持土体所处的自然状态，防止取样、运输和制样对土的扰动（由于饱水黏土取样很困难，易受扰动改变天然应力状态，因此室内试验的准确性很差，而且指标分散，数值比十字板剪切试验所得数值小 20% ~ 30% 或 50% ~ 100%），能测定很难或不能取得原状土样的软黏土的抗剪强度，并及时提供土的抗剪强度指标。对于正常固结的饱和软黏土，十字板剪切试验能反映出软黏土的天然强度随深度而增大的规律，这种规律用其他方法往往不能反映出来，试验的成果也比较可靠。因此，自 1948 年第二届国际土力学会议提出用十字板剪切试验在现场直接测定软黏土的抗剪强度后，已成为国内外常用的重要的原位测试方法。

十字板剪切试验一般在钻孔中进行，凡厚度大于 1m 的黏土层均应进行十字板剪切试验。对厚度比较大的黏土层每隔 2m 测试一次，以求得抗剪强度（S_u）和灵敏度（S_t）。

6.4.3.1　十字板剪切试验设备规格

十字板尺寸：常用的十字板为矩形，高径比（H/D）为 2。国外使用的十字板尺寸与国内常用的十字板尺寸不同，见表 6-27。

表 6-27　十字板尺寸　　　　　　　　　　　　（单位：mm）

十字板尺寸	H	D	厚度
国内	100	50	2 ~ 3
	150	75	2 ~ 3
国外	125±12.5	62.5±12.5	2

6.4.3.2　十字板剪切试验的目的和范围

十字板剪切试验适用于灵敏度 $S_t \leqslant 10$，固结系数 $C_v \leqslant 100 \text{m}^2/\text{a}$ 的均质饱和软黏性土。试验目的如下。

1）测定原位应力条件下软黏土的不排水抗剪强度 S_u。

2）估算软黏性土的灵敏度 S_t。

6.4.3.3 十字板剪切试验成果的应用

（1）获得不排水抗剪强度

一般认为十字板测得的不排水抗剪强度是峰值强度，其值偏高。长期强度只有峰值强度的 60% ~ 70%，要经过修正以后才能用于实际工程问题。其修正方法有

$$(S_u)_f = \mu \ (S_u)_{fv} \tag{6-19}$$

式中，$(S_u)_f$ 为土的现场不排水抗剪强度，kPa；$(S_u)_{fv}$ 为十字板实测不排水抗剪强度，kPa；μ 为修正系数，按表 6-28 选取。

表 6-28　十字板修正系数

塑性指数 I_p		10	15	20	25
μ	各向同性土	0.91	0.88	0.85	0.82
	各向异性土	0.95	0.92	0.90	0.88

（2）计算地基承载力

中国建筑科学研究院、华东电力设计院应用了下面的公式

$$f_k = 2 \ (S_u)_f + \gamma D \tag{6-20}$$

式中，f_k 为地基承载力，kPa；$(S_u)_f$ 为修正后的十字板抗剪强度，kPa；γ 为土的容重，kN/m^3；D 为基础埋置深度，m。

也可以利用地基土承载力的理论公式，根据 $(S_u)_f$ 确定地基土的承载力。

（3）用十字板实测不排水抗剪强度可以估算软土的液性指数 I_L

$$I_L = \lg \frac{13}{\sqrt{(S_u)'_{fv}}} \tag{6-21}$$

式中，$(S_u)'_{fv}$ 为扰动的十字板不排水抗剪强度，kPa。

在国外已广泛应用原位十字板剪力试验装置测定海底沉积土层的抗剪强度，并获得满意结果，在发展原位测试方面，取得较快的发展。各种尺寸的十字板仪被装备有自携式水下呼吸器的潜水员完成，或把十字板仪器装配在调查船和钻井平台上，或用潜水艇或用水下遥控履带车来完成剪切试验。在我国，近年来海上十字板原位测试也得到广泛的应用，如在塘沽新港、镇海港等港口勘测及在浙江、福建一带的软土坝基勘测中，在渤海、南海等海域石油钻井井位工程勘察中都得到了广泛的应用，结果较符合实际。在海岸带，港口工程地质勘察技术规范中已把十字板剪切试验列为必做的试验之一。

6.4.4　剪切波速测试

为了了解场地地层结构和划分场地类别，需进行地层剪切波速测试。目前应用较多效果较好的是单孔悬挂式波速测井法。悬挂式波速测井法将振源和检波器同时放入井孔中，摆脱了笨重的地面敲击震源，实现了波速测井设备的轻便化。

6.4.4.1　剪切波速测试设备

悬挂式波速测井仪主要由主机、井中悬挂式探头及连接电缆等组成（图6-13）。井中悬挂式探头，主要由全密封（防水）电磁式激震源、两个独立的全密封检波器及高强度连接软管等组成。

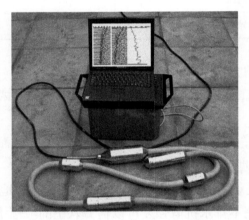

图6-13　XG-I悬挂式波速测井仪

6.4.4.2　剪切波速测试工作原理

利用悬挂式波速测井仪工作时，将震源和检波器置于钻孔中，当震源向井壁作用一个冲击力后，沿井壁地层就有P波和S波传播，在井孔震源下方悬挂有两个检波器（图6-14），S波传播到检波器位置时，通过井液耦合检波器就可以把S波的初至时间和振动波形转换成电信号，由记录仪器记录下来。测试顺序自下而上逐点进行，测点每次向上平移1.0m。在测试时选择震源发射幅度，分别确定第一、第二道增益，以波形起始清晰、振幅尽可能大但又未被限幅（削波）为宜。主机对信号机芯数据处理，采用两道互相关分析方法，自动计算剪切波（S波）在两道检波器间传播的时间差，从而计算出两道间地层的剪切波传播速度。

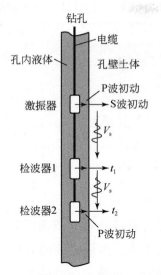

图 6-14　悬挂式钻孔波速测试仪工作原理示意图

6.4.4.3　单孔波速测试成果应用

（1）划分场地类型

根据《建筑抗震设计规范》（GB 50011—2010）的规定，建筑场地的类别划分应以土层等效剪切波速和场地覆盖层厚度为准。

1）土层的等效剪切波速应按下列公式计算

$$v_{se} = d_0 / t$$

$$t = \sum_{i=1}^{n} (d_i / v_{si}) \qquad (6\text{-}22)$$

式中，v_{se} 为土层等效剪切波速，m/s；d_0 为计算深度，m，取覆盖层厚度和 20m 两者的较小值；t 为剪切波在地面至计算深度之间的传播时间；d_i 为计算深度范围内第 i 土层的厚度，m；v_{si} 为计算深度范围内第 i 土层的剪切波速，m/s；n 为计算深度范围内土层的分层数。

2）建筑场地土层覆盖层厚度的确定，应符合下列要求：①一般情况下，应按地面至剪切波速大于 500m/s 且其下卧各岩土层的剪切波速均不小于 500m/s 的土层顶面的距离确定；②当地面 5m 以下存在剪切波速大于其上部各土层剪切波速 2.5 倍的土层，且该层及其下卧各岩土层的剪切波速均不小于 400m/s 时，可按地面至该土层顶面的距离确定；③剪切波速大于 500m/s 的孤石、透镜体，应视为周围土层；④土层中的火山岩硬夹层，应视为刚体，其厚度应从覆盖土层中扣除。

3）建筑的场地类别，应根据土层的等效剪切波速和场地覆盖层厚度按表 6-29 划分为四类，其中 Ⅰ 类分为 Ⅰ$_0$、Ⅰ$_1$ 两个亚类。

表 6-29   各类建筑场地的覆盖层厚度

岩石的剪切波速或土的等效剪切波速/(m/s)	场地类别				
	I$_0$	I$_1$	II	III	IV
$v_s>800$	0				
$800 \geqslant v_s>500$		0			
$500 \geqslant v_s>250$		<5	≥5		
$250 \geqslant v_s>150$		<3	3~50	>50	
$v_s \leqslant 150$		<3	3~15	15~80	>80

（2）土的地层划分

一般情况下，不同的地层具有可分辨的波速差异，利用波速的变化，可以得到各地层的厚度及弹性波的传播速度，传播速度的大小直接反映了地层的"软""硬"程度。因此可以对地层进行划分，并确定地基的持力层。土的类型划分和剪切波速范围见表 6-30。

表 6-30   土的类型划分和剪切波速范围

土的类型	土层剪切波速范围
岩石	$v_s>800$
坚硬土或软质岩石	$800 \geqslant v_s>500$
中硬土	$500 \geqslant v_s>250$
中软土	$250 \geqslant v_s>150$
软弱土	$v_s \leqslant 150$

（3）划分岩石风化层

当岩石风化后，因其组织结构被破坏，矿物成分发生变化，裂隙发育，岩体破碎，造成其波速降低。根据波速的不同，可划分岩石的风化程度。

（4）确定地层的沉积年代

大量的资料表明，剪切波速与岩土的质量、地层的沉积年代有着密切的关系，沉积时代越老，剪切波速越大，反之，剪切波速越小。一般情况下，可根据表 6-31 来划分地层的沉积年代。

表 6-31   地层的沉积年代

沉积年代	Q$_5$	Q$_4$	Q$_3$Q$_2$	Q$_1$
v_s/(m/s)	<120	120~220	220~260	260~390

（5）评价饱和砂土、粉土的液化性

依据实测地层的剪切波速度可判定饱和软弱地层（饱和的砂土、粉土地层）的液化可能性，其基本原理是：当实测地层波速 v_s 大于该地层液化临界波速 v_{scr} 时，即 $v_s > v_{scr}$ 时，则该地层可能产生液化；当 $v_s < v_{scr}$ 时，不可能产生液化。这称为液化临界波速法。

Dorby 等 1980 年提出来的液化临界波速计算公式为

$$v_{scr} = \sqrt{\frac{0.65 a_{hmax} \sigma_V \gamma_d}{\rho g \gamma_t \left(\dfrac{G}{G_{max}}\right)_{\gamma_t}}} \quad (6-23)$$

式中，a_{hmax} 为地表水平最大加速度；σ_V 为竖向总应力；γ_d 为深度折减系数，可按经验公式 $\gamma_d = 1 - 0.01Z$ 得出，Z 为土层埋深，单位 m；ρ 为土体天然密度；g 为重力加速度；γ_t 为液化时的临界剪应变；$\left(\dfrac{G}{G_{max}}\right)_{\gamma_t}$ 为临界剪应变时的模量比。Dorby 认为临界剪应变为 10^{-4}，与此相应的模量比为 0.75。

石兆吉（1993）根据宏观液化资料考虑了黏粒含量和地下水位的影响之后得出如下的临界剪切波速表达式

$$v_{scr} = V_s \left(h_s - 0.0133 h_s^2\right)^{0.5} \left[1.0 - 0.185 \frac{d_w}{h_s}\right] \left(\frac{3}{\rho_c}\right) \quad (6-24)$$

式中，h_s 为土层厚度，单位 m；d_w 为地下水位埋深，单位 m，ρ_c 为黏粒含量。

对应地层临界剪切波速的确定目前还没有统一的国家标准，计算液化临界波速公式各异，液化临界波速只是作为判别饱和砂土、粉土液化性的一种辅助方法。

第7章 | 海洋工程地质勘察

海洋工程地质勘察是为查明影响海底工程建筑物稳定性的地质因素而进行的地质调查研究工作。为保障海洋构筑物的安全性和经济性，必须对海域工程地质条件进行充分的调查与评价，即采用足够的勘察技术和资料，以查明工程建设区域地层条件和有关的海底环境条件。勘察程序包括：①海洋工程地质测绘；②海洋工程地质钻探和原位测试；③室内土工分析测试；④室内资料处理和勘察报告编制。通过勘察获得对建设场地地质条件的了解以制订技术上正确、经济上合理以及社会效益上可行的设计和实施方案。

7.1 海洋工程地质勘察的目的和任务

在海洋工程规划、设计、施工之前通常要进行工程地质勘察，查明工区海域的海洋工程地质条件，包括工区海域的水动力条件、海底地形地貌、地质结构、土层或者岩石的物理力学性质与空间分布及海底灾害地质现象等因素，分析存在的工程地质问题，结合海洋构筑物的结构特点，预测这些构筑物建成后与地质环境之间的相互作用，对拟建工程建设区域做出工程地质条件适宜性评价。以适宜性评价为依据，制订技术先进、经济合理且安全可靠的设计和施工方案，避免因地质条件不适合而导致工程失败，或者因工程的兴建致使周围地质环境恶化，或者诱发次生地质灾害。因此海洋工程地质勘察是海洋工程建设的前期工作，在保证海洋工程安全运行方面发挥着重要的作用。

海洋工程地质勘察的任务是运用各种勘察手段和工程地质的理论，查明工程建设区域的工程地质条件，为海洋工程建设规划、设计、施工提供可靠的基础资料，结合工程建设设计和施工条件，充分利用有利的自然和地质条件，避开或改造不利的地质因素，保证建筑物的安全和正常使用。具体而言，海洋工程地质勘察的任务可归纳为：①查明工程建设区域对拟建工程有影响的风、海浪、潮汐、海流、海冰及风暴潮等水文气象条件；②查明工程建设区域的地形地貌特征；③查明工程建设区域的地层岩性、结构、层序、岩土层的物理力学性质厚度及其空间变化等；④查明工程建设区域内的有利与不利地质构造，查明工程建设区域或其附近存在的不良地质作用和地质灾害现象，如海底滑坡、埋藏古河道、浅层天然气、海底活动沙波和潮流沙脊等灾害地质要素及分布特征，这些工程建设区域条件复杂多变，对工程安全和环境保护的威胁很大，必须精心勘察，精心分析研究可能发生的工程地质问题，为采取防治不良地质条件的措施提供地质依据；⑤对于路由工程还需要查明工程建设区域对拟建工程有影响的水土化学要素、泥温、地温、污损生物等腐蚀环境条件；⑥在分析海洋工程地质条件的基础上对工程建设区域进行适宜性评价。

7.2　勘察阶段划分及基本要求

海洋工程的类型主要有：海岸工程，如码头、船坞、航道、防波堤和进海路；离岸工程，如海底管道、电缆、海洋采油平台、人工岛和海底锚系等；海底工程，如海底隧道。海洋工程地质勘察可根据各类工程特点和有关规定，划分为可行性研究阶段勘察（选址勘察）、初步设计勘察和详细勘察三个阶段，必要时进行施工期勘察。这三个阶段是与拟建工程从设计到施工阶段相对应的，通过各阶段工程勘察，逐步深入认识工程建设区域及工程场地工程地质条件，为不同设计阶段提供勘察资料。场地较小且无特殊性要求的工程可合并勘察阶段。当构筑物总平面图已经确定，且场地或邻近场地已有工程经验或资料时，可根据实际情况，直接进行详细勘察。各勘察阶段的任务和工作内容简述如下。

7.2.1　可行性研究勘察（选址勘察）阶段

可行性研究勘察阶段，即选址阶段，对拟建工程建设的区域稳定性和适宜性做出评价。选址阶段勘察包括以下内容：搜集区域地质、地形地貌、地质构造、岩土层的成因、分布与性质、地震、水文气象条件、海洋开发活动和海底灾害地质等资料。在充分搜集和分析已有资料的基础上，海岸工程可通过踏勘，了解场地的地层、构造特征、灾害地质现象和海洋水文气象等工程地质条件。当拟建场地工程地质条件复杂，已有资料不能满足要求时，应根据具体情况进行海洋工程测绘和必要的勘探工作。

可行性研究勘察工作对于大型工程是非常重要的环节，其目的在于从总体上判定拟建工程建设区域的工程地质条件能否适宜工程建设项目。一般通过取得几个候选场址的工程地质资料进行对比分析，对拟选场址的稳定性和适宜性做出工程地质评价。当确定工程建设区时，在工程地质条件方面，避开不良地质现象发育且对工程建设区域稳定性有直接危害或潜在威胁的地区或地段。

7.2.2　初步设计勘察阶段

初步设计阶段勘察应初步查明建筑场地工程地质条件，为确定总平面布置、建筑物结构和基础形式、施工方法和场地不良地质的防治提供地质依据，对建筑物地基进行岩土工程评价，提供地基基础初步设计所需的岩土参数。

初步勘察阶段工作包括以下内容。

1）搜集、调查海洋水文气象资料，研究区内风暴与海浪，探讨台风规律和百年一遇的狂浪特征，进一步探讨灾害性气象特征；研究区内潮流、海流，探讨海底侵蚀、海底堆积与底流的关系，进一步探讨灾害性水文要素对海底的建设与破坏作用。

2）补充搜集或调查水深地形、已有的工程地质和岩土工程资料。

3）收集和调查海底地形地貌特征，海底形态变化和特殊地段地形，它们的成因与发展趋势及对工程的影响。

4）收集和调查拟建工程设计区域的海底地质构造、地层结构及岩土体的物理力学特性。

5）初步查明障碍物与废弃物的种类、分布及影响。

6）查明海底冲刷沟槽、滑坡、活动沙丘、潮流沙脊、古河道、古湖泊、浅层气、浅断层的成因、分布、规模及发展趋势，对场地的稳定性进行评价。

7）抗震设防烈度大于6度或等于6度的场地，应进行地震效应的初步分析评价。

8）对于线路工程初步判定腐蚀环境对建筑材料的腐蚀性。

9）对不良地质作用与地质灾害的防治、可能采取的地基基础类型进行初步分析评价。

初步设计勘察阶段要在充分搜集和利用已有资料的基础上，通过海洋工程地质测绘、钻探、取样、原位测试和室内试验等勘察手段，初步查明拟建工程地段的工程地质及其他相关的自然环境条件，对拟建工程地段的稳定性做出评价，保证拟建工程设计的经济合理和安全可靠。

7.2.3　详细勘察阶段

详细勘察应在充分搜集已有资料和开展相关调查分析工作的基础上，通过勘探、取样试验及原位测试等手段，提供施工图设计所需要的环境资料、岩土工程资料和岩土参数。对工程施工图设计和不良地质作用与地质灾害的防治等提出建议。

详细良地质作用与地质灾害的类型、成因、分布范围、发展趋势和危害程度，提出整治措施和建议。

1）查明结构物影响范围内地层结构、分布及物理力学性质、工程特性，分析评价地基的均匀性、稳定性，提供并推荐设计所需的各项岩土参数。

2）对需进行变形计算的结构物，提供地基变形计算参数，并预测其变形特征。

3）查明孤石和沉船、锚等对工程有不利影响的障碍物、废弃物及已建海底管道电缆工程情况。

4）查明环境水土对建筑的腐蚀性。

5）预测工程施工及使用期间可能产生的工程问题，并提出防治方案建议。

6）采用桩基础或进行地基处理时，按照《岩土工程勘察规范》（GB 50021—2001）执行。

详细勘察阶段的勘察工作应采取海洋工程测绘、取样、钻探、原位测试和室内试验相结合的方法。勘探点的位置、数量和深度应根据工程类型、建筑物特点、基础类型、荷载情况和岩土性质，结合所需查明的问题综合确定。

7.2.4 施工期（补充）勘察

施工中发现岩土条件与勘察资料不符或发现异常情况时，应进行施工期勘察，勘察工作应针对需要解决的岩土工程问题进行布置。

施工期中的勘察应针对需解决的具体工程地质问题，原则上按照施工图设计阶段勘察的要求，结合现场条件，合理选择勘察方法，确定勘察工作，提供相应的勘察资料，并做出分析、评价和建议。

7.3 海洋工程地质勘察方法与基本要求

7.3.1 海洋工程地质勘察方法

海洋工程地质勘察的基本方法包括海洋工程测绘、底质取样调查、工程地质钻探、原位测试、室内试验与资料整理及研究等，其要求、内容和方法视工程类别的不同而异。

7.3.2 海洋工程地质勘察内容

7.3.2.1 勘察范围与技术要求

海洋工程地质调查的范围视任务需要而定，为使海洋工程地质工作标准化、规范化、系统化，要求按国际图幅进行。

海洋工程地质勘察任务：查明调查区内区域工程地质条件和灾害地质要素分布，进行海底工程地质区划和工程地质条件综合评价。对区域性海洋工程地质勘察有一个基本的技术要求，这个要求取决于调查区工程地质条件的复杂程度、研究程度和调查任务的要求，可参照表 7-1 执行。

表 7-1　海洋工程地质调查技术定额　　　　　　（单位：cm）

海区[a]类型	水深测量[b]		侧扫[b]声呐	地层剖面调查	多道[d]地震	磁力[d]调查	底质取样		现场测试	工程地质钻探
	单波束[c]	多波束[d]					表层	柱样		
	线间距	线间距	线间距	线间距	线间距	线间距	点间距	点间距	点间距	点间距
简单	5	全覆盖	5	5	5	10	5×5	10×10	10×10	40×40
中等	4		4	4	4	8	4×4	8×8	8×8	30×30
复杂	3		3	3	3	3	3×3	6×6	6×6	25×25

注：a. 复杂区是指资料不丰富且海底地形复杂、海洋动力条件变化剧烈的海域。资料较丰富且海底地形复杂，海洋动力条件变化剧烈或海底地层复杂或构造活动发育区；简单区是指海底地形平坦单调，海洋动力条件变化不大的海区；中等区是指介于上述两者之间的海区。b. 水深测量和侧扫声呐如不能满足工作需要，则另计工作量，并在同步作业后调整作业。线间距与点间距均指图上距离。c. 单波束测量按 GB/T 12763.10—2007 执行。d. 选做项目。

7.3.2.2 调查过程中的具体要求

（1）导航定位

导航定位是海洋工程地质调查的基础工作，其主要任务是保证调查船只准确地沿预定测线航行或到达指定站位进行地质调查，并准确地绘制实际作业位置图。国家相关行业规范（GB/T 12763.11—2007）规定，导航定位的基本要求如下。

1）坐标系采用 WGS-84 坐标系统，根据需要也可采用其他坐标系统；投影采用墨卡托投影，根据需要也可采用高斯-克吕格投影及 UTM 投影等。

2）定位方法采用实时 DGPS 技术；定位精度一般控制在 2～5m。

3）每年工作前或进入新区，导航系统必须进行稳定性试验、定点测试、参数测定和调校，测试结果达到仪器说明书中或设计书中的指标后方可投入生产。

DGPS 定位仪检验要求：①测前应进行不少于 12h 的定点准确度比对试验及稳定性试验，采样间隔 1s；②测前在已知点上应进行不少于 30min 的比对试验，采样间隔 1s；③卫星仰角应不小于 5°。

4）远离大陆的岛屿和礁盘其控制网建立亦可采用 GPS 定位测量，GPS 控制网应选用大地 GPS 接收机，并采用相位观测法，其边长相对定位精度不大于 10m。定位点定位中误差不得大于图上 1.5mm。

（2）水深测量

水深测量主要用于查明海底地形，勘测的精度要求如下。

1）单波束测深系统测深时，测线布设要求主测线应垂直等深线方向，检测线垂直于主测线，且其总长应不少于主测线总长的 5%。

2）多波束测深系统测深时，测线布设要求主测线应平行等深线的主方向，检测线垂直于主测线；全覆盖水深测量，保证相邻测线间不少于 10% 的重叠。

（3）侧扫声呐调查

侧扫声呐主要用于查明海底地貌，勘测的精度要求如下。

1）根据调查比例尺和调查区海底地形的复杂程度选择合适的工作频率和量程。

2）全覆盖声呐测量时，相邻两测线的扫描重叠率不少于 20%。

3）侧扫声呐系统应具有航速校正和斜距校正等功能。

4）模拟与数字记录同时进行。

5）拖鱼距海底的高度控制在扫描量程的 10% ~ 35%；在测区水深较浅及海底起伏较大的海域，拖鱼距海底的高度可适当增大。

6）海底扫描图像清晰。

7）漏测超过或等于 3 个定位记点、记录声图无法正确判读时，应进行补测。

（4）地层剖面探测

地层剖面探测主要用于查明海底浅层地层结构及灾害地质要素分布，根据工作探测深度选用不同穿透深度的剖面仪。勘测要求如下。

1）地层剖面探测包括浅地层剖面探测、中地层剖面探测和较深地层剖面探测，用以获得海底以下 200m 深度内的声学地层剖面记录；可根据需要同时进行三种地层剖面探测，或进行浅、中地层剖面探测或浅、较深地层剖面探测。

2）浅地层剖面探测地层分辨率优于 0.3m，中地层剖面探测地层分辨率优于 1m，较深地层剖面探测地层分辨率优于 3m。

3）记录剖面图像清晰，没有强噪声干扰和图像模糊、间断等现象。

（5）单道地震调查

单道地震调查主要用于查明海底浅层以下地层结构及灾害地质要素分布，勘测的精度要求参照浅地层剖面探测的技术要求。

（6）多道数字地震调查

多道数字地震调查主要用于查明海底深部地层结构及灾害地质要素分布，勘测的精度要求如下。

1）道数不小于 24 道，道间距不大于 25m，数据采样率不大于 1ms。

2）不正常工作道数低于 4% 或低于 4 道，测线空废炮率低于 5%。

3）监视记录的计时线应清晰，道迹均匀，气枪同步信号和激发信号（TB）的断点清楚；每条测线的首、尾炮及每隔 40 炮应显示一套纸质监测记录。

4）测线布设尽量与其他地球物理测线一致，尽可能通过已有钻孔位置。

（7）磁法探测

磁法探测主要用于查明海底埋藏管道或电缆，勘测的精度要求如下。

1）磁法探测主测线与检测线交点的测量差值的均方差不大于 2nT；

2）按地球物理勘察测线网格布设测线，对历史资料标明的海底磁性物体，根据需要布设一定的针对性测线，测线应与目标的延伸方向垂直。

（8）底质调查

A. 工程地质取样按如下技术要求进行

1）取样站位按网格布设，其间距见表 7-1。

2）取样设备及样品质量等级见表 7-2 和表 7-3。

表 7-2　取样设备及样品质量等级

取样器		样品质量等级（土的扰动程度）
表层取样器	蚌式取样器	Ⅳ（完全扰动土）
	箱式取样器	Ⅰ（不扰动土）　Ⅱ（轻微扰动土）
柱状取样器	重力取样器	Ⅰ（不扰动土）　Ⅱ（轻微扰动土）
	振动取样器	Ⅱ（轻微扰动土）　Ⅲ（显著扰动土）

注：不扰动土是指原位应力状态已改变，但土的结构、密度及含水率基本没变，能满足岩土工程的室内试验的各项要求。轻微扰动土是指所取的原状样土的结构等已有轻微变化，但基本能满足岩土工程的室内试验的各项要求。显著扰动土是指所取的原状样土的结构等已有明显变化，除个别项目外已不能满足岩土工程的室内试验要求。完全扰动土是指所取土样已完全改变原有土的结构和密度，只可做对土的结构、密度等没有要求的岩土试验。

表 7-3　土试样质量等级划分与试验内容

级别	扰动程度	试验内容
I	不扰动	土类定名、含水率、密度、强度试验、固结试验
II	轻微扰动	土类定名、含水率、密度
III	显著扰动	土类定名、含水率
IV	完全扰动	土类定名

3）取样时应两次定位，调查船到站和取样器到达海底时各测定一次。

4）一次取样样品重量达不到要求时，应重复取样，最多三次；样品重量达不到要求的则视为空站，空站率不大于5%。

5）先测水深，再进行取样；现场测试和编录，填写取样记录表；按规定数量采集样品。

B. 表层取样按以下要求进行

1）取样方法。黏性土表层取样应主要采用箱式取样器，其次为蚌式取样器；底质为基岩或碎石的区域宜采用拖网取样。

2）取样要求：①样品重量不小于1000g；②箱式取样深度不小于30cm，达不到30cm的作为扰动样；③箱式取样器到达甲板后，在箱体内插管取原状样。

C. 柱状取样应按下列要求进行

1）取样方法：柱状取样以重力取样为主，振动取样辅之。

2）取样要求：①柱状样长度，软（黏）底质不小于3m，中等底质1~3m，硬（砂）底质不小于0.5m；②硬（砂）底质区采用振动取样方法，样品长度不小于2m；③样品直径不小于72mm；④取样管内应放塑料衬管。

D. 工程地质取样的现场编录和样品处理按如下要求进行

1）一般要求：①样品取出后立即进行现场编录；②现场编录采用表格，一律用2H/H铅笔填写；③对样品进行照相等。

2）现场编录包括如下各项内容：①颜色和气味；②状态和黏性；③物质组成；④结构构造；⑤土类名称。

3）样品处理：①扰动样装入样品袋，再套2层至3层塑料袋密封，塑料袋之间放样品标签；②柱状样按30~50cm间距截取，样品两端加盖密封盖，然后用胶带缠裹并蜡封，自上而下编号和标记，按上下直立状态（原始）装入专用样品箱，严禁倒放或平放；③箱式插管原状样的处理与柱状样相同；④样品应妥善装箱，样品与样品之间和样品与箱壁之间充填缓冲材料（如塑料泡沫），箱面标注"此面向上""防碰"等醒目字样，样品箱置于安全地点，运输途中严格避免震动；⑤样品标注内容包括项目名称、作业海区、取样站位、样品编号、取样时间、取样深度及上、下端等。

(9) 工程地质钻探

A. 工程地质钻探孔位布置原则

1) 根据地质资料和物探资料确定钻探孔位。选择在地层出露较全且水深相对较浅的地段，并尽量布设在声学地层剖面线上。

2) 相邻图幅的工程地质钻孔应尽量连成大剖面，并且垂直于调查区的构造线。

3) 在地质现象复杂区适当增设钻孔。

B. 工程地质钻探基本要求

1) 实际钻探孔位与设计孔位距离图面上小于 0.5mm。

2) 开钻前及终孔后均进行水深测量，并做潮位改正；钻进过程中每回次量测水深，以核定孔深。

3) 同一孔位钻两个孔时，一个孔用于原位测试，另一个孔用于全取心，两孔间距不大于 10m。

4) 孔深：钻探孔深要求钻至目标层或基岩面下 2.0m。

5) 取心方法：淤泥采用压入式法取心，黏性土采用液压或干钻法取心；砂性土采用锤击法取心或根据需要采用回转法取心；风化破碎带与卵石层采用冲击回转法取心；基岩可采用卡料卡法取心，对于易破碎岩石采用卡簧取心。开孔前，先用液压法（黏性土）或锤击法（砂土）取心，再下隔水套管。回次进尺不超过岩心管长度的 2/3，以保证岩心的完整性；深孔开口直径不小于 108mm，基岩处不小于 72mm。

6) 钻孔要求全取心，岩心直径不小于 72mm。

7) 岩心采取率。黏性土不低于 80%，砂性土不低于 60%，风化破碎带不低于50%，基岩不低于 70%。

8) 深斜校正。进尺 30m 及终孔时应进行孔深校正；孔深误差小于 0.3%，孔斜小于 1°。

C. 钻孔班报和编录要求

1) 班报内容：施工日期、船名、海况、水深、孔位、开孔与终孔时间、回次起止时间、回次进尺、工作内容、土层名称，施工情况及钻进异常等。

2) 编录内容：土层名称、岩性、照相、取样深度、标准贯入试验位置、取样记录和现场测试记录等。

3) 岩心处理：从岩心管内取出样品后，首先用保鲜纸或锡箔纸包好，然后再放至金属取样盒（铝质或合金等）或硬塑料管封装，最后再用电工胶布缠绕并封蜡；样品应标示清楚编号、取样深度、上下关系等，并垂直放入样品箱中，再将样品箱放置船舱，以减轻震动，低温保存。

（10）工程地质现场实验

应按如下技术要求进行现场测试

1）技术要求。现场测试按以下技术要求进行：①样品取上后，首先进行肉眼鉴定和描述，然后在截取的岩心样段的顶/底部或箱式原状样中间部位，进行微型十字板剪切和微型贯入等试验；②现场进行样品的含水率（w）、密度（ρ）试验；③测试应避开试样中的硬质包含物和裂隙部位；④根据土质的软硬程度，选取不同类型的测头和不同测力范围的仪器。

2）微型贯入试验。微型贯入试验应按下列要求进行：①微型贯入仪弹簧的加工精度应符合一级精度标准的规定；②贯入时应避开试样中的硬质包含物和裂隙部位；③贯入点与试样边缘之间的距离和平行试验贯入点之间的距离应不小于3倍测头直径；④测头应匀速地压入土中至测头上刻划线与土面接触为止，压入时测杆与土样应垂直；⑤平行试验不小于3次，剔除偏差较大的值后，取其平均值，作为测试结果。

3）微型十字板剪切试验。该试验适用于均质饱和软黏土，试验操作按下列要求进行：①测试前检查仪器是否正常；②用切土刀修平被测土样表面，将剪力板垂直插入被测土样至剪力板翼片的高度；③将指针拨至零点，以每分钟1圈的速度匀速旋转剪力仪的扭筒，直至样品被剪断，试验结束，若样品剪切强度超过仪器量程，试验结束；④读出样品的试验读数，记录于表中，同时记录仪器型号和剪切板规格。

（11）原位测试

根据底质特征、各种测试方法的使用条件、准确度和难易程度选择适宜的原位测试方法。

A. 标准贯入试验（SPT）应按下列要求进行

1）除坚硬土层外，测试前先击入15cm，不记击数。

2）试验前清孔时，避免对土层的扰动。下放贯入器时不得冲击孔底，孔底的废土高度不得超过5cm。试验时探杆应拧紧，保持垂直，避免晃动。

3）对不均质土层，需增加试验点密度。

4）对于坚硬密实的土层和风化岩，标贯击数宜以50击为限，并记录其实际的贯入深度。

5）标贯击数 N 值按其测试深度标注于钻孔柱状图或地质剖面图上。绘制标贯击数 N 与深度关系曲线。

6）根据标贯击数，结合相关区域资料确定砂土的密实度、内摩擦角和黏性土的无侧限抗压强度，进行地基承载力和土层液化可能性等评价。

B. 静力触探试验（CPT）按下列规定进行

1）一般规定：钻孔式 CPT，调查船上需要装有波浪补偿器或者类似设备；座底式 CPT 电缆应具有足够长度；触探探头应定期标定，每次试验前也应进行标定，要求标定次数不少于 3 次；对可测量孔隙水压力的探头，试验前应用硅油或甘油饱和，饱和度不小于 95%；传感器参数可参照表 7-4。

表 7-4　传感器参数规定

传感器准确度	灵敏度	非线性误差	重复性误差	滞后性误差	取零误差	温度漂移	绝缘度	
							新探头	旧探头
≤1%	≤1%	≤1%	≤1%	≤1%	≤1%	<0.0005℃	≤500M	≤200M

2）测试方法：开始测试时，探头短程贯入，待探头的温度与地温一致后，记录其初始读数，测试结束时，同样标定一次；二次标定数据差值应不大于 1%，否则废弃试验结果，并要求重新调换或维修探头后再测；再次贯入时，在贯入一定深度后，再记录初始读数；贯入速率应恒定为 2cm/s，推力应为垂直方向；每次触探连续进行，获得连续完整的锥端阻力、侧壁摩擦力或孔隙水压力等参数的深度变化曲线；保存测试结果，填写测试记录表；仪器的标定、调试和测试步骤等按照《静力触探规程》（YS/T 5223—2019）执行。

C. 原位十字板测试应按以下要求进行

1）十字板的规格：十字板头叶片的两端可以是 90°，可以带锥度。十字板的规格按表 7-5 确定。

表 7-5　野外十字板尺寸　　　　　　　　　　（单位：mm）

钻孔外径尺寸	直径	高度	叶片厚度	十字板钻杆直径
57.2	38.1	76.2	1.6	12.7
73.0	50.8	101.6	1.6	12.7
88.9	63.5	127.0	3.2	12.7
101.6	92.1	184.1	3.2	12.7

2）十字板的实施：①在取心钻孔中进行原位十字板测试。凡厚度大于 1m 的黏土层中均进行十字板测试。厚层黏土每隔 2m 进行一次测试。②每次测试十字板贯入黏土的深度至少是十字板直径的 5 倍。③十字板就位后施加的角速度小于 0.6rad/s。通常土体破坏的时间为 2~5min，较硬土中很少变形就达到破坏，要降低角速度，以便能较好地确定应力应变参数。④十字板转动过程中，应保持恒定的标

高，记录最大的转矩。⑤测定最大力矩后，十字板快速转动 10 转以上，待重塑过程后 1min 开始测定重塑强度。⑥在粉砂、砂或者砂砾与贝壳层中，不进行原位十字板测试。

（12）室内土工试验按如下要求进行

A. 常规试验

1）试验内容包括：比重、颗粒组成、天然密度、天然含水率、界限含水率、固结和抗剪强度等。

2）颗粒分析试验首先对溶液进行洗盐处理，当大于 0.075mm 的颗粒超过试样总质量的 10% 时，应先进行筛析法试验，然后经过 0.075mm 的洗筛，再用密度计法或移液管法进行试验分析。

3）界限含水率可采用液塑限联合测定法、76g 圆锥仪法、碟式液限法和滚搓法。

4）固结试验的稳定时间以 24h 为准，为缩短固结试验周期，可采用 1h 逐级加荷的快速试验法。

5）抗剪强度试验可采用直接剪切试验或三轴压缩试验方法，三轴压缩试验应制备 3 个以上性质相同的试样；根据土质情况选择合适的围压组合进行试验。

B. 动力学试验

应根据工作需要选择相应的动力学试验内容，包括动强度液化试验和动弹性模量和阻尼比。试验方法按 GBT 50123—2019 执行。

C. 土的工程分类

参照本书第 5 章内容。

7.4　海洋工程勘察内业整理

在勘察过程中，各项勘察内容都有大量地质数据和试验数据，既有海洋工程地质测绘内容的，又有钻孔、原位测试和室内试验的，这需要在野外工作结束和室内试验完成后进行内业资料整理，最后编制报告书和图件，以作为设计部门进行设计的最重要的基础资料。因此，海洋工程地质勘察的内业整理是勘察工作的重要组成部分。它把现场勘察得到的工程地质资料和与工程地质评价有关的其他资料进行统计、归纳和分析，并编成图件和表格，将现场和各个方面搜集得来的材料按工程要求和分析问题的需要进行去伪存真、系统整理，以适应工程设计和工程地质评价的实际需要。

内业整理工作一般包括：现场采集资料处理、室内试验数据的整理和统计及工程地质图件的编制。

7.4.1 勘察数据的整理与分析

海洋工程勘察的目的是获得拟建工区的工程地质条件，包括工区的水文气象条件、海底地形地貌、地质构造、地层的空间分布、岩土层的工程性质和海底灾害地质类型的分布，因此需要分门别类地进行资料整理。

7.4.1.1 定位资料整理

（1）数据处理

1）值班记录中应记录每日作业情况，设备故障及作业中遇到的问题。

2）导航定位值班记录应与地球物理调查值班记录和调查记录纸所记的测线号、点号、日期、时间一致。

3）打印资料应注明内容，不得对其中的任何部分进行涂改或撕贴。

4）数据电子文件应包括如下要素：线号、点号、日期、时间、经纬度、直角坐标及备注等。对数字记录磁盘/光盘进行标识，包括调查海区、单位、日期、仪器名称及型号、侧线号、起止点号/炮号和记录格式等。

（2）数据成图

海上测量工作结束后，作业组应对所获得的测量资料进行全面检查，检查合格后方可进行内业数据处理。内业资料整理时，当发现定位中心与测深中心两者水平位置不重合时，须根据测定的偏心距进行测点位置归算，剔除定位粗差点。然后采用业务主管部门认可的数据处理软件，编制海洋工程测绘航迹图。

7.4.1.2 水深资料整理

（1）数据处理

单波束测深，水深数据处理先要进行深度改正。深度改正包括换能器吃水改正、声速改正和水位改正；对于多波束测深，深度改正包括换能器吃水深度改正、声速改正、水位改正和多波束系统参数改正等。

近岸区应采用实测水位观测资料用于水位改正，验潮站水位观测中误差应不大于5cm，当沿岸验潮站或其他方式不能控制测区水位变化时，可采用预报水位；当动态吃水变化大于5cm时，应进行动态吃水改正。当水深大于200m时，可不进行水位改正。

（2）数据成图

1）图件绘制。实测水深图和海底地形图依据海底地形离散数据文件，利用计算机辅助制图方法绘制。

2）图件种类。包括测线航迹图、实测水深图和海底地形图。

3）准确度评估。包括重合点水深比对限差和准确度估计指标。

首先对不符值进行系统误差及粗差检验，剔除系统误差和粗差后，其主检不符值限差为水深 20m 以浅不大于 0.2m，20m 以深不大于水深的 1%；重合点（图上 1mm 以内）深度不符值限差为水深 20m 以浅不大于 0.4m，20m 以深不大于水深的 2%，超限点数不得超过参加比对总点数的 15%。

其次利用主测线与联络测线交点水深不符值，进行水深测量准确度估计，其估计指标的计算公式为

$$M = \pm\sqrt{\frac{1}{2n}\sum_{i=1}^{n}d_i^2} \tag{7-1}$$

式中，M 为重合点水深不符值中误差，m；d_i 为主测线与联络测线在重合点 i 处的深度不符值，m；n 为主测线与联络测线的重合点数。

4）水深图、海底地形图的基准面采用理论最低潮面、平均海平面或 1985 年国家高程基准，当采用其他基准面时，应注明其与理论最低潮面、平均海平面或 1985 年国家高程基准的关系；水深图、海底地形图的基本等深距应按 0.5m、1m、2m、5m 选用，等深线分为首曲线和计曲线。

7.4.1.3　侧扫声呐资料整理

（1）数据处理

1）检查值班记录、声呐模拟图像记录和数字记录是否完整、清晰，测线、点位及点号是否一致。

2）识别声呐图像记录的干扰信号和噪声。

3）结合水深测量、底质采样等有关资料，识别和确定底质类型及分布、海底灾害地质因素、海底目标物的位置、形状、大小和分布范围。

4）根据需要进行声呐图像镶嵌拼接。

（2）数据成图

1）综合其他有关资料编制海底地貌图。

2）根据需要制作调查区局部的声呐图像解译图或镶嵌图。

7.4.1.4　浅地层资料整理

（1）数据处理

1）检查值班记录、地层剖面模拟图像记录和数字记录是否完整、清晰；测线、点位及点号是否一致。

2）识别地层剖面图像记录上的干扰信号。

3）根据剖面图像的反射结构、振幅、频率和同相轴连续性等特征，结合地质钻孔资料等，划分声学地层层序，解释海底沉积物结构、地层构造，并推测沉积物类型、沉积环境及其工程地质特性等；分析地层中的灾害地质要素，确定其性质、大小、形态、走向及分布范围。

4）依据钻孔层位对比、声速测井或其他测量方法获取的实际地层声速资料进行时间–深度转换。没有实际地层声速资料时，可根据不同地层的深度采用1500～1700m/s的假设声速进行时间–深度转换，并在图上注明。

（2）数据成图

1）编制地层剖面解译图，图面内容包括地形剖面线、地层界面、岩性、灾害地质要素、主要地物标志、取样站位、钻孔位置及其柱状图和测试结果等。

2）编制主要层位的地层等厚度图和地层界面埋深图。

7.4.1.5　单道地震资料整理

（1）数据处理

1）检查值班记录、地层剖面模拟图像记录和数字记录是否完整、清晰，测线、点位及点号是否一致。

2）进行资料处理。识别干扰信号，区分背景噪声干扰和多次反射波干扰。单道地震资料噪声分为有源噪声和环境噪声，有源噪声是由震源或次生震源形成的干扰背景，包括直达波、多次波、绕射波和气泡效应等。资料处理时首先进行信噪分离，压制噪声，提高资料信噪比，使得剖面能够清楚反映目标地层特征。

3）进行资料解译，识别反射界面，划分地震层序，利用收集的地质钻孔资料，把时间剖面换算成深度剖面，划分层序，研究各层的特征。解释主要断层，特别要识别断层至海底的活动断层。根据地震相和其他资料分析古地貌和古沉积环境，识别和分析特殊地质体。

（2）数据成图

1）绘制地层剖面解译图、地层等厚度图和地层界面埋深图。

2）绘制断层分布图和特殊地质体分布图。

7.4.1.6　多道地震资料整理

（1）数据处理

1）检查仪器调试资料和原始记录资料是否齐全，标识是否清晰、翔实。

2）地震资料处理包括：野外带解编、单炮与单道显示、坏炮与坏道编辑、叠前去噪、观测系统定义、滤波与振幅补偿、震源子波反褶积、静校正、多次波衰减和速度分析、动校正和叠加、叠后时间偏移、时变滤波、动平衡、成果剖面和成果记录带等。

3）地震资料解释。根据地震剖面的反射结构、振幅、频率和同相轴连续性等特征，结合地质钻孔资料等，划分地震层序，解释海底沉积物结构、地层构造，并推测其沉积物类型、沉积环境及其工程地质特性等；分析地层中的灾害地质要素，确定其性质、大小、形态、走向及分布范围。

4）根据速度分析，提取均方根速度或平均速度，用于时间-深度的转换。

（2）数据成图

成果图件应编制地震剖面解译图、主要层位的地层等厚度图、地层顶界面埋深图和分层构造图（等 t_0 图或等深度图）等。

7.4.1.7　磁法资料整理

（1）数据处理

1）检查值班记录、模拟记录纸卷、数字记录、地磁日变观测记录等是否完整、清晰，测线、测点号是否一致。

2）对模拟记录纸卷、数字记录和地磁日变观测记录等进行标识，其内容包括项目名称、调查海区、日期、仪器名称与型号、测线号、航向和航速、测线起止点号和时间等。

3）地磁异常计算

$$\Delta T = T - T_0 - T_\mathrm{d} - T_\mathrm{s} \tag{7-2}$$

式中，ΔT 为磁异常值，nT；T 为地磁场总磁场测量值，nT；T_0 为地磁正常场值，nT；T_d 为地磁日变偏差值，nT；T_s 为船磁影响偏差值，nT。

地磁正常场计算采用国际高空物理与地磁协会（IAGA）五年一度公布的国际地磁参考场（IGRF）。

4）磁异常解释。进行磁异常的地质解释，识别海底磁性地质体或物体，并确定其位置和范围等。

（2）数据成图

1）绘制实测磁场强度或磁异常平面剖面图。

2）绘制海底磁性物体分布图，可合并于海底面状况图中，也可根据需要对其中一些较重要的部位单独成图。

7.4.1.8　野外样品整理与资料处理

（1）室内样品整理

1）检查样品编录资料与实际样品是否相符。

2）填写沉积物送样表格和试验内容。

（2）室内土工试验

按照《土工试验方法标准》（GBT 50123—2019）进行对应内容的土工试验。

（3）土工试验数据处理

1）工程地质单元划分。土工试验结束后，在整理有关数据之前，必须进行有关的工程地质单元的划分，所谓工程地质单元是指在工程地质数据的统计工作中具有相似的地质条件或在某方面有相似的地质特征（如成因、岩土性质、动力地质作用等）而将其作为一个可统计单位的单元体。因而在这个工程地质单元体中，物理力学性质指标或其他地质数据大体上是相同的，但又不是完全一致的。有时候，基于某一统计条件而将大体相近的数据统计，也可以作为一个统计单元。所以，工程地质单元的划分不是绝对的，而是基于某一统计条件。只要有某些性质的大体一致性，就可以作为一个工程地质单元来对待。

在一般情况下，工程地质单元可按下列条件划分：①具有同一地质时代、成因类型，并处于同一构造部位和同一地貌单元的岩土层；②具有基本相同的岩土性特征，如矿物成分、结构构造、风化程度、物理力学性能和工程性能的岩土性；③影响岩土体工程地质的因素是基本相似的；④对不均匀变形反应敏感的某些建（构）筑物的关键部位，视需要可划分更小的单元。

2）室内土工试验指标分析。土工试验测得的土性指标，可按其在工程设计中实际作用分为两类：①一般特性指标。包括土的天然密度、天然含水率、土粒比重、颗粒组成、液限、塑限、有机质及水溶盐等，是指作为对土分类、定名和阐明其物理化学特性的土性指标；②主要计算指标。包括土的黏聚力、内摩擦角、压缩系数、变形模量及渗透系数等，是指在设计计算中直接用以确定土体对强度、变形和稳定性等力学性的土性指标。

土性指标的统计分析应按下列公式计算岩土参数的平均值 φ_m、标准差 σ_f 和变异系数 δ

$$\varphi_m = \frac{1}{n}\sum_{i=1}^{n}\varphi_i \tag{7-3}$$

$$\sigma_f = \sqrt{\frac{1}{n-1}\left[\sum_{i=2}^{n}\varphi_i^2 - \frac{1}{n}\left(\sum_{i=1}^{n}\varphi_i\right)^2\right]} \tag{7-4}$$

$$\delta = \frac{\sigma_f}{\varphi_m} \tag{7-5}$$

式中，φ_i 为每层土每组试验实测内摩擦角；n 为每层土内试验组数；δ 为变异系数，是反映被测指标的变化特性和可靠性的指标。

许多岩土参数往往具有随着深度变化的特点，因此，对主要岩土参数的标准值 φ_k 可按下列方法确定：绘制主要参数随深度变化的图件，并按变化特点划分为相关型和非相关型。

相关型参数结合岩土参数与深度的经验关系，按下式确定剩余标准差 σ_r，再用剩余标准差计算变异系数 δ

$$\sigma_r = \sigma_f \sqrt{1 - r^2} \tag{7-6}$$

$$\delta = \frac{\sigma_r}{\varphi_m} \tag{7-7}$$

式中，r 为相关系数，对非相关型，$r = 0$；岩土参数的标准值 φ_k 可按下列方法确定

$$\varphi_k = \gamma_s \varphi_m$$

$$\gamma_s = 1 \pm \left(\frac{1.704}{\sqrt{n}} + \frac{4.678}{n^2} \right) \delta \tag{7-8}$$

式中，γ_s 为统计修正系数。

统计修正系数 γ_s 也可按岩土工程的类型和重要性、参数的变异性和统计数据的个数，根据经验选用。式中正负号按不利组合考虑，如抗剪强度指标的修正系数应取负值，压缩系数取正值。

在岩土工程勘察报告中，应按下列不同情况提供岩土参数值：①一般情况下，应提供岩土参数的平均值、标准值、变异系数、数据分布范围和数据的数量；②承载能力极限状态计算所需要的岩土参数标准值，按标准值公式计算。当设计规范另有专门规定的标准值取值方法时，可按有关规定执行。

3）室内土工试验成果。包括以下内容：①物理力学指标统计表；②土工试验图表，包括土工试验成果表、剪切试验曲线、固结试验曲线和颗粒级配曲线等；③试验报告。

7.4.2　海洋工程地质图的编制

海洋工程地质图是针对工程目的而编制的。它既反映制图地区的工程地质条件，而又对拟建场区的自然条件给予综合性评价。它综合了通过各种海洋工程地质勘察方法所取得的成果，并经过分析和综合编制而成。

7.4.2.1　海洋工程地质图的类型

图件的编制首先要明确工程的需求。但工程建筑的类型多种多样、规模大小不同，而同一工程在不同设计阶段对勘察工作的要求也不一致，加上不同地区工程地质条件变化很大，工程地质图的内容、表现形式、编图原则及工程地质图的分类等很难求统一，因此编制出来的工程地质图的形式和内容各异。各生产部门根据工程建筑的类型、规模和要求，形成了各自的一套编图原则、编图方法和形式。但最终

都编成适合工程用的平面图、剖面图和各种专门性图的一套图件。

工程地质图按工程要求和内容，可分为如下类型。

1）海洋工程地质勘察实际材料图。图中反映该工程场地勘察的实际工作，包括不同勘察内容的导航定位航迹图、钻孔和原位测试位置图、底质取样站位图、海流观测位置图、悬沙站位图和临时验潮站潮位过程曲线图等。从实际材料图上可得出勘察工作量、勘察点位置及勘察工作布置的合理性等。

2）海洋工程地质编录图。这是由一套图件构成，包括：①水深地形图，标注水深值、等深线；②海底地貌图，标明海底地貌分区、基本地貌类型以及海底构筑物和障碍物等；③海底表层岩土类型图，标明海底表层岩土类型分布及分区；④地层等厚度图和埋深图，编制主要层位的顶界面埋深图和底层等厚度图；⑤地震震中分布与地震区划图，标明主要地震断裂、地震震中和地震烈度或地震动参数；⑥钻孔柱状图，标明层位、岩性、结构构造、接触关系及时代、岩性描述和主要土工试验与原位试验数据等；⑦灾害地质图，标明各种灾害地质要素及其分布；⑧综合工程地质图，根据上述基础图件编制。

7.4.2.2 海洋工程地质图的内容及编制原则

综合工程地质图图面应包括工程地质平面图、剖面图、综合柱状图和工程地质分区简表等，并按以下原则编制。

（1）综合工程地质图的图面配置

图面中央为工程地质图；主图左侧为综合工程地质柱状图，右侧为图例；主图下方为工程地质剖面图；工程地质分区简表放在合适位置。

（2）工程地质图图面内容

1）海底岩土类型。

2）工程地质分区。

3）钻孔、原位测试站位和工程地质剖面线等。

4）主要水深等深线。

5）主要海洋水文要素。

6）主要灾害地质要素。

（3）工程地质剖面图

1）选1~2条剖面线，应跨越调查区主要岩土类型、地层、钻孔和工程地质分区，能够反映区内海洋工程地质条件的总体规律。

2）浅层构造、典型灾害地质要素、地层及接触关系等。

3）钻孔位置、取样站位、原位测试位置及有关参数等。

4）水平比例尺与主图一致，水平比例尺与垂直比例尺相协调。

（4）工程地质综合柱状图

按一定比例尺和图例综合反映测区内地层层序、厚度、岩性特征和区域地质发展史的柱状剖面图。图上要附简要说明，编制地层柱状图所需的资料是在野外地质工作中取得的。图中标明地层时代、地层名称、地层代号、厚度、岩性和接触关系等。通常包括下列内容：地层单位、地层代号、厚度、岩性符号、层序、岩性简述、化石、矿产、图名和比例尺。根据具体地质工作的不同要求，还可增加化石分布、水文地质、工程地质、矿产位置等内容。根据地层柱状图还可分析该地区概略的地质发展历史。

（5）工程地质分区简表

阐明调查区内工程地质大区、区、亚区的基本特征。

工程地质分区应在综合归纳测区内工程地质条件基本特征的基础上，根据相似性和差异性而进行分区，主要依据是地质构造、地形与地貌单元、岩土地质特征和灾害地质要素等，依次分为大区、区和亚区。

1）大区的划分主要依据构造地貌的基本特征，分为大陆架、大陆坡和深海平原等。

2）区的划分主要依据区域构造特征、地貌类型、底质类型等。命名原则：构造单元+地貌类型。

3）亚区的划分主要依据灾害地质要素、岩土体结构及物理力学性质。命名原则：灾害地质要素特征+岩土特征。

分区标志有两方面：工程地质条件和工程地质评价。这两类标志的选用，与图的服务目的和具体地质条件有密切关系。工程地质图的服务对象有两种：普通的和专门的。普通工程地质图是为各种建筑工程服务的，不是专为某一工程对象服务，即没有专一的服务对象，因而其分区标志只着重于工程地质条件，图中缺乏工程地质评价这方面的标志。所谓工程地质评价，是从工程地质观点出发来评估在一定工程地质条件下的建筑适宜性，指出有利的和不利的因素及其可利用性和危害性，以及克服不利因素的难易程度。由此看来，工程地质评价必须结合具体建筑的类型和规模来评价。专门工程地质图是针对某一专门工程地质问题而编制的图件。图中突出反映与该工程地质问题有关的地质特征、空间分布和其相互组合关系，如持力层埋深平面图、海底滑坡边界图、灾害地质因素分布图等，因而在工程地质图的类型上编制有专门工程地质图。这种图单一的目的性较强，一般比例尺较大，分区标志是在工程地质条件基础上，结合具体建筑工程的工程地质评价。

7.4.3　海洋工程地质分析评价

海洋工程地质评价包含以下主要内容。

1）评价场区的工程地质条件，包括地质构造、地形地貌、地层分布及工程特性、地下水、不良地质作用和特殊性岩土对场地地基稳定及变形的影响。

2）针对具体工程特点，评价对工程有影响的水文气象条件。

3）评价场地和地基的地震效应。

4）评价场区的腐蚀环境，包括水土化学要素、水温、泥温、污损生物等对建筑材料的腐蚀性。

5）评价人类开发活动与工程建设的相互影响。

6）必要时评价泥沙运移、冲刷淤积对工程的影响。

7）岩土工程分析评价应在定性分析的基础上进行定量分析。岩土体的变形、强度和稳定应定量分析；场地的适宜性、场地地质条件的稳定性，可仅做定性分析。

7.5　海洋工程地质勘察报告的编写

7.5.1　海洋工程地质报告书的编制

工程地质报告书是工程地质勘察的文字成果。工程地质报告书必须有明确的目的性，结合场地自然条件、建筑类型和勘察阶段等规定其内容和格式，不能强求统一。总的来说，报告书应该简明扼要，切合主题；所提出的论点，应有充分的实际资料作为依据，并附有必要的插图、照片及表格，以助文字说明。有些报告书采用表格形式列举实际资料，能起到节省文字、加强对比的作用。但对论证问题来说，文字说明仍应作为主要形式。因此，报告书"表格化"的做法，也须根据实际情况而定，不可强求一律。当然，对于工程地质条件简单，勘察工作量小，且无特殊的设计、施工要求的工程，整个勘察报告可以采用图表形式，再附以简要的文字说明。

报告书的任务在于阐明工作地区的工程地质条件，分析存在的工程地质问题，并做出工程地质评价，得出结论。所以对较复杂场地的大规模或重型工程的工程地质报告书在内容上一般分为绪言、一般部分、专门部分和结论。

绪论的任务主要是说明勘察工作的任务、采用的方法及取得的成果。勘察任务应以上级机关或设计、施工单位提交的任务书为依据。

一般部分的任务是阐述勘察场地的工程地质条件和调查程序与方法。对影响工程地质条件的因素，如气象与气候、水文、区域地质、地形地貌和资源等应做一般介绍。调查设计、调查仪器设备、技术依据、工作量、工作进度、项目组织和分工等也应做一般介绍。

专门部分是整个报告书的中心内容，其任务是结合具体工程要求对涉及的各种工程地质问题进行论证，并对任务书中所提出的要求和问题给予尽可能圆满的回答。例如，对规划阶段的选定建筑地点各种可能方案的工程地质条件对比评价，适宜的建筑与基础结构类型的建议，不利条件及存在的工程地质问题的深入分析，以及为解决这些问题所应采取的合理措施等。当然，在论述时应当列举勘察所得的各种实际资料，进行必要的不同途径与方法的计算，在定性评价基础上做出定量评价。

结论部分是在上述各部分的基础上对任务书中所提出的以及实际工作中所发现的各项工程地质问题做出简短明确的答案，因而内容必须明确具体，措词必须简练正确。此外，在结论中还应指出存在的问题及今后进一步研究方向的建议。

7.5.2 调查报告格式

调查报告包括调查航次报告和综合调查报告两部分。

（1）调查航次报告主要内容

1）绪言。阐明调查目的与任务。

2）调查区域概况。包括气象与气候、海洋水文、地形地貌和区域地质概况。

3）航次计划。包括调查范围、勘测项目与工作量、工作方法及主要技术指标、调查船、时间安排、人员组织和设计测线与站位等。

4）调查船调查设备。包括调查船、导航定位系统、地球物理调查设备，取样与钻探设备、原位测试和实验室分析设备等。

5）调查实施。

6）基本认识与建议。

（2）综合调查报告主要内容

1）绪言。包括调查任务与目的、区域调查研究史及现状。

2）区域概况。包括气象与气候、水文、区域地质、地形地貌和资源等。

3）调查程序与方法。包括调查设计、调查仪器设备、技术依据、工作量、工作进度、项目组织和分工等。

4）地形地貌。包括地形特征和地貌类型、分布及发育等。

5）声学地层及第四纪地层。包括地层层序、结构构造及空间分布和地质构造特征等。

6）海底岩土的基本特征。包括工程地质层序、岩土物理力学性质及其工程地质特征。

7）灾害地质特征及分布规律。包括种类、规模、分布和可能产生的危害。

8）区域地震安全性评价。包括地震构造环境、地震活动性、地震烈度及区划等。

9）工程地质条件综合评价。包括区域构造背景、第四系岩性、工程地质分区、工程地质单元与岩土特性、灾害地质要素和海底稳定性等。

10）结论与建议。

11）参考文献。

12）各种附图与附表。

参 考 文 献

陈俊仁.1991.珠江口盆地海底稳定性分析.热带海洋,10（2）：49-56.

陈俊仁,李廷桓.1993.中国南海地质灾害类型与分布规律.地质学报,67（1）：76-85.

冯文科,鲍才旺.1982.南海地形地貌特征.海洋地质研究,2（4）：80-93.

冯秀丽,沈渭铨.2006.海洋工程地质专论.青岛：青岛海洋大学出版社.

冯秀丽,沈渭铨,杨荣民,等.1994.现代黄河水下三角洲软土沉积物工程地质特性.中国海洋大学学报（自然科学版）,（S3）：132-137.

冯志强.1994.广州国际海洋工程地质讨论会文选.北京：地质出版社.

冯志强,刘宗惠,柯胜边.1994.南海北部地质灾害类型及分布规律.中国地质灾害与防治学报,5（增刊）：171-180.

冯志强,冯文科,薛万俊,等.1996.南海北部地质灾害及海底工程地质条件评价.南京：河海大学出版社.

付志方,孙自明,高君,等.2018.西非下刚果盆地海底麻坑特征及与盐岩活动的关系.海洋地质与第四纪地质,38（04）：167-172.

高国瑞.1984a.中国海相沉积土微结构研究和工程性质.中国科学（B辑）,（9）：75-86.

高国瑞.1984b.中国海洋土微结构特征.工程勘察,（4）：32-36,83.

高国瑞.1985.微结构分析在滨海软土地基勘察中的初步应用.勘察科学技术,（2）：16-21.

高国瑞.1986.中国近海海相沉积物的物质成分、微结构及与工程性质的关系.海洋学报：中文版,8（5）：581-589.

耿雪樵,徐行,刘方兰,等.2009.我国海底取样设备的现状与发展趋势.地质装备,11-16.

工程地质手册编委会.2007.工程地质手册（第四版）.北京：中国建材工业出版社.

郭磊.2010.近海浅层高分辨率多道地震采集与处理方法研究.青岛：中国海洋大学博士学位论文.

郭兴伟,张训华,温珍河,等.2014.中国海陆及邻域大地构造格架图编制.地球物理学报,57（12）：4005-4015.

郭政言.2018.东海陆架晚更新世以来地层格架与环境演化.北京：中国地质大学（北京）博士学位论文.

何健,梁前勇,马云,等.2018.南海北部陆坡天然气水合物区地质灾害类型及其分布特征.中国地质,45（1）：15-28.

洪汉净,郑秀珍,于泳,等.2003.全球主要火山灾害及其分布特征.第四纪研究,23（6）：594-603.

洪汉净,陈会仙,赵谊,等.2009.全球地震、火山分布及其变化特征.地震地质,31（4）：573-583.

侯方辉.2014.东海陆架盆地南部中生代地层分布及构造特征研究.青岛：中国海洋大学博士学位论文.

侯方辉,张志珣,李三忠,等.2005.南黄海新构造运动.海洋地质前沿,21（11）：4-5,15-17.

侯方辉,王保军,孙建伟,等.2016.渤海海峡跨海通道新构造运动特征及其工程地质意义.海洋地质前沿,32（5）：25-30.

胡小强，唐大卿，王嘹亮，等 . 2017. 北黄海盆地东部坳陷断裂构造分析 . 地质科技情报，36（1）：117-127.

黄邦强，等 . 1984. 大地构造学基础及中国区域构造概要 . 北京：地质出版社 .

江怀友，赵文智，裴怿楠，等 . 2008a. 世界海洋油气资源现状和勘探特点及方法 . 中国石油勘探，13（3）：9，37-44.

江怀友，赵文智，闫存章，等 . 2008b. 世界海洋油气资源与勘探模式概述 . 海相油气地质，13（3）：5-10.

江文荣，周雯雯，贾怀存 . 2010. 世界海洋油气资源勘探潜力及利用前景 . 天然气地球科学，21（6）：989-995.

孔宪立，石振明 . 2001. 工程地质学 . 北京：中国建筑工业出版社 .

孔祥淮，刘健，杜远生，等 . 2012. 南黄海西部滨浅海区灾害地质因素特征及分布规律 . 海洋地质与第四纪地质，32（2）：43-52.

寇养琦 . 1990a. 南海北部大陆架的古河道及其工程地质评价 . 海洋地质与第四纪地质，10（1）：37-45.

寇养琦 . 1990b. 南海北部的海底滑坡 . 海洋与海岸带开发，7（3）：48-51.

李安龙 . 2006. 黄河水下三角洲工程灾害与控制因素研究 . 青岛：中国海洋大学博士学位论文 .

李安龙，杨荣民，曹立华，等 . 2004. 黄河水下三角洲海底斜坡波致稳定性分析 . 中国海洋大学学报（自然科学版），34（2）：273-280.

李达，张志珣，张维冈，等 . 2009. 渤海海域及邻区新构造运动特征与环境地质意义 . 海洋地质前沿，25（2）：1-7.

李凡 . 1990. 南海西部灾害性地质研究 . 海洋科学集 . 青岛：中国科学院海洋研究所 .

李凡，林美华 . 1984. 辽东湾海底残留地貌和残留沉积 . 海洋科学集刊，22：56-67.

李凡，于建军 . 1994. 陆架海灾害地质因素分类 . 海洋科学，4：50-53.

李凡，张秀荣，李永植，等 . 1998. 南黄海埋藏古三角洲 . 地理学报，53（3）：238-244.

李家彪 . 1999. 多波束勘测原理技术与方法 . 北京：海洋出版社 .

李磊，王小刚，曹冰，等 . 2013. 东海陆架沙脊三维地震地貌学、演化及成因 . 现代地质，27（4）：783-790.

李廷栋，莫杰，许红 . 2003. 黄海地质构造与油气资源 . 中国海上油气（地质），17（2）：79-84.

李相然 . 2006. 工程地质学 . 武汉：中国电力出版社 .

李学伦 . 1991. 海洋地质学 . 青岛：青岛海洋大学出版社 .

李延成 . 1993. 渤海的地质演化与断裂活动 . 海洋地质与第四纪地质，13（2）：25-34.

李蕴梅 . 2006. 从工程地质的角度看海洋地质灾害及其分类 . 中国教育科学研究，67（7）：73-74.

李智毅，杨裕云 . 1994. 工程地质学概论 . 北京：中国地质大学出版社 .

李智毅，唐辉明 . 2002. 岩土工程勘察 . 武汉：中国地质大学出版社 .

梁修权，张莉 . 1996. 南沙西南海域灾害性地质因素研究 . 中国海上油气，10（1）：7-12.

林凤仙，段继平，杨江华 . 2012. 悬挂式测井仪在场地地震反应剪切波速测试中的应用 . 云南大学学报（自然科学版），34（s2）：256-259.

林振宏，杨作升 . 1990. 海岸河口区重力再沉积和底坡的不稳定性 . 北京：海洋出版社 .

刘春原. 2000. 工程地质学. 北京：中国建材工业出版社.

刘杜娟，潘国富，叶银灿. 2010. 东海陆架典型海洋灾害地质因素及其声反射特征. 海洋通报，29（6）：664-668.

刘海龄，阎贫，刘迎春，等. 2004. 南沙板内新生代沉积基底构造特征及其控盆机制. 海洋通报，23（6）：38-48.

刘守全，莫杰. 1997. 海洋地质灾害研究的几个基本问题. 海洋地质与第四纪地质，17（4）：36-40.

刘守全，刘锡清，王圣洁，等. 2002. 编制1：200万南海灾害地质图的若干问题. 中国地质灾害与防治学报，13（1）：17-20.

刘锡清. 2005. 中国海洋环境地质学. 北京：海洋出版社.

刘晓瑜，董立峰，陈义兰. 2013. 渤海海底地貌特征和控制因素浅析. 海洋科学进展，31（1）：105-115.

刘欣，高抒. 2005. 北黄海西部晚第四纪浅层地震剖面层序分析. 海洋地质与第四纪地质，25（3）：61-68.

刘以宣. 1982. 海岸与海底. 北京：海洋出版社.

刘以宣，詹文欢，陆成斌. 1992. 华南沿海地质灾害类型、发育规律和防治对策. 热带海洋，11（2）：46-52.

刘振夏，夏东兴，汤毓祥，等. 1994. 渤海东部全新世潮流沉积体系. 中国科学（B辑），24（12）：1331-1338.

刘忠亚，彭轩明，赵铁虎，等. 2016. 渤海海峡及邻区活动断裂分布及其活动特征. 海洋地质与第四纪地质，36（1）：87-97.

路建波，戴梁，盛特奇. 2016. 悬挂式测井仪在水域地震安全性评价中的应用. 安徽建筑，23（4）：263-264.

吕悦军，唐荣余，彭艳菊，等. 2003. 渤南油田工程地震研究. 北京：地震出版社.

马云. 2014. 南海北部陆坡区海底滑坡及触发机制研究. 青岛：中国海洋大学博士学位论文.

马云，李三忠，张丙坤，等. 2013. 北部湾盆地不整合面特征及构造演化. 海洋地质与第四纪地质，33（2）：63-72.

马云，李三忠，夏真，等. 2014. 南海北部神狐陆坡区灾害地质因素特征. 地球科学–中国地质大学学报，39（9）：1364-1372.

马云，孔亮，梁前勇，等. 2017. 南海北部东沙陆坡主要灾害地质因素特征. 地学前缘，24（4）：102-111.

马胜中. 2011. 北部湾广西近岸海洋地质灾害类型及分布规律. 北京：中国地质大学（北京）博士学位论文.

马宗晋，杜品仁，高祥林. 2003. 全球构造研究的思考. 地学前缘，10（特刊）：1-4.

马宗晋，杜品仁，高祥林，等. 2010. 东亚与全球地震分布分析. 地学前缘，17（5）：215-233.

牛建光，王赢. 2014. 现场波速试验在港口工程勘察中的应用. 中国水运（下半月），14（1）：284-285.

裴彦良，刘保华，张桂恩，等. 2005. 磁法勘察在海洋工程中的应用. 海洋科学进展，23（1）：114-119.

裴彦良，韩国忠，王揆洋，等. 2007. 精细磁法在胶州湾口海底隧道工程地质勘察中的应用. 海洋测绘，27（4）：57-60.

沈锡昌，郭步芙. 1993. 海洋地质学. 武汉：中国地质大学出版社.

沈中延，周建平，高金耀，等. 2013. 南黄海北部千里岩隆起带的第四纪活动断裂. 地震地质，35（1）：64-74.

石兆吉，郁寿松，丰万玲. 1993. 土壤液化势的剪切波速判别法. 岩土工程学报，（1）：74-80.

史学健. 2003. 东亚边缘海区地貌特征及其形成探讨. 郑州：黄河水利出版社.

孙金龙，徐辉龙，李亚敏. 2009. 南海东北部新构造运动及其动力学机制. 海洋地质与第四纪地质，29（3）：61-68.

孙赛军. 2016. 汇聚板块边缘岩浆活动研究. 广州：中国科学院研究生院博士学位论文.

孙思丽. 2001. 工程地质学. 重庆：重庆大学出版社.

汤爱平. 2002. 基于地震勘探的海洋工程地质勘察. 世界地震工程，18（3）：64-68.

唐辉明. 2008. 工程地质学基础. 北京：化学工业出版社.

唐贤强，谢瑛，谢树彬，等. 1993. 地基工程原位测试技术. 北京：中国铁道出版社.

田振兴. 2005. 北黄海盆地断裂特征及其深部构造研究. 青岛：中国海洋大学博士学位论文.

王洪聚，刘保华，李西双. 2011. 晚更新世以来渤海南部海域断裂活动性. 地球科学进展，26（5）：556-564.

王华林，王永光，刘希强，等. 2000. 渤海及周围地区断裂构造与强震活动研究. 地震研究，23（1）：35-43.

王明田，庄振业，葛淑兰，等. 2000. 辽东湾中北部浅层埋藏古河道沉积特征及对海上工程的影响. 黄渤海海洋，18（2）：18-24.

王琦. 1991. 海洋沉积学. 青岛：青岛海洋大学出版社.

王舒畋，李斌. 2010. 东海新构造与新构造运动. 海洋地质与第四纪地质，30（4）：141-150.

王应斌，黄雷，刘廷海. 2012. 渤海新构造运动主要特征与构造型式. 中国海上油气，24（s1）：6-10.

王颖，马劲松. 2003. 南海海底特征、资源区位与疆界断续线. 南京大学学报（自然科学），39（6）：797-805.

温孝胜. 2000. 海洋地质学的发展现状与未来展望. 海洋通报，19（6）：66-73.

温志新，童晓光，张光亚，等. 2014. 全球板块构造演化过程中五大成盆期原型盆地的形成、改造及叠加过程. 地学前缘，21（3）：26-37.

吴金龙，王揆洋，王述功，等. 1986. 东海地壳结构的研究. 海洋科学进展，4（2）：25-35.

谢富仁，崔效锋，赵建涛. 2003. 全球应力场与构造分析. 地学前缘，10（特刊）：22-30.

徐家声. 1990. 渤海西部海岸带地貌发育的动力因素及特征分析. 海洋通报，1（2）：58-64.

徐杰，周本刚，计凤桔，等. 2011. 渤海地区新构造格局. 石油学报，32（3）：442-449.

徐宁. 2007. 东海天然气水合物地球物理特征及全波形反演方法研究. 北京：中国科学院研究生院博士学位论文.

杨传胜，杨长清，张剑，等. 2017. 东海陆架盆地中生界构造样式及其动力学成因探讨. 海洋通报，36（4）：431-439.

杨慧良，王保军，桑向国. 2004. 南黄海中部海区海底地貌特征. 海洋地质动态，20（8）：10-13.

杨木壮，梁修权，王宏斌，等.2000.南海北部湾海洋工程地质特征.海洋地质与第四纪地质，20（4）：47-52.

杨文达，刘望军.2007.海洋高分辨率地震技术在浅部地质勘探中的运用.海洋石油，27（2）：18-25.

杨子赓，张志询，王学言.1998.渤海湾北部浅海海洋地质环境演变与灾害地质问题//寸丹集-庆贺刘光鼎院士工作50周年学术论文集.北京：科学出版社.

杨作升，沈渭铨.1991.河口沉积动力学研究文集.青岛：青岛海洋大学出版社.

姚伯初.2000.东南亚地质构造特征和南海地区新生代构造发展史.南海地质研究，（11）：1-13.

姚伯初.2006.黄海海域地质构造特征及其油气资源潜力.海洋地质与第四纪地质，26（2）：85-93.

姚彤宝，刘宝林，夏柏如.2007.一种振动活塞取样钻具的研制.地质装备，15-16.

叶邦全.2012.海洋工程用锚类型及其发展综述.船舶与海洋工程，（3）：5-11.

叶银灿.2012.中国海洋灾害地质学.北京：海洋出版社.

叶银灿，来向华，刘杜娟，等.2011.中国海域灾害地质区划初步探讨.中国地质灾害与防治学报，22（4）：102-107.

袁迎如.1988.南黄海西南部的活动断裂.海洋科学，12（2）：8-12.

曾宪军，伍忠良，郝小柱.2009.海洋地质调查方法与设备综述.气象水文海洋仪器，1：111-120.

张丙坤.2014.南海北部深水区天然气水合物相关活动构造类型及成因机制.青岛：中国海洋大学博士学位论文.

张国伟，郭安林，姚安平.2006.关于中国大陆地质与大陆构造基础研究的思考.自然科学进展，16（10）：1210-1215.

张国伟，郭安林，王岳军，等.2013.中国华南大陆构造与问题.中国科学：地球科学，43（10）：1553-1582.

张磊，徐放明，吴社庆.2006.场地剪切波速测试及其应用.电力勘测设计，（6）：9-11.

张利丰.1979.海岸地貌.济南：山东科技出版社.

张伟.2016.南海北部主要盆地泥底辟/泥火山发育演化与油气及天然气水合物成矿成藏.广州：中国科学院研究生院博士学位论文.

张先华.2009.原状土取样与试验的现状与对策.西部探矿工程，12：26-27.

张训华，郭兴伟.2014.块体构造学说的大地构造体系.地球物理学报，57（12）：3861-3868.

张训华，侯方辉，孙军，等.2014.中国海及邻域宏观地质特征与构造演化.海洋地质与第四纪地质，34（6）：1-8.

张有良.2006.最新工程地质手册.北京：中国知识出版社.

张志珣，侯方辉，刘锡清.2008.南澳岛近海特殊地形的发现及其新构造学意义.海洋地质与第四纪地质，28（6）：63-68.

赵广涛，谭肖杰，李德平.2011.海洋地质灾害研究进展.海洋湖沼通报，（1）：159-164.

赵汗青，吴时国，徐宁，等.2006.东海与泥底辟构造有关的天然气水合物初探.现代地质，20（1）：115-122.

赵庆献，罗文造，李龙振.2002.对海上高分辨率二维地震作业的认识.海洋技术，21（1）：37-41.

赵淑芳，杨宏亮.2012.场地剪切波速的特征分析.云南大学学报（自然科学版），34（s2）：267-271.

赵淑娟，李三忠，索艳慧，等.2017.黄海盆地构造特征及形成机制.地学前缘，24（4）：239-248.

郑继民.1994. 中国海洋工程地质研究. 工程地质学报，2（1）：90-96.

中国科学院海洋研究所.1982. 黄东海地质. 北京：科学出版社.

中国土木工程学会.2010. 注册岩土工程师基础考试复习教程（第四版）. 北京：中国建材工业出版社.

朱传镇.1991. 全球各地震带及我的地震活动性分析. 地震地磁观测与研究，（6）：6-13.

朱而勤.1991. 近代海洋地质学. 青岛：青岛海洋大学出版社.

朱永其，曾成开，冯韵.1984. 东海陆架地貌特征. 东海海洋，2（2）：1-13.

肯尼特 J.1992. 海洋地质学. 成国栋等译. 北京：海洋出版社.

列昂节夫 OK.1965. 海岸与海底地貌学. 王乃梁等译. 北京：中国工业出版社.

英德比岑 A L.1981. 深海沉积物物理及工程地质性质. 梁元博，李粹中，卢博译. 北京：海洋出版社.

Lowman P D. 1982. 全球构造活动性图. 王尚文译. 地震地质译丛，（5）：5-9.

Berger B S. 1976. The Dynamic Response of an Elastic Shell of Revolution Submerged in an Acoustical Medium. Journal of Applied Mechanics，43（3）：514.

Beloussov V V. 1980. Tectonics of the ocean floor geotectonics. Berlin：Springer Berlin Heidelberg.

Bull J M，Barnes P M，Lamarche G L，et al. 2006. High-resolution record of displacement accumulation on an active normal fault：Implications for models of slip accumulation during repeated earthquakes. Journal of Structural Geology，28：1146-1166.

Carpenter G B，McCarthy J C. 1980. Hazard analysis on the Atlantic outer continental shelf. 12th Annual O T C Proceeding，（1）：419-424.

Chow J，Lee J S，Liu C S，et al. 2001. A submarine canyon as the cause of a mud volcano - Liuchieuyu Island in Taiwan. Marine Geology，176（1-4）：55-63.

Datta M，Gullhati S K，Rao GV. 1979. Crushing of Calcareous sands During Shear. Proc 11th Annual OTC，Houston，Paper OTC，3535：1459-1467.

Datta M，Gullhati S K，Rao GV. 1980. An appraisal of the existing practice of determining the axial load capacity of deep penetration piles in calcareous sands. Proceedings of the 12th Annual Offshore Technology Conference，3867：119-130.

Dean E T R. 2010. Offshore geotechnical engineering：Principles and practice. London：Thomas Telford.

Demars K R，Nacci W E，Wang M C. 1976. Carbonate content：An index property for ocean sediments. Proc 8th Annual OTC，Houston，Paper OTC，2627：97-106.

Dingle R V. 1977. The anatomy of a large submarine slump on a sheared continental margin（southeast Africa）. Jour Geol Soc London，（134）：293-310.

Dingle R V，Robson S. 1985. Slumps，canyons and related features on the continental margin off east london，SE Africa（SW Indian Ocean）. Marine Geology，67（1）：37-54.

Dobry R，Powell D J，Yokel F Y，et al. 1980. Liquefaction potential of saturated sand：the stiffness method. final report. Proceedings of Seventh World Conference on Earthquake Engineeing，3：25-32.

Dott R H J. 1963. Dynamics of Subaqueous Gravity Depositional Processes. AAPG Bulletin，47（1）：104-128.

Duncan J M，Chang C Y. 1970. Nonlinear analysis of stress and strain in soils. Journal of the Soil Mechanics and Foundations Division ASCE，96（SM5）：1629-1653.

Esrig M I, Bea R G. 1975. Material properties of submarine Mississippi Delta sediments under simulated wave loadings. Proceedings of the 7th Annual Offshore Technology Conference, 2188: 399-411.

Fossen H. 2010. Structural Geology. Cambridge: Cambridge University Press.

Gensous B, Tesson M. 1996. Sequence stratigraphy, seismic profiles, and cores of Pleistocene deposits on the Rhone continental shelf. Sedimentary Geology, 105 (3-4): 183-190.

Goff J A, Swift D J P, Duncan C S, et al. 1999. High-resolution swath sonar investigation of sand ridge, dune and ribbon morphology in the offshore environment of the New Jersey margin. Marine Geology, 161 (2-4): 307-337.

Hamilton E L. 1979. Sound Velocity gradients in marine sediments. Journal of the Acoustic Society of America, 65 (4): 909-922.

Heezen B C. 1977. Chapter 8 submarine geology from submersibles. Elsevier Oceanography Series, 17: 169-212.

Heezen B C, Ericson D B, Ewing M. 1954. Further evidence for a turbidity current following the 1929 grand banks earthquake. Deep Sea Research, 1 (4): 193-202.

Henkel D J. 1970. The role of waves in causing submarine landslids. Geotechnique, 20 (1): 75-80.

Hovland M, Svensen H. 2006. Submarine pingoes: Indicators of shallow gas hydrates in a pockmark at Nyegga, Norwegian Sea Marine Geology, 228 (1): 15-23.

Ladd R S. 1977. Specimen preparation and cyclic stability of sands. J Geotech Engng Div, ASCE, 103 (NGT6): 535-547.

Mesri G, Godlewski P M. 1977. Time-and stress-compressibility interrelationship. Journal of Geotechnical Engineering, 103 (5): 417-430.

Meyerhof G G. 1979. Geotechnical properties of offshore soils. 1st Can. Conference on Marine Geotechnical Engineering, 253-260.

Micallef A, Masson D G, Berndt C, et al. 2007. Morphology and mechanics of submarine spreading: A case study from the storegga slide. Journal of Geophysical Research, 112 (F3): F03023.

Noorany I, Kirsten O H, Luke G L. 1975. Geotechnical properties of seafloor sediment off the coast of southern California. Proc 7th Annual OTC. Houston, Paper OTC, 2187: 389-398.

Nordfjord S, Goff J A, Austin J A, et al. 2005. Seismic geomorphology of buried channel systems on the new jersey outer shelf: Assessing past environmental conditions. Marine Geology, 214 (4): 339-364.

Posamentier H W, Allen G P, Cloetingh S, et al. 1993. Variability of the sequence stratigraphic model: Effects of local basin factors. Sedimentary Geology, 86 (1-2): 91-109.

Poulos H G, Marine G. 1988. School of civil and mining engineering University of Sydney. London: Academic Division of London Unwin Hyman Ltd.

Poulos H G, Yesugi M, Young G S. 1982. Strength and deformation properties of bass strait carbonate sands. Geotechnical Engineering, 13 (2): 189-211.

Prior D B, Stephens N. 1971. A method of monitoring mudflow movements. Engineering Geology, 5 (3): 239-246.

参考文献

Prior D B, Ho C. 1972. Coastal and mountain slope instability on the islands of st lucia and barbados. Engineering Geology, 6 (1): 1-18.

Prior D B, Suhayda J N. 1979. Application of infinite slope analysis to subaqueous sediment instability, Mississippi delta. Engineering Geology, 14 (1): 1-10.

Prior D B, Coleman J M. 1980. Sonograph mosaics of submarine slope instabilities, Mississippi river delta. Marine Geology, 36 (3-4): 227-239.

Prior D B, Coleman J M. 1981. Resurveys of active mudslides, Mississippi Delta. Geo Marine Letters, 1 (1): 17-21.

Prior D B, Coleman J M, Bornhold B D. 1982. Results of a known seafloor instability event. Geo Marine Letters, 2 (3): 117-122.

Prior D B, Yang Z S, Bornhold B D, et al. 1986. Active slope failure, sediment collapse, and silt flows on the modern subaqueous Huanghe (Yellow River) delta. Geo-Marine Letters, 6 (2): 85-95.

Richards A F, Palmer H D, Perlow M. 1975. Review of continental shelf marine geotechnics: Distribution of soils, measurement of properties, and environmental hazards. Marine Geotechnology, 1 (1): 33-67.

Robb J M. 1981. Geology and potential hazards of the continental slope between Lindenkol and South Toms Canyons, off shore mid-Atlantic United States. Woods Hole, Mass.

Seed H B, Lysmer J. 1978. Soil-structure interaction analyses by finite elements-state of the art. Nuclear Engineering and Design, 46 (2): 349-365.

Seed H B, Martin R G. 1966. The seismic coefficient in earth dam design. Journal of the soil mechanics and foundations division. Proceedings of the American Society of Civil Engineering, 92 (3): 25-58.

Spraggins S A, Dunne W M. 2002. Deformation history of the roanoke recess, Appalachians, USA. Journal of Structural Geology, 24 (3): 411-433.

Solheim A, Berg K, Forsberg C F, et al. 2005. The Storegga slide complex: Repetitive large scale sliding with similar cause and development. Marine and Petroleum Geology, 22: 97-107.

Willian R B. 1986. Structure of the continental shelf and slope geo-hazards and engineering constraints. A & M University.

Wright L D, Wiseman W J, Yang Z S, et al. 1990. Processes of marine dispersal and deposition of suspended silts off the modern mouth of the Huanghe (Yellow River). Continental Shelf Research, 10 (1): 1-40.